Ein transnationaler feministischer Blick auf die Biomärkte für Leihmutterschaft in Indien

Sheela Suryanarayanan

Ein transnationaler feministischer Blick auf die Biomärkte für Leihmutterschaft in Indien

Springer VS

Sheela Suryanarayanan
University of Hyderabad
Centre for Women's Studies
Hyderabad, Telangana, India

ISBN 978-981-97-7943-7 ISBN 978-981-97-7944-4 (eBook)
https://doi.org/10.1007/978-981-97-7944-4

Die Deutsche Nationalbibliothek verzeichnet diese Publikation in der Deutschen Nationalbibliografie; detaillierte bibliografische Daten sind im Internet über https://portal.dnb.de abrufbar.

Übersetzung der englischen Ausgabe: „A Transnational Feminist View of Surrogacy Biomarkets in India" von Sheela Suryanarayanan, © Springer Nature Singapore Pte Ltd. 2018. Veröffentlicht durch Springer Singapore. Alle Rechte vorbehalten.

Dieses Buch ist eine Übersetzung des Originals in Englisch „A Transnational Feminist View of Surrogacy Biomarkets in India" von Sheela Saravanan, publiziert durch Springer Nature Singapore Pte Ltd. im Jahr 2018. Die Übersetzung erfolgte mit Hilfe von künstlicher Intelligenz (maschinelle Übersetzung). Eine anschließende Überarbeitung im Satzbetrieb erfolgte vor allem in inhaltlicher Hinsicht, so dass sich das Buch stilistisch anders lesen wird als eine herkömmliche Übersetzung. Springer Nature arbeitet kontinuierlich an der Weiterentwicklung von Werkzeugen für die Produktion von Büchern und an den damit verbundenen Technologien zur Unterstützung der Autoren.

Planung/Lektorat: Shinjini Chatterjee
Springer VS ist ein Imprint der eingetragenen Gesellschaft Springer Nature Singapore Pte Ltd. und ist ein Teil von Springer Nature.
Die Anschrift der Gesellschaft ist: 152 Beach Road, #21-01/04 Gateway East, Singapore 189721, Singapore

An meine Eltern, meine Vorbilder,

R. Suryanarayanan & K.R. Sivakami,

meine wichtigsten Lehrer für soziale Gerechtigkeit.

Danksagung

Ich bin zutiefst dankbar für jeden, der mir bei diesem Vorhaben geholfen hat. Ich danke den medizinischen Fachleuten, die mir den Zugang zu diesem sensiblen Bereich der kommerziellen Leihmutterschaft in Indien ermöglicht haben, und dem Personal in der Klinik, das mir geholfen hat, Leihmütter und Wunscheltern zu treffen. Ich danke den Leihmüttern für ihre Freundlichkeit und dafür, dass sie ihre Erfahrungen mit mir geteilt und mir beigebracht haben, wie man auch unter widrigen Bedingungen positiv und fröhlich bleibt, und auch den Wunscheltern, die ihre Erfahrungen mit mir geteilt haben. Ohne die finanzielle Unterstützung der Deutschen Forschungsgemeinschaft (DFG) wären die Feldarbeit in Indien und der Dokumentarfilm nicht möglich gewesen. Ich danke meinen Freunden in Indien, Deutschland und Kanada, die mich bei meiner Arbeit ermutigt haben. Einige Leihmütter aus meiner Fallstudie waren auch bereit, an meiner Initiative zur Erstellung eines Dokumentarfilms über Leihmutterschaft teilzunehmen, der unter dem Titel *Mother Anonymous* von dem Regisseur Rahul Ranadive verfilmt wurde. Ich danke den Leihmüttern für ihr Vertrauen. Ihre Geschichten sind daher nicht nur in schriftlicher Form und auf Fotos festgehalten, sondern ihre Stimmen und Präsenz werden durch den Dokumentarfilm spürbar. Ich bin dankbar für die Inspiration, die ich von meinen feministischen Freundinnen Renate Klein, Susan Hawthorne, Janice Raymond und von CADAC – Koordinierung von Vereinigungen für das Recht auf Abtreibung und Verhütung, CLF – Coordination Lesbienne en France und CoRP – Collectif pour le Respect de la Personne; Marie Josèphe Devillers, Jocelyne Fildard, Catherine Morin Le Sech, Ana-Luana Stoicea-Deram, Francesca Marinaro und Sylviane Agacinski erhalten habe. Sie haben mich dazu gebracht, die Bedeutung einer Positionierung zu erkennen; und ich danke meiner lieben Familie, meinem Ehemann V. S. Saravanan und meinen Kindern Sudarshan und Sridharan für ihre Geduld. Bei fast jedem Frühstück und Abendessen war eines der Gesprächsthemen die Leihmutterschaft. Jedes Kapitel, jeder Titel und jede Schlussfolgerung in diesem Buch wurde von ihnen kritisiert und kommentiert. Ich danke Amy Clare für die Bearbeitung der ersten Entwurfsfassung des Buches und danke allen meinen Studenten und Kollegen am Südasien-Institut, Heidelberg, mit denen ich meine Ergebnisse diskutiert habe, für ihr Feedback und ihre Ermutigung.

Inhaltsverzeichnis

Über den Autor

Sheela Suryanarayanan, Ph.D. hat zwei Masterabschlüsse der Universitäten Mumbai und Pune, Indien, in Geographie und Entwicklungsplanung. Ihre Promotion an der Queensland University of Technology, Brisbane, Australien, im Bereich Public Health befasste sich mit dem Einfluss biomedizinischer Wissensrahmen auf lokale Geburtspraktiken in Indien. Sie hat über den Status der reproduktiven Gesundheit in Südasien sowie über Gewalt gegen Frauen und weibliche Kindstötung in Indien gearbeitet und veröffentlicht und spezialisiert sich nun auf neue und assistierte Reproduktionstechnologien (ARTs) im Kontext von Asien und Europa. Seit 2007 hat sie an den Universitäten Heidelberg, Bonn und Göttingen in Deutschland gearbeitet. Sie hat zu den Themen globale Ungerechtigkeit, Ausbeutung und Objektivierung im Prozess der kommerziellen Leihmutterschaft in Indien veröffentlicht. Seit Januar 2016 arbeitet sie am Südasien-Institut der Universität Heidelberg an einem von der DFG (Deutsche Forschungsgemeinschaft) finanzierten Projekt. Die Forschung zielt darauf ab, individuelle Vorstellungen von „Wunschkinder/Vansh" zu untersuchen, die durch soziale Erfahrungen in deutschen und indischen Kontexten geprägt sind und zu selektiven Abtreibungen führen. In ihrer laufenden Forschung zur pränatalen Diagnostik hat sie Theorien der Verkörperung, des intersektionalen Feminismus und der Ethnopolitik angewendet, um die Vorstellungen von Wunschkindern in Deutschland und Indien zu untersuchen. Sie hat Theorien der Verkörperung, der globalen Gerechtigkeit und des autoritativen Wissens in ihrer vorherigen Forschung angewendet. Sie unterrichtet Globale Reproduktionstechnologien: Sozio-Ethische und Rechtliche Dimensionen; Theorien und Praxis der Reproduktionstechnologien und Feminismus und Public Health für Bachelor- und Masterstudierende der Anthropologie am Südasien-Institut, Abteilung für Anthropologie, Universität Heidelberg, Deutschland.

Abbildungsverzeichnis

Indische Leihmutterschafts-Biomärkte: Eine Einführung

1

Zusammenfassung

Bis 2009/10 war Indien aufgrund der laxen Leihmutterschaftsgesetze, hochwertigen medizinischen Einrichtungen, qualifizierten englischsprachigen Ärzten und einem Überschuss an Frauen, die bereit waren, ihre Fortpflanzungsfähigkeit gegen Geld anzubieten, zu einem der beliebtesten Ziele für die Geburt von Kindern durch Dritte geworden. In den Zeitungen weltweit verbreiteten sich Geschichten über Leihmutterschaft als Fluch und Segen. Es gab Erfolgsgeschichten von Paaren mit ihren Kindern auf der einen Seite und Fälle von Ausbeutung auf der anderen. Da in Indien mehrere nicht registrierte Kliniken tätig waren, war die genaue Anzahl der Kliniken oder die Anzahl der geborenen Babys unbekannt. Es wurde geschätzt, dass dies eine riesige gewinnbringende Industrie mit einem Geschäft von 445 Mio. € Rendite war. Nachdem ich 25 Jahre meines Lebens in Indien verbracht hatte, waren Ungleichheiten für mich nichts Ungewöhnliches. Ich war aber überhaupt nicht auf die strukturellen Ungleichheiten und die extreme Ungerechtigkeit vorbereitet, die ich als Forscherin, die die soziale Konstruktion von kommerziellen Leihmutterschaftspraktiken in Indien studierte, beobachten sollte. Die Unternehmer, die bei den Leihmutterschaftstransaktionen profitieren, sind medizinische Praktiker, Agenten, Hotels, Pendeldienste, Vermieter von Unterkünften, Mittagsanbieter für Leihmütter und viele andere kleine Unternehmer. Die größten Profiteure von allen sind jedoch die Eigentümer der Fruchtbarkeitskliniken. Es sind gewinnorientierte Institutionen, die darauf abzielen, Leihmütter bioverfügbarer zu machen als andere Kliniken auf dem Wettbewerbsmarkt. Diese waren deshalb so erfolgreich, weil sie den Wunscheltern einen präzisen Service anbieten konnten. Schließlich wurde ich in die Tiefen des Lebens der Leihmütter und der Wunscheltern hineingezogen. Ich beendete meine Feldarbeit im Jahr 2010 mit dem kurzen Dokumentarfilm *Mother Anonymous*, der auf den Erzählungen

S. Suryanarayanan, *Ein transnationaler feministischer Blick auf die Biomärkte für Leihmutterschaft in Indien*, https://doi.org/10.1007/978-981-97-7944-4_1

der Leihmütter basiert, und habe den Kontakt zu den meisten Leihmüttern aufrechterhalten.

Schlüsselwörter

Leihmutterschaft als landwirtschaftliches Modell · Ungleichheiten · Biomärkte · Kommodifizierung von Kindern · Hindu-Epen · Transnationaler Feminismus

Anfangs passierte fast nichts und meine Feldarbeit zur Leihmutterschaft[1] in Indien ging im Schneckentempo voran. Ständig stundenlang im Wartebereich einer kleinen Klinik in Gujarat zu sitzen und jeden Tag mit den Menschen zu sprechen, die die Klinik besuchten, war eine ethnographische Studie für sich. Eine meiner ersten Feldbeobachtungen war die Ungleichheit mit der die Elite im Vergleich zu den sozioökonomisch benachteiligten Besuchern der Klinik behandelt wurde. Ich konnte sofort die Wunscheltern[2] mit ihrer imperialistischen Präsenz und der Aufmerksamkeit, die sie vom Klinikpersonal erhielten, identifizieren. Eine Gruppe von Westlern und Elite-Indern kam jeden Tag zu einer bestimmten Zeit in einem klimatisierten Auto an; sie wurden in einen gepflegten klimatisierten Raum gebracht, der an eine saubere westliche Toilette angeschlossen war und wurden bald in die Kabine des Arztes zu ihrem Termin gerufen. Die Armen saßen draußen, im überfüllten Wartebereich, ohne Klimaanlage und mit einer ungepflegten indischen Toilette, und mussten stundenlang warten, bevor sie einen Termin bekamen. In der Klinik gab es die Regel, dass jeder seine Schuhe am Eingang ausziehen musste. Es war aber amüsant zu beobachten, dass einige Wunscheltern zögerten, ihre teuren Schuhe dort zu lassen, und so trugen sie sie in ihren Händen in den Wartebereich.

Eine Frau, die neben mir saß, hielt ihr Gepäck auf dem Schoß. Sie hatte eine fünfstündige Zugfahrt aus Madhya Pradesh hinter sich und war nur gekommen, um eine beliebte Ärztin wegen einer Fruchtbarkeitsbehandlung zu treffen. Sie musste noch am selben Tag mit dem Abendzug zurückfahren, aber trotz mehrerer Stunden Wartezeit und mehrerer Erinnerungen an der Rezeption wurde sie nicht hineingerufen. Schließlich musste sie an der Rezeption dafür kämpfen, um in die Kabine der Ärztin gerufen zu werden. Sie war offensichtlich verärgert, als sie etwas später wieder herauskam, „sie (die Ärztin) sagt, sie kann mich nicht behandeln, aber sie bat mich, meine Eier zu spenden,

[1] Leihmutterschaft wurde auch als Trägervertrag/-vereinbarung mit einer Leihmutter oder als Schwangerschaftsvertrag bezeichnet, was für die Leihmütter herabsetzend sein kann; daher habe ich den Begriff Leihmutterschaft verwendet, da die Frauen selbst diese Praxis mit diesen Worten bezeichnet haben.

[2] Der Begriff Wunscheltern bezieht sich auf die beauftragenden Eltern, biologischen Eltern, genetischen Eltern, aber viele Wunscheltern sind nicht genetisch mit dem Kind verwandt, weil ihre Beteiligung an der Leihmutterschaft mit ihrer Absicht beginnt, auf diese Weise Kinder zu bekommen; daher habe ich diese Terminologie verwendet.

wenn ich will, warum sollte ich meine Eier spenden, dafür bin ich nicht hierhergekommen." Ich erinnerte mich daran, über die ungeregelte Eizellspendeindustrie in Indien gelesen zu haben, die auf lukrativen Renditen und Mundpropaganda basiert. Spenderinnen werden nach Aussehen, Größe, Bildungsabschlüssen kategorisiert, wobei der größte Wert auf helle Haut gelegt wird. Ausländische Spenderinnen, auch „Diva-Spenderinnen" genannt, können bis zu 600.000 INR verdienen.

Anfangs gab mir Dr. Nisha bereitwillig die Erlaubnis, eine postdoktorale Studie aus Deutschland durchzuführen, aber als sie mich persönlich traf, zögerte sie wahrscheinlich, weil sie meine Absicht bemerkte, dort für eine längere Zeit zu bleiben, um detaillierte Informationen über das Leben der Befragten zu erhalten. Widerwillig bat sie Dr. Harnish, ihren Assistenten (und gleichzeitig Ehemann), mir zu helfen. Er selbst war Orthopäde, aber da das Geschäft seiner Frau florierte, hatte er beschlossen, ihr stattdessen zu helfen. Ich kam früh am Morgen an, musste aber warten, bis die meisten Patienten gegangen waren, in der Hoffnung, Leihmüttern vorgestellt zu werden.[3] Die meisten Tage kehrte ich ohne Interview zurück. Zuerst wurde ich selektiv Leihmüttern vorgestellt und traf später durch den Schneeballeffekt mehrere andere Frauen. Ich sage selektiv, weil ich beobachten konnte, dass mir nur Frauen vorgestellt wurden, die scheinbar unterwürfig, sanftmütig waren und Dr. Nisha als Halbgöttin lobten. Durch meine umfangreiche Erfahrung in der Durchführung von Forschungen zu sensiblen Themen in Indien, wie Gewalt gegen Frauen, Arbeitsbedingungen in Bekleidungsfabriken und reproduktive Gesundheit, war es nicht schwierig, zwischen den Zeilen zu lesen und ihre Ausdrücke der Bewunderung zu beobachten. Jeder Zweifel, den ich hatte, wurde geklärt, als ich mit meiner Forschung weitermachte.

In der Zwischenzeit bat Dr. Harnish eine niederländische Wunschmutter auf dem Weg aus seiner Kabine, ob sie an einer Forschung teilnehmen würde. Da die Tür offen stand, konnte ich sie hören und sie hatte mich auch nicht erkannt, weil ich zusammen mit mehreren anderen im Wartebereich außerhalb der Kabine saß. „Warum sollte ich teilnehmen, diese Leute schreiben alle möglichen Dinge über Leihmutterschaft, sie sagen, es sei eine,Gebärmutter zur Miete'", schrie sie laut. Ironischerweise war hinter ihr eine Kliniktafel angebracht, auf die ein Zeitungsausschnitt geheftet war; es war ein Artikel mit dem Titel „Gebärmutter zur Miete" mit einem Foto von Dr. Nisha, einem jubelnden westlichen Paar, das jeweils ein Baby hielt, Zwillinge, die durch Leihmutterschaft geboren wurden, ohne ein Anzeichen der Leihmutter auf dem Foto. Die anderen Karten und Babyfotos waren das Lob, mit dem ich bis dahin schon sehr vertraut war, „Dr. Nisha, du bist unser Gott, wir werden dich unser ganzes Leben lang nicht vergessen."

[3] Leihmütter sind Frauen, die Babys für unfruchtbare Paare austragen. In Indien dürfen Frauen nicht ihre eigenen Gameten verwenden, daher werden sie häufig als Gestationsmütter bezeichnet. Wissenschaftler haben Leihmütter auch als Geburtsmütter, leibliche Mütter, Vertragsmütter, Ersatzmütter bezeichnet. Da Frauen in Indien, die an der Leihmutterschaft beteiligt sind, sich selbst als Leihmütter bezeichnen, möchte ich diese Terminologie verwenden.

Eines Tages, nachdem alle Patienten gegangen waren, rief mich Dr. Harnish in seine Kabine und bat mich, dort zu warten. Bald kam ein junges Mädchen (Nargisa), anscheinend 19 Jahre alt, begleitet von einer Krankenschwester in den Raum, während die intravenöse Spritze noch an ihrer Hand befestigt war. Es war eine Leihmutter, die gerade vor zwei Tagen Zwillinge zur Welt gebracht hatte. Ich fragte mich, wo sie hier in dieser Klinik untergebracht war. Ich erfuhr, dass im zweiten Stock der Klinik ein Leihmutterheim war. Meine zweite Teilnehmerin war eine Leihmutter (Dimpy), die in einem Kinderkrankenhaus ein paar Kilometer von der Klinik entfernt untergebracht war, zusammen mit dem Baby. Sie und ihr Mann kümmerten sich fast zwei Wochen lang um das Baby und warteten auf die Ankunft der Wunscheltern aus der Türkei. In der Klinik gab es eine wachsende Spannung um dieses Kind, da aus irgendeinem unbekannten Grund kein Kontakt zu dem türkischen Paar aufgenommen werden konnte. Dr. Nisha erzählte mir bei unserem Treffen, dass die Leihmütter sehr wohl wissen, dass das Kind nicht ihnen gehört und dass sie ihre Gebärmutter nur vorübergehend an ein anderes Paar vermieten, welches das Kind (die Kinder) mitnehmen würde, das rechtmäßig ihres wäre. Sie erzählte mir, dass die Leihmütter nur das Geld wollten und kein Interesse am Baby hätten und keine Bindung mit dem Kind eine eingehen wollen. Was ich im Kinderkrankenhaus sah, stand in völligem Widerspruch zu dem, was Dr. Nisha mir erzählt hatte. Die Leihmutter spielte und sang für das Baby und stillte sogar, und hatte das Baby auch so benannt, als ob sie es behalten würde. Als ich eines Abends nach dem Besuch bei der Leihmutter das Kinderkrankenhaus verließ, spürte ich die vertrauten Monsunwinde, die vom Arabischen Meer herüberwehten und die Vormonsunregen mitbrachten. Der herannahende Monsun war immer eine freudige Zeit des Jahres, eine Erleichterung von der sengenden Sommerhitze, aber es gab nichts Vertrautes oder Erleichterndes an der *Ethnoscape,* die ich in dieser kleinen Stadt in Gujarat beobachtete.

Eines Tages fragte mich Dr. Harnish, ob ich an einer Babyparty in einem der Leihmutterhäuser teilnehmen möchte. Ich nutzte die Gelegenheit und schloss mich einer Gruppe von Frauen an, die bereits in einer Auto-Rikscha warteten. Dies war das zweite Leihmutterhaus, das von dieser Klinik in der kleinen Stadt in Gujarat verwaltet wurde. In dieser Klinik war es obligatorisch, dass alle Leihmütter von der Zeit der Embryonenübertragung bis zur Übergabe des Babys an die Wunscheltern, was fast ein Jahr dauern kann, in den Leihmutterhäusern bleiben. Innerhalb der Leihmutterhäuser sind die Betten wie in einem Hostel aufgestellt und die hier lebenden Frauen haben eine eingeschränkte Bewegungsfreiheit, damit das Baby nicht verletzt wird. Es ist mehr als drei Jahrzehnte her, dass Dworkin (1983) über reproduktive Bordelle schrieb, in denen Technologien ähnlich der Tierzucht bei Frauen angewendet werden würden. Sie beschrieb ein landwirtschaftliches Modell, in dem Frauen ihre Gebärmütter mithilfe der In-vitro-Fertilisation verkaufen würden. Frauen würden an Orten ähnlich Gefängnissen festgehalten, an denen sie sich nicht frei bewegen können und sich an einen strengen Verhaltensstandard halten und sich verkaufen, um Babys zu zeugen. Dies mag damals wie eine Geschichte aus einer Science-Fiction geklungen haben, aber dieses Leihmutterhaus, in das ich eingetreten war, war keine Fiktion. In diesem Leihmutterhaus war es ein großer Anlass, das kommende Baby zu feiern. Ein japanischer Wunschelternteil und seine Leihmutter saßen in einem Ritual im Erdgeschoss. Ich ging nach oben und sah viele Frauen in aufgereihten Betten liegen, sie waren anscheinend nach der Embryonenübertragung bettlägerig, und andere sollten sich bis zum dritten Monat der Schwangerschaft nur eingeschränkt bewegen. Ich konnte mir nicht vorstellen, wie die Frauen in einem solchen Haus ohne mögliche Ablenkungen lebten; es gab keinen Fernseher, kein Radio, keine Bücher oder Computer, keinen Schreibtisch und keine Zeitungen zum Lesen. Die Leihmütter aßen ihr Essen auf dem Boden sitzend, da der Ort mit Betten gefüllt war und kein Platz für einen Esstisch war. Auf der 10. Weltkonferenz für Bioethik, Medizinethik und Gesundheitsrecht im Januar 2015 in Jerusalem kommentierte Dr. Shalev: „Selbst Gefängnisse haben Innenhöfe, aber diese Leihmutterhäuser haben nicht einmal genug Platz, um innerhalb der Räume zu laufen“ (Shalev 2015).

An diesem Tag traf ich viele Leihmütter im Leihmutterhaus und sie waren mehr als glücklich, dass ich wieder vorbeikam. Viele gaben mir ihre Kontaktnummern. Ich traf auch einige Wunscheltern, aber nur wenige stimmten zu, an meiner Forschung teilzunehmen. Von hier an begannen die Höhen und Tiefen der Fahrt. Die Leihmütter scheinbar ruhig, aber warteten wie ein Damm kurz vor dem Dammbruch, um ihre Erfahrungen mit mir zu teilen. Die Wunscheltern schilderten eine andere Erzählung und die medizinischen Praktiker äußerten sich völlig widersprüchlich zur gängigen Praxis. Nach den ersten Treffen und der Durchführung meiner ausführlichen Fragebögen fanden die Wunscheltern in mir eine einfallsreiche Person mit mehrsprachigen Fähigkeiten. Sie baten mich, ihnen bei lokalen Anrufen zu helfen, Interviews mit potenziellen Kindermädchen zu führen, die mit ihnen in ihr Herkunftsland zurückkehren sollten, und Gespräche zwischen ihnen und ihren Leihmüttern zu übersetzen. Ich blieb auch nach ihrer Abreise aus Indien mit dem/den Kind(ern) in Kontakt. Ebenso wurde ich in das Leben der Leihmütter hineingezogen und war daran beteiligt, ihre Kinder in Internaten zu treffen. Sie wurden dort gelassen, während ihre Mütter in Leihmutterhäusern untergebracht waren. Und ich traf die Leihmütter nachdem sie nach ihrer Aufgabe nach Hause zurückgekehrt waren. Im Gegensatz zu dieser kleinen Stadt wurden in einer Klinik in Ahmedabad die Leihmütter für die Dauer der Schwangerschaft von einem Gebiet mit niedrigem Einkommen in ein Gebiet mit vergleichsweise höherem Einkommen verlegt und ihre Miete wurde von den Wunscheltern bezahlt. An diesem neuen Ort hatten sie kein soziales Unterstützungssystem, insbesondere wenn sie die Leihmutterschaft vor ihren Verwandten verheimlicht hatten. Hier wurde ich in die Unterstützung der Leihmütter einbezogen, wie zum Beispiel bei der Betreuung ihrer Kinder, wenn sie und ihr Ehemann im Krankenhaus waren. Die Ungleichheiten wurden in dieser Phase meiner Forschung noch deutlicher; Ich würde in einem Fünf-Sterne-Hotel mit einem Wunschelternteil frühstücken, der über die schmutzigen Straßen und das unsichere Essen in Indien diskutieren würde, und in dieser Nacht würde ich in einem der ärmsten Haushalte der Stadt ohne grundlegende Annehmlichkeiten übernachten. Erst als ich eine subtile Bedrohung erhielt, weil ich unwissentlich in einen verdeckten Prostitutionsring gestolpert war, der auch einige Leihmütter betraf, beschloss ich, diese kleine Stadt zu verlassen. Als ich Ahmedabad verließ, bat mich eine Leihmutter (Gayatri), einer geheimen Mission beizutreten, die von einem Agenten organisiert wurde, um die Leihmütter mitzunehmen und ihre Gebärmütter in Mumbai zu verkaufen. Da ich inzwischen ausreichend Daten gesammelt hatte, trat ich dieser Mission nicht bei. Ich habe seitdem den Kontakt mit den Leihmüttern gehalten, jedoch waren die Wunscheltern mit meinen Schriften nicht zufrieden und der Kontakt erlosch. Ich stellte außerdem fest, dass zwei Wunscheltern nur zugestimmt hatten, an meiner Forschung teilzunehmen, um die Klinik zu unterstützen. Diese wurde zu dem Zeitpunkt bereits weitgehend für ihre Praktiken kritisiert.

Aufgrund der Komplexität der Praxis und der Daten, die ich gesammelt hatte, hatte ich trotz der Veröffentlichung mehrerer Zeitschriftenartikel mit der Idee dieses Buches zu kämpfen. Ich habe die Geschichten der Wunscheltern, medizinischen Praktiker und Leihmütter, die freundlicherweise an meiner Studie teilgenommen haben, sowie meine Erfahrung als teilnehmende Beobachterin in den Kap. 5 und 6 beschrieben. In Kap. 5 erzähle ich detailliert von meinen Treffen mit den Leihmüttern während ihrer Leihmutterschaft und nach Abschluss ihrer Aufgabe. Ich führte meine Forschung in zwei Kliniken durch, eine in einer kleineren Stadt in Gujarat mit drei Leihmutterhäusern und eine ohne Leihmutterhaus in Ahmedabad in den Jahren 2009 bis 2010. Ich interviewte fünf Wunschelternpaare, 13 Leihmütter und fünf medizinische Praktiker. Ich begleitete fünf Leihmütter während ihrer Schwangerschaft mit der Methode der teilnehmenden Beobachtung und konnte daher auch effektiv mit ihren Ehepartnern und Familienmitgliedern interagieren. Ich habe mich dafür entschieden, Gujarat und Ahmedabad als meine Studienorte zu offenbaren, da Ahmedabad eine große Stadt mit mehreren IVF-Kliniken ist; jedoch habe ich die Anonymität in Bezug auf die kleine Stadt in Gujarat gewahrt, da es sonst leicht wäre, den Namen der Klinik zu identifizieren. Alle in der Studie verwendeten Personennamen, einschließlich der Namen der Ärzte, Agenten, Wunscheltern und Leihmütter, sind jedoch Pseudonyme, um die Vertraulichkeit zu wahren.

Kurz gesagt, meine Forschungsergebnisse zeigten, dass die Leihmutterschaft hauptsächlich ein lukratives Geschäft für den medizinischen Sektor und die Agenten war, die nicht nur die Leihmütter, sondern auch die Wunscheltern ausgebeutet haben. Leihmutterschaft war ein Basar, auf dem alles über die reproduktive Kapazität der Frauen und die geborenen Kinder bewertet wurde; die Körperteile der Frau, ihre Muttermilch, ihre Arbeit als Kindermädchen, die Anzahl der geborenen Kinder, das Gewicht der Babys, das Geschlecht/(Un)fähigkeiten des Kindes und sogar die Kaste oder Religion der Leihmutter wurden bewertet. Die erste Fiktion, die über Leihmutterschaft geschrieben wurde, war Margaret Atwoods *Handmaid's Tale* im Jahr 1985. In der Geschichte wird in einer Ära sinkender Geburten, aufgrund von Unfruchtbarkeit und sexuell übertragbaren Krankheiten, von der Elite eine Klasse von Frauen für reproduktive Zwecke gehalten. Darauf folgten Corea und Dworkin, die Parallelen zwischen Tieren und Frauen zogen, die zur Zucht und zum Melken verwendet wurden. Die Leihmutterschaftsmärkte in Indien bedienten sowohl die westlichen (weißen und indischen nicht Ansässigen, NRI) als auch die Eliten innerhalb des Landes, die die Dienste einer Magd wünschten. Corea (1985) und Dworkin (1983) warnten, dass sich die kommerzielle Leihmutterschaft in die ärmeren Länder der Dritten Welt oder in die von Armut geplagten Teile der USA verlagern würde. Dort wären die Frauen bereit, dies für weniger Geld zu tun. In Indien, wo sie keinen anständigen Job bekommen konnten, wurden Frauen dazu getrieben, das einzige zu verkaufen, was anscheinend einen Wert hat (ihren Körper), ähnlich wie bei der Prostitution. Auch Kinder wurden zur Ware gemacht; sie wurden pro Kind bewertet, ein Kind hatte einen Standardpreis und jedes weitere Kind (im Falle von Zwillingen/Drillingen) wurde von der Klinik doppelt so hoch berechnet; im Falle einer Fehlgeburt wurde nichts bezahlt, behinderte Kinder und Kinder mit unerwünschtem Geschlecht wurden in Waisenhäuser gegeben, verkauft oder auf den Straßen Indiens zurückgelassen. Da Frauen nach der Größe des Babys bezahlt wurden, wurden sie während der Schwangerschaft überfüttert, um das Gewicht des Babys zu erhöhen.

Die von verschiedenen Teilnehmern bei der Leihmutterschaft verwendete Terminologie deutete klar auf ein kontextuelles Verständnis der Praxis als Markt hin. Die verwendete Terminologie klärte auch die Beziehung zwischen den verschiedenen Teilnehmern in der Praxis. Die medizinischen Praktiker nannten die Wunscheltern „Kunden“. Dies war nicht zufällig, sondern weil sie für ein Kind 100.000 INR (ungefähr 13,000) verdienten, was sich bei einem weiteren Kind verdoppelte. Dies mag im Vergleich zu den Kosten einer Leihmutterschaft in den USA oder Großbritannien günstig erscheinen, aber für einen indischen Arzt ist dies eine enorme Vergütung und eine Möglichkeit, Gewinn zu machen. Die Leihmütter nannten die Wunscheltern „Party *wale*“ oder Käufer. Dies zeigte sich wiederum in der Praxis der Leihmutterschaft, da die Wunscheltern die Leihmutter bei ihrem ersten persönlichen Treffen mögen sollten und nur dann konnte sie für die Leihmutterschaft ausgewählt werden. Die Leihmütter müssen sich an alles halten, was die Wunscheltern von ihnen verlangen, abgesehen von den Regeln, die von der Klinik festgelegt wurden. Die Leihmütter werden von den medizinischen Praktikern und den Wunscheltern als „Ersatz“ bezeichnet, aber sie nennen sich selbst Leihmütter. Während für alle anderen Teilnehmer der Mutteraspekt anonymisiert ist, wird der Geldfaktor von den Wunscheltern und den medizinischen Praktikern veranschaulicht. Allerdings spielte der Geldfaktor eine bedeutende Rolle auf diesem Markt zusammen mit den emotionalen Kosten (Hochschild 2017). Die Leihmütter verdienten etwa 3500–6500 € oder 250.000–500.000 INR, eine Summe, für die sie mit ihrem derzeitigen Einkommen etwa fünf bis sieben Jahre arbeiten müssten. Obwohl die Leihmütter im Vergleich zu ihren Kolleginnen in anderen Teilen der Welt geringer bezahlt wurden und die Frauen wussten, dass sie ausgebeutet wurden, stimmten sie dem freiwillig zu. Ihr finanzieller Bedarf und die durch die Praxis der Leihmutterschaft verursachte Not wurden von den Leihmüttern in meiner Studie stark zum Ausdruck gebracht. Der sozioökonomische Status und die grundlegenden Fähigkeiten der Leihmütter spielten eine wichtige Rolle bei ihrer Entscheidung, an der Leihmutterschaft teilzunehmen. Keine der Leihmütter in meiner Forschung hatte eine Schulbildung über die höhere Sekundarstufe hinaus, und ihre Verdienstmöglichkeiten waren unzureichend. Dies beeinflusste ihre Verhandlungsmacht und führte zu ihrer Beteiligung an ungerechten Leihmutterschaftsvereinbarungen.

Leihmütter waren meist Frauen, die bereits im Biomarkt tätig waren, sich mit Aktivitäten wie Arzneimittelversuchen und Gametenspenden beschäftigten und leicht für den Prozess der Leihmutterschaft in Indien rekrutiert werden konnten. In der Erkenntnis, dass die reproduktiven Körperteile von Frauen eine lukrativere Option für schnelles Geldverdienen sind, bewiesen sie ihre Hingabe an die Familie. Tatsächlich hatten die meisten Frauen in meiner Studie freiwillig der Leihmutterschaft zugestimmt. Vermittlungsagenten durchkämmten Arzneimittelversuchszentren und Gemeinschaften mit niedrigem Einkommen, um Frauen in prekären Verhältnissen zu rekrutieren. Unfruchtbare arme Frauen sind vollständig von den Biomärkten ausgeschlossen (sowohl als Verbraucherinnen als auch als Dienstleisterinnen), mit Ausnahme einiger, die zur Eizellenspende gezwungen wurden. Leihmütter wollten ihren Lebensstandard verbessern und ihre Ärzte waren hauptsächlich an diesem Geschäft beteiligt, um Gewinn zu machen und intermittierende Agenten, um Geld zu verdienen.

Die Wunscheltern sind ebenfalls Nutznießer kommerzieller Leihmutterschaft in Indien und in Kap. 6 des Buches wird von ihren Erfahrungen berichtet. Die Klinik verlangte 20.000 € für eine Leihmutterschaft und für Zwillinge das Doppelte. Daher war die Kaufkraft ein wichtiger Faktor auf diesem Biomarkt. Das Kapitel beschreibt den Zweck und die Motive der Wunscheltern, nach Indien zu ziehen, sich eine bestimmte Klinik auszuwählen, ihre Erfahrungen mit Ärzten und Leihmüttern und ihre gesamte Erfahrung mit dem Thema Leihmutterschaft. Darin erzählen eine Wunschmutter aus Kanada, ein Paar aus Sri Lanka, das in Kanada lebt, ein deutscher Wunschvater, der zwei Jahre in Indien festsaß, eine deutsche Frau, die in dieser kleinen Stadt zusammen mit ihren Zwillingen untergetaucht lebte, und ein NRI-Paar aus Gujarat, das in den USA lebt. Ich traf auch andere NRIs (nicht ansässige Inder) und Wunscheltern westlicher Herkunft, die mir von den Leihmüttern vorgestellt wurden, und ich habe diese Erfahrungen, wo immer sie relevant waren, erwähnt. Das Buch beschäftigt sich mit der konzeptionellen Relevanz von Neokolonialismus und Postkolonialismus und der methodologischen Relevanz von stratifizierter Reproduktion und Intersektionalität für ein transnationales Verständnis von reproduktiver Gerechtigkeit, das einige Fragen unbeantwortet lässt. In diesem Buch wird schließlich die Bedeutung von „humanitärer assistierter Empfängnis" erklärt und die Frage gestellt: „Sind Feministinnen human?"

Feministinnen sind zwischen den Debatten über Universalismus und Relativismus gefangen. Postkoloniale Feministinnen haben die Universalisierung von Frauen weltweit, die Beschreibung der Frauen der Dritten Welt als das „Andere" und die Anwendung westlicher Standards der Emanzipation auf alle Frauen kritisiert. Ziel dieser Kritik war es, die kolonialen Stimmen innerhalb des feministischen Diskurses, der überwiegend westlich war, zu identifizieren und ein besseres Verständnis der kulturellen Kontexte zu erlangen. Daraufhin entstand eine postkoloniale Stimme, die den Forschungsschwerpunkt auf kulturellen Determinismus diversifizierte, zusammen mit dem bestehenden Diskurs über Universalisierung. Obwohl kontextbezogene Studien effektiv zu einem besseren Verständnis der Realitäten vor Ort beigetragen haben, hat ihre Isolation von makroökonomischen Phänomenen in lokalisiertem kulturellem Determinismus auch zur weiteren

Polarisierung und Verstärkung der Andersartigkeit geführt. Laut Mohanty (2013) ist der Kapitalismus zu einer dringenderen Sorge geworden, daher betont sie die Notwendigkeit eines analytischen Rahmens, der sowohl auf die Mikropolitik des Alltags als auch auf die Makropolitik globaler wirtschaftlicher und politischer Prozesse achtet. Die Erfahrung der Wunscheltern offenbarte ihre Kontrolle über die Praxis der Leihmutterschaft als Käufer in einem Vertrag und ihren imperialistischen Ansatz gegenüber dem Leben und Körper der Leihmütter, deren Körper als gefährlich und unrein angesehen wurden, daher kontrolliert und hygienisiert werden mussten. Einige Wunscheltern betonten das altruistische Motiv der Leihmütter und betrachteten sie als „Geschenke von Schwestern", obwohl die Hierarchie klar war; eine Schwester sollte die Retterin der anderen sein. Andere Wunscheltern machten deutlich, dass das Kind ihnen gehörte, indem die Genetik von ihnen zur Verfügung gestellt oder gekauft wurde, und auf den Uterus der Leihmutter übertragen wurde; daher hatte sie nach dem genetischen Ansatz von Anfang an keine Rechte an dem Kind. Diese Kapitalisierung und Kontrolle über menschliches reproduktives Biomaterial[4] durch die Reichen unter Ausnutzung globaler Ungleichheiten und Verletzlichkeiten ist eine Form der Rekolonisierung von Frauenkörpern und -arbeit.

Um den Hintergrund der Leihmutterschaftspraxis in Indien zu erläutern, habe ich die Märkte weltweit und in Indien in den Kap. 2 und 4 überprüft. Kap. 2 ist eine Bewertung der transnationalen Bewegung (Globaler Norden-Süden sowie innerhalb von Norden-Norden und Süden-Süden) von Biomaterial, Menschen und Ausrüstung, die weltweit assistierte Reproduktionstechnologien bereitstellen. Das Kapitel beurteilt diese Bewegung anhand von Fällen und der Abfolge von Ereignissen, die in verschiedenen Ländern stattfanden und zur Prohibition der Leihmutterschaft in einigen asiatischen und afrikanischen Ländern führten. Ein wichtiges ethisches Anliegen dieser transnationalen Bewegung ist die Entwicklung von Biomärkten, in denen gewisse Körper innerhalb der bestehenden globalen und strukturellen Ungleichheiten bioverfügbarer werden. Solche globalen Ungleichheiten finden sich nicht nur in der transnationalen Bewegung für die Leihmutterschaft, sondern sind auch in ähnlichen Biomärkten wie der Gametenspende, der Organspende, dem Menschenhandel und der Prostitution offensichtlich. Diese Märkte werfen ethische Fragen auf, die die Bedürfnisse der Armen ausnutzen, insbesondere dort, wo benachteiligte Teilnehmer ungerechte Verträge eingehen, ihre Relevanz für informierte Zustimmung, ungleiche Verteilung von Gesundheitsressourcen, ungerechte Verteilung von Vorteilen, Verletzung guter medizinischer Praktiken und Kommodifizierung von Frauen und Kindern.

Die Leihmutterschaft begann in großem Stil in einer kleinen Stadt in Indien, als eine ältere Dame für ihre Tochter und ihren Schwiegersohn zur Leihmutter wurde. Dieser Fall von altruistischer Leihmutterschaft ereignete sich in Anand, Gujarat; Der Mutter der unfruchtbaren, ursprünglich auch Gujarat stammenden und in Großbritannien lebenden

[4] Menschliches Biomaterial bezieht sich auf alle biologischen Materialien wie Eizellen, Spermien, Stammzellen, Gewebe, Muttermilch und den Uterus der Leihmutter.

Frau wurden die Eizellen ihrer Tochter eingepflanzt. Auch wenn der Fall Anerkennung fand, kam die Idee zu dieser Leihmutterschaft von dem Arzt der Klinik. Er hatte die Tochter gebeten, ihrer Mutter eine Leihmutterschaft vorzuschlagen. Zuerst war die Tochter schockiert, aber schließlich stimmte sie der Idee zu. Auch die Mutter war besorgt und stimmte erst nach beharrlicher Überzeugungsarbeit des Arztes und der Tochter zu. Laut Aussage des Arztes in Anand war „sie (die Großmutter) sehr besorgt über die Reaktionen anderer Menschen. Aber ich setzte mich durch. Am Ende stimmte sie zu, weil sie ihre Tochter glücklich machen wollte. Jetzt ist sie sehr glücklich mit dem, was sie getan hat" (Bhatia und Oakeshott 2004). Die Leihmutter war eine alleinlebende ältere Frau aus Gujarat, deren Ehemann in Großbritannien lebte und die finanziell von ihren Kindern abhängig war. Kann dieser Fall als absolut altruistisch ohne jegliche Zwang oder Abhängigkeit betrachtet werden? Nachdem dieser Fall durch die Medien bekannt geworden war, nahm die Leihmutterschaft als kommerzielle Praxis mit Frauen als leichter Beute Fahrt auf. Indien ist ein Land mit geschätzten 260 Mio. Menschen unterhalb der Armutsgrenze und so begann ein Teufelskreis aus Vorschlag, Zwang und Zustimmung.

Die Leihmutterheime selbst entstanden aus einigen Ängsten betreff des „Anderen". Sie wurden von den Wunscheltern sowie den medizinischen Praktikern geäußert, einige werden hier erwähnt – würde die Leihmutter sich mit einer ansteckenden Krankheit infizieren, wenn sie ihre körperliche Beziehung mit ihrem Partner fortsetzt und dann diese Infektion auf das Kind übertragen; würden ihre (angenommen unhygienischen) Lebensbedingungen die Gesundheit des Kindes beeinflussen; würde der Geschmackssinn des Kindes durch ihre Essgewohnheiten (scharfes Essen) beeinflusst werden; wenn sie nach dem Embryotransfer eine körperliche Beziehung mit ihrem Ehemann hätte, bestünde dann die Möglichkeit einer Verwechslung bei der Vaterschaft des Kindes und schließlich, würden sie die Wunscheltern mit der Schwangerschaft erpressen. Dies waren die primären Bedenken, abgesehen davon, dass einige Leihmütter aus Angst vor Stigmatisierung von ihrem Zuhause fernbleiben wollten. Deshalb forderten die Wunscheltern, dass die Leihmütter in diesen Heimen bleiben. Die Tatsache, dass sie während ihrer Schwangerschaft in Leihmutterheimen eingesperrt sind, bedeutet, dass Frauen die Teilnahme am öffentlichen Leben verweigert wird, sie sich weder bilden können noch ihren Beruf ausüben und kein normales Sozialleben haben. Die Wunscheltern haben zusammen mit dem Rat der medizinischen Praktiker Festgelder im Namen der Leihmütter angelegt und kontrolliert. Alle Geldtransfers wurden streng über die Klinik abgewickelt und sie entschieden über gerechtfertigte Gründe, wofür das Geld ausgegeben werden sollte. Diese kantianische Philosophie des Utilitarismus innerhalb der Leihmutterschaftspraxis normalisiert Verletzungen grundlegender Menschenrechte, wobei die Leihmutter als Mittel zum Zweck behandelt wird. Einige Wissenschaftler betonen die Vorteile eines solchen Heimlebens, das Vernetzung, Bindung und Zusammengehörigkeit fördert (Pande 2014). Ob der obligatorische Aufenthalt in Leihmutterheimen ein Vorteil oder eine Verletzung der Menschenrechte ist, wird in Kap. 5 ausführlich diskutiert.

Elly Teman sagt, dass Leihmütter ihren Körper zwar einer medizinischen Kontrolle unterwerfen, dass sie diese Technologie tatsächlich aber zu ihrem eigenen Vorteil nutzen.

Auch diese These wird eingehend in Kap. 5 erläutert. Teman (2010) stellt fest, dass Leihmütter zwar an den Essenzialismus der Natur glauben, aber auch die emanzipierte Idee unabhängig vom Einfluss der Natur verkörpern (indem sie sich von jeglichen Gefühlen der Mutterschaft distanzieren), die auch von Thompson als „Handlungsfähigkeit durch Objektivierung" beschrieben wird (Thompson 2005: 179). Diese Wissenschaftler sehen die Handlungsfähigkeit der Frauen darin, der Technologie zu erlauben, ihre Körper durch Objektivierung zu kontrollieren. Frauen versuchen zu beweisen, dass sie die Kontrolle über alle angeborenen Emotionen haben, die dieses Verfahren auf die angenommen natürlichen Emotionen (der Mutterschaft) haben könnte. Indem sie sich dem Patriarchat, der Medikalisierung, der Technologie und der Objektivierung unterwerfen, sorgen Leihmütter dafür, dass „mütterliche Natur" sich nur dort und dann manifestiert, wo und wann sie es wollen (Teman 2010: 53). Mit diesem Argument sollten Frauen in der Lage sein, eine begrenzte Handlungsfähigkeit und die Kontrolle über ihre Gefühle der Mutterschaft haben zu können. Ob dies als Befreiung gesehen werden kann oder Entfremdung, Ungleichheiten und Objektivierung nur wiederholt, wird ebenfalls in Kap. 5 diskutiert. Durch zu viel Konzentration auf rückständige Subjektivität und Autonomien auf Mikroebene, die Frauen innerhalb des Prozesses der Leihmutterschaft ausüben, wird das Gesamtbild von strukturellen Ungleichheiten und Ungerechtigkeiten mystifiziert.

Der Strom der Menschen zeigt ein Muster hauptsächlich von Norden nach Süden mit wenigen Wunscheltern aus Indien. Es wird geschätzt, dass 60–90 % der Wunscheltern, die in Indien eine Leihmutterschaft in Auftrag gegeben haben, aus dem Ausland kamen (Bhalla und Thapiyal 2013; NDTV 2015). Mir wurde von den Leihmüttern erzählt, dass NRIs auch weiterhin einen Weg finden, eine Leihmutterschaft in Indien in Auftrag zu geben. Das Geschäft ist sehr stark auf die Bedienung des Globalen Nordens ausgerichtet. So versuchte die Journalistin Julie Bindel aus Großbritannien, in einer Klinik in Indien zusammen mit ihrer Freundin, die sich als ihre Schwägerin indischer Herkunft ausgab, eine Leihmutterschaft in Auftrag zu geben, und die Klinik war bereit, dem nachzukommen (Bindel 2016). „Sobald wir in ein armes Land kommen, reden alle von Ausbeutung", sagt Dr. Nayana Patel. Es gibt eine Überreaktion, wenn Menschen aus dem Globalen Norden in den Globalen Süden kommen, um eine Leihmutterschaft in Auftrag zu geben, stellt Pande (2014) fest. Die Sorge ist, dass sich dieses Outsourcing normalisiert, notwendig gemacht und eingebürgert wird im Namen der Frauenbefreiung. Ich werde dieses Thema im Detail in Kap. 7 besprechen und die Frage stellen, ob diese Technologie aus feministischer Perspektive befreiend ist oder nicht. Verschiedene Formen einer Normalisierung der Leihmutterschaft manifestieren sich weltweit insbesondere in der oberen Mittelklasse und der Elite.

Die Leihmutterschaft wird ebenfalls normalisiert, indem sie mit jeder anderen Form von Arbeit verglichen und ausschließlich auf Altruismus reduziert wird, „Geschenke für globale Schwestern", und indem sie als legitime Art der Schwangerschaft betrachtet wird. Während Akademiker, Feministinnen, Ethiker und Aktivisten für die Rechte von Menschen mit Behinderungen die Leihmutterschaft als soziale Praxis kritisiert und gewarnt haben, dass sie soziale Vorurteile und Formen der Diskriminierung wie

Imperialismus, Klassismus, Rassismus, Sexismus und Ableismus verkörpert und verstärkt (Peña-Guzmán und Crozier 2016). Es ist der Kapitalismus, der die Ungleichheiten gedeihen lässt, der die globalen Leihmutterschaftsmärkte antreibt, während die Märkte in Ländern, die auf altruistischer Leihmutterschaft basieren, fast vernachlässigbar sind und kaum Konkurrenten haben. In Indien spielt auch die Filmbranche, die trotz biologischer Kinder Leihmutterschaft nutzt, eine Rolle bei der Normalisierung der Praxis. Durch die öffentlichen Medien wird die Elite inspiriert, diesem Beispiel zu folgen.

Viele Gelehrte versuchen, die Leihmutterschaft auch im Hinblick auf die Religion zu normalisieren, indem sie Beispiele aus der Bibel und dem Mahabharata anführen (Katz 1986; Rozée et al. 2016). In einer Fernsehdebatte über Leihmutterschaft verwies Dr. Nayana Patel auf religiöse hinduistische Texte und sagte: „Betrachtet man die hinduistische Mythologie, gibt es Fälle von Leihmutterschaft, die gut akzeptiert sind, Balarama wurde von einer Leihmutter geboren, daher ist es eine allgemein anerkannte Tatsache, dass Leihmutterschaft schon seit Ewigkeiten existiert" (NDTV 2015). Allerdings wird laut den Texten Rohini (die Leihmutter) von Balarama üblicherweise als seine Geburtsmutter angesehen und respektiert. Es war Rohini, die ihn aufzog und eine bedeutende Rolle bei seiner Erziehung spielte. Dies ist nicht vergleichbar mit der heutigen Marktsituation, wo Babys, die von Leihmüttern geboren werden, kurz nach der Geburt getrennt werden und Leihmütter alle Rechte an dem/den Kind(ern) abtreten sollen sowie jeglicher Kontakt zwischen den Wunscheltern und den Leihmüttern für Geld abgebrochen wird.

Eine andere Form der Normalisierung besteht darin, sich auf Altruismus und Schwesternschaft in der Praxis der Leihmutterschaft zu konzentrieren. Leihmutterschaft wird notwendig, indem Unfruchtbarkeit als eine Form von Behinderung klassifiziert wird, eine soziale Last, die eine Lösung um jeden Preis verlangt. Es handelt sich um ein sozial stigmatisiertes Phänomen, das den Pronatalismus wieder aufleben lässt und die Elternschaft genetisiert. Leihmutterschaft wird durch Genetisierung naturalisiert, wodurch genetische Verbindungen priorisiert werden und die Rolle der Schwangerschaft abgewertet wird. Die Rhetorik, die zur Beschreibung der Leihmutterschaft verwendet wird, umfasst „Gebärmütter in Arbeit", Gebärmütter als „Vakuum", „Behälter", „gemietete Gebärmütter", eine „Verschwendung" der Fortpflanzungskapazität, die anderen zugutekommt. In dem Dokumentarfilm *Made in India* sagte Dr. Kaushal Kadam, Rotunda Clinic: „Ich kläre diese Leihmütter auf, dass ich nur ein Baby außerhalb vorbereiten werde und es in ihre Gebärmutter einsetze. Ich brauche nur ihre Gebärmutter, das ist es, was sie in der Lage sind zu verstehen" (Haimowitz und Sinha 2010). Erstens deutet dies darauf hin, dass die Leihmütter im Allgemeinen nicht über das Verfahren informiert waren und zweitens, dass sie lediglich als Gefäß zum Tragen des Babys betrachtet werden. Die Trennung der Rolle von Schwangerschaft und Geburt vom restlichen Körper ist eine Form der Entfremdung. Jeder, der eine Geburt erlebt hat oder andere dabei beobachtet hat, weiß, dass die Geburt, die Wehenschmerzen und die Geburt selbst, wenn nicht psychologisch, dann doch physisch jeden Nerv des Körpers und nicht nur die Gebärmutter beeinflusst.

Während die Wunscheltern Indien aufgrund der niedrigeren Kosten bevorzugen, ist der wichtigere Grund, warum sie nach Indien kommen, dass die Leihmutter weniger Rechte über den Leihmutterschaftsprozess und über das Kind hat und dass es so viele Frauen gibt, die aufgrund von Armut als Leihmütter zur Verfügung stehen. Eine Leihmutter in dem Dokumentarfilm *Made in India* sagte: „Es ist nur wegen der Armut, sonst hätte ich nie einen solch großen Schritt unternommen." Indien rangiert beim weltweiten Index für menschliche Entwicklung, (HDI), etwa auf Platz 135. Andere Länder, die häufig Leihmutterschaftsdienste anbieten, haben ebenfalls relativ niedrige HDI-Ränge (z. B. Nepal 145, die Ukraine 83, die Republik Georgien 79 und Mexiko 71) (UNDP 2014). Es gibt auch Länder mit Übergangswirtschaften und hohen Einkommensungleichheiten. Der Verweis auf Armut ist wichtig, weil die meisten Frauen, die in Indien als Leihmütter dienen, dies tun, um ihre Familie mit unmittelbar menschlichen Grundbedürfnissen und ausreichend Nahrung zu versorgen. Während andere am Rande der Armut leben und für die Bildung ihrer Kinder sorgen, ein Haus kaufen und vermeiden wollen, weiter in die Armut abzurutschen. Dworkin (1983) stellt fest, dass es „der Staat (ist, der) die soziale, wirtschaftliche und politische Situation konstruiert hat, in der der Verkauf einiger sexueller (Prostitution) oder reproduktiver (Leihmutterschaft) Kapazitäten notwendig (wird) für das Überleben der Menschen". Diese Situation beraubt die Menschen einer Vielzahl anderer Möglichkeiten, von der Bildung über Arbeitsplätze bis hin zu gleichen Rechten vor dem Gesetz. Daher sollte das Augenmerk verstärkt auf die Bereitstellung all dieser grundlegenden Ansprüche und Menschenrechte für Frauen gelegt werden, damit sie nicht in erster Linie ihren Körper verkaufen müssen (Dworkin 1983). Der Protest sollte darauf gerichtet sein, die Grundbedürfnisse der Menschen in Übergangswirtschaften wie Indien zu verbessern und nicht darauf, Frauen zur Leihmutterschaft zu ermutigen.

Die feministische Bewegung hat bemerkenswerte Fortschritte bei der Verbesserung der reproduktiven Rechte und der Wahlfreiheit der Frauen gemacht, indem sie medizinische Technologien wie Verhütungsmittel, Kaiserschnitte und Abtreibungen genutzt hat. In den letzten zwei Jahrzehnten haben jedoch Entwicklungen in der Reproduktionstechnologie und deren Einsatz für Praktiken wie geschlechtsselektive Abtreibungen und Leihmutterschaft die Ideologien herausgefordert, die der Feminismus grundsätzlich vertritt: Gleichheit (sozioökonomisch, gesundheitlich, rechtlich), Freiheit (Wahlfreiheit, Autonomie) und Gerechtigkeit (sozial und reproduktiv). Liberale Feministinnen unterstützen die Idee der prokreativen Freiheit und individuellen Rechte, jeden Vertrag einzugehen, den Frauen sich wünschen. Auf dieser Grundlage wurde Schadensminderung und Harmonisierung als Lösung vorgeschlagen, um einerseits die Unfruchtbarkeit zu reduzieren und andererseits Ungleichheiten abzubauen.

Ich argumentiere aus einer kontextspezifischen, machtreflexiven, postkolonialen Perspektive und ziehe die stratifizierte Reproduktion als analytischen Rahmen heran, bei der eine Verletzung der Menschenrechte vorliegt. Die Nutzung der multiplen Unterdrückung einer anderen Person zur Erfüllung der Babywünsche von Elitepaaren kann nicht reproduktives Recht oder Freiheit sein. Diejenigen, die nach

Leihmutterschaftsvereinbarungen suchen, stehen vor sozialer Stigmatisierung, psychischen Problemen, physischem Stress durch Fruchtbarkeitsbehandlung und Verletzung der körperlichen Integrität. Die Entscheidung für eine Leihmutterschaft wird jedoch wahrscheinlich eine andere Frau (die Leihmutter) mit den gleichen Problemen konfrontieren; soziale Stigmatisierung, psychische Herausforderungen, Verletzung ihrer körperlichen Integrität. Aber auch ihre Gesundheit, Freiheit, Autonomie und sogar das Leben der Leihmutter wird aufs Spiel gesetzt. Die Verletzung der Würde, Integrität, wirtschaftlichen Bedürfnisse einer anderen Person können daher kein verfassungsmäßiges Recht sein. Eine wirtschaftliche Motivation, wie ein Vertrag aus dringenden monetären Bedürfnissen, kann nicht als freie Wahl definiert werden, stattdessen sollte für Familien mehr Aufmerksamkeit auf die Bereitstellung von menschlichen Grundbedürfnissen wie Nahrung, Gesundheit, Bildung und Wohnen gelegt werden.

Technologien wie die Leihmutterschaft bieten nur für wohlhabende Menschen eine größere reproduktive Wahl auf Kosten der Gesundheit, Freiheit und des Lebens anderer (meist weniger wohlhabender) Menschen. Gleichzeitig wird eine erhebliche Kontrolle und Macht in die Hände von Zwischenagenturen gelegt, die diese Technologie kontrollieren. Die sozioökonomisch benachteiligten Menschen in der Gesellschaft, unabhängig davon, ob sie verheiratet, ledig, unfruchtbar, gleichgeschlechtliche Paare oder Eunuchen sind, können keine Kinder durch Leihmutterschaft bekommen, sei es in Indien oder in irgendeinem anderen Land auf der Welt. Jede Form von individueller Freiheit, die ernsthaft die Gesundheit und Freiheit eines anderen beeinträchtigt, entspricht nicht dem Rahmen der reproduktiven Gerechtigkeit. Eine altruistische Leihmutterschaft zur Reduzierung einer Kommerzialisierung wurde als besserer Ansatz betrachtet; jedoch beinhalten auch altruistische Verträge Elemente struktureller Ungleichheiten. Frühere Erfahrungen aus anderen Ländern, wie dem Vereinigten Königreich, zeigen zudem, dass in diesem Prozess erhebliche Beträge im Namen von medizinischen Rechnungen übertragen werden.

Ein reduzierter Fokus auf breitere globale und strukturelle Ungleichheiten und Elemente rassistischer, sexistischer, klassistischer und soziohistorischer Unterdrückungen hat zu einem Bedürfnis nach einer transnationalen feministischen Allianz geführt. Transnationaler Feminismus als Konzept ist nicht neu und mehrere Wissenschaftler haben ihn als zukünftigen Weg vorgeschlagen, um eine globale feministische Solidarität aufzubauen. Allerdings sind innerhalb dieses Diskurses keine spezifischen Rahmenbedingungen für den Aufbau einer solchen Allianz entstanden. Ich schlage eine Allianz vor, die auf dem von der ACRJ (2005) entwickelten Rahmen für reproduktive Gerechtigkeit zusammen mit dem SisterSong Women of Color Reproductive Justice Collective basiert. Dadurch bietet sich ein Potenzial, um Ungleichheiten und Ungerechtigkeiten, die bei Leihmutterschaftspraktiken beobachtet werden, zu erkennen und anzugehen. Reproduktive Gerechtigkeit ist ein auf Menschenrechten und sozialer Gerechtigkeit basierender Rahmen, der die reproduktive und sexuelle Gesundheit von Frauen mit ihren sozialen, kulturellen, wirtschaftlichen und politischen Bedingungen verknüpft und dabei die sich überschneidenden sozioökonomischen Faktoren, Rasse[5], Religion, Geographie, Nationalität, Sexualität und allgemeine Gesundheitsaspekte berücksichtigt, die das Leben von Frauen beeinflussen. Dieser Rahmen zielt darauf ab, die Geschichten reproduktiver Unterdrückung in allen Gemeinschaften zu erkennen, mehrfache Unterdrückungen aufgrund von Rasse, Klasse, Geschlecht, Sexualität, Fähigkeit, Alter und Einwanderungsstatus zu identifizieren und anzugehen, um Veränderungen bei den strukturellen Machtungleichheiten herbeizuführen und politische Solidarität zwischen Frauen über Klasse, Rasse, Ethnizität, Sexualität und nationale Grenzen hinweg zu entwickeln. Reproduktive Gerechtigkeit zielt also darauf ab, Ungleichheiten zu verringern und nicht die Verletzlichkeiten einer Person als Lösung für die Unfruchtbarkeit anderer zu nutzen, und damit einen Weg zur Bestimmung globaler Menschenrechte und zur Beseitigung von Frauendiskriminierung zu schaffen. Einige der Prozesse und Praktiken der assistierten Reproduktionstechnologie scheinen die Grenzen der Humanität zu überschreiten und auch die sehr Ideologien, für die der Feminismus selbst steht. Kap. 7 und 8 wirken darauf hin, die humanitären Schwellenwerte für ART-Praktiken wie z. B. die Präimplantationsdiagnostik (PID) zur Geschlechtsauswahl und Leihmutterschaft und ihre globale Relevanz für Menschenrechte und Feminismus zu identifizieren. Feministinnen werden in jüngster Zeit als menschenverachtend beschrieben, und einige der feministischen Diskurse spiegeln diese Unempfindlichkeiten gegenüber Mitmenschen im Allgemeinen und Frauen im Besonderen wider. Dieses Kapitel beginnt damit, individuelle reproduktive Rechte und Freiheiten einer gerechten und humanen Gesellschaft gegenüberzustellen, indem es die humanitären Schwellenwerte des Feminismus identifiziert und untersucht, wo der Feminismus-Diskurs solche Schwellen überschreitet.

Literatur

ACRJ. 2005. A new vision for advancing our movement for reproductive health, reproductive rights and reproductive justice. Asian Communities for Reproductive Justice. http://strongfamiliesmovement.org/assets/docs/ACRJ-A-New-Vision.pdf. Zugegriffen: 14. Aug. 2017.

Atwood, Margaret. 1985. *The Handmaid's tale*. Toronto: McClelland & Stewart.

Bindel, Julie. 2016. Julie Bindel speaking at feminist conference against surrogacy. *Byline*. https://www.byline.com/project/43/article/820. Zugegriffen: 15. Aug. 2017.

Bhalla, Nita, and Mansi Thapiyal. 2013. India seeks to regulate its booming 'rent-a-womb' industry. *Reuters*. http://www.reuters.com/article/us-india-surrogates-idUSBRE98T07F20130930. Zugegriffen: 14. Aug. 2017.

[5]Die in diesem Buch zu findende Bezeichnung der „Rasse" [„Race"] gibt das im Amerikanischen vorherrschende Konzept von „race" wieder: Gemeint ist die Einteilung der US-amerikanischen Bevölkerung nach geographischer Herkunft seiner Vorfahren wie Schwarze/Afroamerikaner, Weiße/Amerikaner europäischer Abstammung, Lateinamerikaner, Asiaten. In diesem Buch ist der Begriff „Rasse" [„Race"] ausschließlich in dieser Bedeutung zu verstehen.

Bhatia, Shekhar, and Isabel Oakeshott. 2004. *Daily Mail Online,* 2. Aufl. http://www.dailymail.co.uk/health/article-206966/Woman-gives-birth-grandchildren.html. Zugegriffen: 15. Aug. 2017.

Corea, Gena. 1985. *The mother machine: Reproductive technologies from artificial insemination to artificial wombs.* New York: Harper and Row.

Dworkin, Andrea. 1983. *Right-wing women.* New York: Perigee Books.

Haimowitz, Rebecca and Vaishali Sinha. 2010. *Made in India.* DVD.

Hochschild, Arlie. 2017. Money and emotion: Win-win bargains, win-lose contexts, and the emotional labor of commercial surrogates. In *Money talks: Explaining how money really works,* Hrsg. Nina Bandelj, Frederick F. Wherry, und Viviana A. Zelizer, 161–170. Princeton: Princeton University Press.

Katz, Avi. 1986. Contract motherhood and the baby-selling laws. *Columbia Journal of Law and Social Problems* 20:1–53.

Mohanty, C.T. 2013. Transnational feminist crossings: On neoliberalism and radical critique. *Signs* 38:967–991.

NDTV. 2015. We the people – The surrogacy debate; of motherhood or money? *New Delhi Television.* https://www.youtube.com/watch?v=7OlBHVKZzjg. Zugegriffen: 14. Aug. 2017.

Pande, A. 2014. *Wombs in labor: Transnational commercial surrogacy in India.* New York: Columbia University Press.

Peña-Guzmán, D. M., und G. K. D. Crozier. 2016. Surrogacy as medical tourism: Addressing global inequalities in surrogacy. In *Handbook of gestational surrogacy: International clinical practice and policy issues,* Hrsg. E. Scott Sills, 46–54. Cambridge: Cambridge University Press.

Rozée; Virginie, Sayeed Unisa, and Elise de La Rochebrochard. 2016. Gestational surrogacy in India. *Population and Society* 537:1–4.

Shalev, C. 2015. Panel chairperson. ‚Ethics and regulation of intercountry medically assisted reproduction‘. In *UNESCO chair in bioethics 10th world conference on bioethics, Medical ethics and health law.* Jerusalem, Israel, 6–8 Jan.

Teman, Elly. 2010. *Birthing a mother: The surrogate body and the pregnant self.* Berkeley: University of California Press.

Thompson, Charis. 2005. *Making parents: The ontological choreography of reproductive technologies.* Berkeley: University of California Press.

UNDP. 2014. *Human development report. Sustaining human progress: Reducing vulnerabilities and building resilience.* New York: United Nations Development Programme.

Teil I

Leihmutterschaft Globalscape der Leihmutterschaf und der feministische Diskurs

2 Leihmutterschaft Globalscape

Zusammenfassung

Der liberal-feministische Ansatz betont, dass reproduktive Freiheit in individueller Wahl und Autonomie verwurzelt ist. Assistierte Reproduktionstechnologien (ARTs) werden als ideale Maßnahme zur Lösung von Unfruchtbarkeit angesehen. Der Schwerpunkt liegt dabei auf einem Ansatz, der allen Individuen freien Zugang zu jeder Art von Technologie bietet. Ein solch offener Zugang soll eine wichtige Komponente der Stärkung der Frauen sein. Bei diesem Ansatz wird allerdings übersehen, dass die Autonomie möglicherweise auf Kosten der Gesundheit und des Wohlbefindens marginalisierter Menschen geht. Der liberale Ansatz beschränkt die Gestaltung hauptsächlich auf eine individuelle Ebene, daher ist er unzureichend, um die vollständige soziale Komplexität der ARTs zu analysieren. Individuelle Entscheidungen werden innerhalb soziopolitischer und wirtschaftlicher Kontexte getroffen und die Erfahrungen der Menschen sind in Gemeinschaften und Geschichten eingebettet. Obwohl die individuelle Analyse wichtig ist, um Mikro-Level-Komplexitäten zu verstehen, ist es auch wichtig, Individuen und Gemeinschaften in einen Makro-Kontext zu stellen, um die umfassenden Muster von Marginalisierung und Empowerment zu verstehen. Dieses Kapitel untersucht die ausgedehnten Muster der Leihmutterschaftsmärkte, ihren Zugang und die Bewegungen weltweit, um die Makro-Level globaler Reproscapes zu verstehen. Inhorn (2011) wies auf die Relevanz von Appadurais Theorie der globalen Scapes hin, um die grenzüberschreitende Landschaft der assistierten Reproduktionstechnologien zu verstehen. Sie deutet diese als Reproscapes um und fügt den Begriff Bioscape (bewegende biologische Substanzen und Teile) den folgenden fünf globalen Scapes von Appadurai hinzu: Menschen (Ethnoscape), Technologie (Technoscape), Geld (Financescape), Bilder (Mediascape)

S. Suryanarayanan, *Ein transnationaler feministischer Blick auf die Biomärkte für Leihmutterschaft in Indien*, https://doi.org/10.1007/978-981-97-7944-4_2

und Ideen (Ideoscape) (Appadurai 1996). Eine weitere Ebene von Legalscape (Gesetze und Legalitäten) kann ebenfalls zu diesen Scapes hinzugefügt werden.

Schlüsselwörter

Weltweite Reproszenarien der Leihmutterschaft · Fortpflanzungsautonomie · Neokolonialismus · Postkolonialismus · Genetisierung

Liberale betrachten die Fortpflanzungsautonomie der Wunschelternschaft bei der Verwendung von Technologie aus „jedem" Grund, der die reproduktiven Ziele des Paares verwirklichen und es ihnen ermöglichen kann, einen Vertrag einzugehen, als legitim (Katz 1986; Robertson 1983, 1986; Andrews 1988; Shalev 1989; Shultz 1990). Andere, wie Feministinnen, Ethiker und Aktivisten für die Rechte von Menschen mit Behinderungen, hinterfragen das „jede" in dieser Argumentation als Verstärkung von rassistischen, klassistischen, ableistischen, sexistischen, nationalistischen und kastenbasierten Vorurteilen (Field 1988; Pateman 1988; Rothman 1989; Okin 1990; Anderson 1990). Dieses Kapitel begibt sich auf die Spuren der naturalisierten, normalisierten und notwendigen Formen dieser Vorurteile auf den globalen Leihmutterschaftsmärkten (drei Ns). Das globale Muster der Leihmutterschaftsmärkte zeigt einen signifikant nachfragebasierten Zustrom von Menschen aus dem Globalen Norden in den Globalen Süden zusammen mit dem Fluss der gewünschten Gameten aus dem Globalen Norden; jedoch gibt es auch innerhalb Europas und zwischen Europa und Amerika Knotenpunkte so eines Stromes. Bevor ich dieses globale Muster untersuche, beginne ich mit einem Überblick über umfassendere Kontexte der Naturalisierung (in Bezug auf die Priorisierung genetischer Verbindungen), wodurch tendenziell verschiedene gesellschaftliche Vorurteile normalisiert werden. Zu diesen Vorurteilen gehören auch Rassismus (eine bestimmte Genetik als überlegen anzusehen), Entfremdung (der Leihmütter von jeglicher verkörperten Elternschaft) und klassistische Ausbeutung (die Betrachtung von Leihmutterschaft als eine normal bezahlte Arbeit wie bei der Fabrikarbeiterin oder Haushälterin).

Genetisierung, Rassismus und Ableismus: naturalisiert und normalisiert

Rassistische Vorurteile werden beiläufig in das In-vitro-Fertilisationsverfahren (IVF-Verfahren) eingeführt, bei dem eine Online-Auswahl von Spendern basierend auf dem gewünschten Phänotyp gefolgt von einer Anfrage und anschließender Gametenextraktion vom spezifisch ausgewählten Spender erfolgt. Dr. Richard Sherbahn, der 1997 das Advanced Fertility Center of Chicago gründete, sagt, dass unlängst ein Paar zu ihm kam, das nach „einer dünnen, weißen Frau mit grünen Augen und welligem blonden Haar, die zwischen 5 Fuß 7 und 5 Fuß 8 groß ist, schwedische Vorfahren hat, College-Level-Sport betrieben hat, mindestens einen Masterabschluss besitzt und wenigstens 120 in einem IQ-Test erreicht", suchte (Hess 2014). Im Mai 2013 bekam ein in Delhi ansässiges Paar in den Vierzigern Zwillinge durch eine Leihmutter. Der Embryo war aus dem Sperma des Ehemannes und den Eizellen einer kaukasischen Spenderin entstanden. Die unverheiratete Frau war von einer ausländischen Agentur gebeten worden, nach Indien zu kommen, um ihre Eier zu spenden, für die sie INR8,00,000 bezahlt bekam. Der befruchtete Embryo wurde der indischen Leihmutter übertragen, die das Baby zur Welt brachte. „Der Ehemann ist sehr hellhäutig und sie wollten ein hellhäutiges Kind haben. Wir konnten keine Eizellspenderin finden, die zur Hautfarbe des Ehemannes passte, und daher wurde eine kaukasische Spenderin ausgewählt", sagte Dr. Duru Shah, die eine Privatklinik in Peddar Road betreibt. Es wurde enthüllt, dass „die Spenderin eine Studentin ist, die ihren Pflegekurs finanzieren wollte und deshalb zugestimmt hat" (Vora 2013). Europäische Spenderinnen können zwischen 1000 und 5000 US$ (ungefähr 6000–30.000 INR) verlangen, abhängig von Faktoren wie körperlicher Gesundheit und Bildungshintergrund. Leihmütter höherer Kasten und mit heller Haut haben mehr Auswahlmöglichkeiten, in Kliniken rekrutiert zu werden, und können höhere Zahlungen verlangen (Dhar 2013; Nelson 25. Oktober 2012). Schön und hell, die Kriterien, die bei der Auswahl von Bräuten in Indien eine Rolle spielen, werden auch bei der Auswahl von Leihmüttern verwendet. Dieses rassistische Elternschaftsmuster beeinflusst zunehmend die Adoptionspraktiken. Die globale Migration nimmt in einem rasanten Tempo zu, und zwar in einem Ausmaß, das noch nie zuvor beobachtet wurde. Vor nicht allzu langer Zeit wurde der Adoptionsvertrag eines indischen Paares, das in Großbritannien lebt, bei einer britischen Agentur aufgrund ihrer Rasse abgelehnt; stattdessen wurde ihnen geraten, es mit einem braunhäutigen Kind in Indien zu versuchen (Hindustan Times 2017). Unter Verwendung des Begriffs „rassifiziertes Geschlecht" äußerte Amrita Banerjee (2014: 113) Bedenken hinsichtlich „der zunehmenden Stratifizierung der Reproduktionsarbeit von Frauen innerhalb der globalen Wirtschaft entlang rassischer und anderer Linien".

Die Präferenz der Wunscheltern für ein spezifisches genetisches Material auf der Grundlage des Phänotyps und der Eigenschaften der Spender hat einen nachfrageorientierten Markt für Ei- und Samenbanken in Dänemark, der Schweiz, der Tschechischen Republik, Spanien, Belgien, den kaukasischen Ländern und den Vereinigten Staaten hervorgebracht. Spanien ist wegen seiner toleranten Gesetzgebung seit den 1980er-Jahren zu einem beliebten Ort für Deutsche geworden, die eine Präimplantationsdiagnostik (PID) und Gametenspenden suchen (Pfeffer 2011). Die Nachfrage nach spezifischen Eigenschaften von Spendern schafft daher einen Versorgungskanal, in dem bestimmte Spender und ihr Biomaterial über andere bioverfügbar werden. In Spanien gibt es einen heterogenen Spenderpool, da Spender aus Osteuropa rekrutiert werden, um den Bedürfnissen der nordeuropäischen Empfänger gerecht zu werden und weil das spanische Gesetz Kliniken verpflichtet, ähnliche Phänotypen anzugleichen (Bergmann 2011). Dies scheint eine echte Auswahl von Gameten zu sein, damit Kinder ähnlich aussehen und ein Zugehörigkeitsgefühl zu ihren Eltern erleben; der Nachteil daran ist, dass rassistische Vorurteile verstärkt werden. Dies geschieht durch unterschiedliche Marktpreise und eine Preisgestaltung, die darauf basiert, welche Gameten als überlegen angesehen werden. Es ist eine bekannte Tatsache, dass die Eizellen von weißhäutigen Frauen wertvoller sind als die von braun- und schwarzhäutigen Frauen, daher basiert das gesamte Babygeschäft auf Rassismus und Kolonialismus. In den letzten Jahren hat sich auch gezeigt, dass Wunscheltern bei den Gametenspendern verstärkt auf die Intelligenz statt auf das Aussehen achten (Henig 2014). Ob diese Praxis nachfrage- oder angebotsbasiert ist oder eine Folge der raschen technologischen Entwicklung oder eine Kombination aus allen dreien, sind nicht die Fragen, die mich primär interessieren. Ich bin vielmehr besorgt über die Verfestigung von Vorurteilen, die Dominanz einiger Körper über andere und die systematische Unterdrückung einiger Körper, die den historischen Mustern der Unterdrückung folgen.

Auftraggebereltern äußern den Wunsch nach Kindern mit bestimmten physischen Eigenschaften und wählen ihre Gameten basierend auf der Hautfarbe und Bildung des Spenders aus. Leihmütter in Indien dürfen ihre eigenen Eizellen nicht verwenden. Es wird angenommen, dass es in der Gestationsphase keinen genetischen Transfer gibt, daher wird die Leihmutter in ihrer Rolle häufig als „Gestationsmutter" bezeichnet. Die medizinische Wissenschaft hat uns jedoch gelehrt, dass Zellen während der Schwangerschaft wandern und dieser Austausch nicht nur von der Mutter zum Fötus, sondern auch vom Fötus zur Mutter stattfindet (Dawe et al. 2007). Daher tauschen Babys und Leihmütter während der Schwangerschaft DNA (Desoxyribonukleinsäure)-Material aus. Es gibt eine Debatte unter Wissenschaftlern, ob DNA als genetisches Material akzeptiert werden kann und wenn dies der Fall ist, dann sollten alle Leihmütter als „leibliche Mütter" betrachtet werden und die gesamte Definition der „Leihmutterschaft" und Beschreibungen der Gebärmutter als Behälter müssen infrage gestellt werden. Daher kann auch aus medizinischer Sicht die leibliche Mutter nicht vollständig vom Kind entfremdet werden und sollte sie elterliche Rechte für das Kind haben. Darüber hinaus ist das Löschen einer leiblichen Mutter aus ihrer mütterlichen Identität und das Verweigern solcher Rechte innerhalb von Leihmutterschaftsverträgen nur unter dem Deckmantel des Patriarchats möglich (Cornell 1998). Die Erwartungen bestimmter Regierungen, dass Leihmütter ihre Rechte über das Kind sogar vor der Schwangerschaft abtreten sollten, sind daher völlig ungerechtfertigt.

Die biotechnologische Revolution erfordert eine Veränderung unseres Verständnisses von verkörperter Rasse, Fähigkeit, Geschlecht und nationalistischer Spezifität durch Verwandtschaftsidentitäten. Durch die Auswahl von Gameten, pränatale Diagnose und selektive Abtreibungspraktiken werden Kultur und Ethnizität in Körper eingeschrieben und Wahrnehmungen von Nationalität geprägt. Campbell (2007) stellt einige wichtige Fragen bezüglich der neuen Verwandtschaftsformen durch neue Reproduktionstechnologien (NRTs) – werden durch die Entscheidung für einen Phänotyp größere rassistische Wünsche mit klinischen Mitteln genährt? Verändern diese absichtlichen Zusammenstellungen von Körpermaterial, Identität und Wünschen auch die Vorstellungen von nationalen Zusammenstellungen? Differenzielle Regulationsparadigmen werden durch soziale

Akzeptanz durch wahrgenommenen und verkörperten Austausch von Bedeutungen von Risiken und symbolischen Grenzen wie biologische Staatsbürgerschaft, Verwandtschaft und religiöse Wahrnehmungen definiert (Rose und Novas 2005; Lamont et al. 2015). Rabinows (1996) Konzept der „Bio-Sozialität" erforscht neue Formen der Identitätsbildung auf der Grundlage von Genen, Phänotyp und Genotyp. Campbell (2007) zieht Analogien zwischen menschlichen Fruchtbarkeitsregulierungen und der Einwanderungspolitik in Großbritannien, Spanien und Norwegen und wie „rassische" (Gilroy 2000) Grundlagen von Verwandtschaft und Nation normalisiert und als „gegeben" angenommen werden (Gingrich 2004). Gilroy (2000) nennt dies die *„Krise der Rassenlehre"* und fordert eine vollständige Aufgabe der Rassenkonzepte.

Lippman (1991, 1994) konzeptualisierte die Genetisierung als einen fortlaufenden Prozess, durch den Individuen auf ihre genetische Identifikation und Fähigkeiten reduziert und differenziert werden. Das Konzept umfasst eine Ausweitung von Gesundheit und Krankheit durch Gentechnologien; Differenzierung von Individuen aufgrund ihrer genetischen Variation; Konstruktion biologischer Phänomene durch unangemessene Kennzeichnung von Gesundheit und Krankheit als „genetisch" und nicht als soziale, strukturelle oder ökologische Ökonomie, die genetische Informationen zur Vorhersage und Verhinderung von Krankheiten nutzt, sowie einen soziokulturellen Kontext, der die Verwendung von Gentechnologien verstärkt, insbesondere in Bezug auf die reproduktiven Entscheidungen von Frauen. Feministinnen argumentieren, dass die Genetisierung die unterdrückende Verwendung von Biologie durch genetischen Reduktionismus, der menschliche Eigenschaften in Bezug auf genetische Merkmale erklärt, und genetischen Essenzialismus, der menschliche Identität und Funktion als absolute genetische Attribute zuweist, naturalisiert. Die neuen Formen von Verwandtschaft, Rasse und Geschlecht verändern nicht nur die Konzepte von Natur und Genetik, sondern sie erneuern auch energisch die bestehenden Überzeugungen über die Natur in Form von Kategorien und Unterscheidungen. Der Wunsch, ein genetisch verwandtes Kind zu haben, wird von der Gesellschaft beeinflusst und konstruiert (Roberts 1996). Es ist unsere menschliche Verantwortung, diese rassistische Normalisierung, die durch assistierte Reproduktionstechnologien (ARTs) verstärkt wird, infrage zu stellen und abzuschaffen. Verschiedene Feministinnen haben dafür plädiert, die Naturalisierung von genetisch verknüpfter Elternschaft aufzugeben, da sie das Patriarchat wiederholt. Das Sorgerecht für Kinder, die durch Leihmutterschaft geboren werden, wird in der Regel den Eltern mit genetischen Verbindungen gegeben, begründet dadurch, dass sie die Leihmutterschaft in Auftrag gegeben oder dafür bezahlt haben, wobei die Rolle der Leihmutter heruntergespielt wird. Am Ende dieses Buches schlage ich Möglichkeiten vor, um einige solcher Normalisierungen abzuschaffen.

Alper und Beckwith (1993) äußern Bedenken, dass Preisschilder im Babygeschäft auf (vermutlich imperialen Definitionen von überlegenen) Phänotypen, Hautfarbe, Fähigkeiten und Eigenschaften der Spender basieren, die verschiedene Formen von Vorurteilen und Diskriminierung verstärken. Nelkin und Lindee (1995) argumentieren, dass „genetischer Essenzialismus" Individuen auf eine molekulare Entität reduziert, indem er menschliche Wesen in all ihrer soziohistorischen Komplexität mit ihren Genen identifiziert. Wenn Leihmütter aufgrund ihres Aussehens, ihrer Kaste, Religion und ihres Körpergewichts ausgewählt werden, führt dies zu neuen Formen der Genetisierung im Babygeschäft. Genetische Auswahl identifiziert das Gen als zentral für die menschliche Person, Identität und soziale Beziehungen. Wenn in den meisten Gerichtsfällen das Sorgerecht für die Kinder an die Wunscheltern, aufgrund der genetischen Bestimmung der Elternschaft, übergeben wird, trotz eines Antrags auf Sorgerecht durch die Leihmutter, wiederholt sich hier die Genetisierung. Die Wichtigkeit, die der Genetisierung und dem genetischen Essenzialismus beigemessen wird, die Bedeutungen, die den genetischen Verbindungen durch das Eigentum an den Gameten und der Schwangerschaft, dem schwangeren Körper und den geborenen Babys gegeben werden, und solche Naturalisierungen der Verwandtschaft erinnern an die rassische Biologie des 19. Jahrhunderts, die in den rhizomatischen Theorien der Hybridität herumgeistern.

„Kein Elternteil möchte einen Sohn mit einer Behinderung", war die Aussage des australischen Paares, das eine Leihmutterschaft in Indien in Auftrag gegeben hatte und einen der Zwillinge wegen seines Down-Syndroms zurückgelassen hatte und nur mit dem weiblichen Zwilling nach Hause zurückkehrte. Ein britischer Elternteil ließ eine behinderte Tochter zurück und behielt nur den Sohn, nachdem ihre Leihmutter Zwillinge zur Welt gebracht hatte (Baklinski 2014). In meiner in Gujarat durchgeführten Studie wurde ein Mädchen eine Woche nach der Geburt von den Wunscheltern auf den Straßen von Ahmedabad ausgesetzt; die Leihmutter erkannte das Baby, aber solche Fälle werden nicht gemeldet. Diese Vorfälle sind eine Folge ausgedehnter Formen von normalisiertem Ableismus. Soziologen haben davor gewarnt, dass es sich dabei um eine Diskriminierung auf genetischer Grundlage handelt (Dreyfuss und Nelkin 1992; Nelkin und Tancredi 1994; Paul 1994). Es wird behauptet, dass Leihmutterschaft eine Wiedergeburt des wissenschaftlichen Rassismus und der Eugenik ist, die von Konsumismus und reproduktiven Entscheidungen angetrieben wird, und das nährt die elterlichen Wünsche nach einem perfekten Kind (Duster 1990; Rifkin 1998; Hubbard und Wald 1999). Die Fähigkeit der Biomedizin und Biotechnologie, Gesundheit, Wohlbefinden und Lebensqualität zu verbessern, wird einerseits gefeiert, während es infrage gestellt werden muss, dass dieselbe Technologie kontrollieren, zwingen, einschränken und sogar das sogenannte Defekte durch einzelne Praktiker und politische Autorität eliminieren kann (Rose 2001). Agamben (1998) erklärt das biologische Paradigma der Moderne, in dem die Ausgrenzung defekter Individuen wesentlich und daher normalisiert wird.

Soziale und historische Kontexte definieren auch Bedeutungen, in denen Frauenkörper kontrolliert werden und reproduktive Körper zu Trägern rassistischer Werte werden. Eine Frau aus Ohio verklagte eine Samenbank, nachdem sie Spender verwechselt hatte und ihr das Sperma eines afroamerikanischen Mannes anstelle des weißen Hautgameten gegeben hatte, den sie und ihr Partner ausgewählt hatten. Sie hatten einen Spender mit blonden Haaren und blauen Augen bezahlt und ausgewählt, damit sie ein Kind aufziehen konnten, das ihnen ähnlich sieht. Sie sagten, sie hätten nicht geplant, ein gemischtrassiges Kind aufzuziehen, da sie in einer konservativen und rassistisch intoleranten Nachbarschaft lebten. Dies mag absolut authentisch klingen, wirft aber ernsthafte Fragen über die Konnotationen der Naturalisierung auf und wie unsere Körper von rassistischen Geschichtsschreibungen kolonisiert werden, und es steht im Gegensatz zum Konzept der reproduktiven Freiheit (Petchesky 1995).

Leihmutterschaft als notwendige Lösung von Unfruchtbarkeit

Der Markt ist notwendig, neben der Normalisierung und Naturalisierung. Die Notwendigkeit der Leihmutterschaft wird durch die Darstellung von Unfruchtbarkeit als Krankheit, als Behinderung, gerechtfertigt. Kinderlosigkeit wird sozial als Leiden konstruiert, das aus der patriarchalischen Hegemonie sozialer Normen entsteht, die insbesondere Frauen unter Druck setzen, ARTs zu nutzen. Dieser kurzsichtige soziale und medizinische Fokus auf den weiblichen Körper zur Lösung von Unfruchtbarkeit und die Fortsetzung der Objektivierung und Kommodifizierung des weiblichen Körpers dient patriarchalischen und kommerziellen Zwecken (Raymond 1993; Corea 1985; Harding 1991). Wenn Unfruchtbarkeit auftritt, führen pronatalistische und heteronormative Identitäten und Normen aufgrund von Druck zur Anpassung zu sozialer Stigmatisierung. Frauen in verschiedenen Kulturen erleben bei Unfruchtbarkeit einen verminderten Identitätssinn und sozialen Status in der Gemeinschaft (Donchin 1996). Deutschland ist bekanntlich ein stark pronatalistisches Land und Frauen (und Paare) werden stigmatisiert, wenn sie sich nicht fortpflanzen (Greil 1991; Riessman 2000). Unfruchtbarkeit und Kinderlosigkeit gelten als unnatürlich und führen zu einem wahrgenommenen Gefühl „eines‚unerfüllten‘ Lebens für die Frau und einer‚Entmannung‘ für den Mann“ (Donchin 1996; Benninghaus 2012). In Indien gibt es eine starke Präferenz für Heteronormativität, Pronatalismus und die Vorstellung von obligatorischer Mutterschaft (Pujari und Unisa 2014). Daher können Frauen (und Männer) in der indischen Gesellschaft, die durch ihre Fruchtbarkeit definiert sind, sich wertlos fühlen, wenn sie mit unfreiwilliger Kinderlosigkeit konfrontiert sind. Sie würden daher alles tun, um ein eigenes Kind zu zeugen (Dhar 2013). Es ist wichtig, dass diese Vorurteile im Zusammenhang mit Unfruchtbarkeit angegangen werden, während der Fokus der Biotechnologie darauf liegt, die besten Dienstleistungen nach den Wünschen der Menschen anzubieten, indem eine Reihe von Möglichkeiten angeboten wird, die diese sozialen Laster subtil wiederholen.

Fast jeder Artikel, der für Leihmutterschaft eintritt, beginnt mit einer Schätzung der Anzahl unfruchtbarer Paare oder Personen. Laut einer aktuellen Schätzung betrug die Anzahl der unfruchtbaren Paare 42,0 Mio. (39,6 Mio., 44,8 Mio.) im Jahr 1990 und ist im Jahr 2010 auf 48,5 Mio. (45,0 Mio., 52,6 Mio.) gestiegen (Mascarenhas et al. 2012). Allerdings sind globale Unfruchtbarkeitsprävalenzraten schwer zu bestimmen, aufgrund des fehlenden konsistenten Gebrauchs von Definitionen und gemeinsamen Werkzeugen zur Diagnose sowie der Behandlung und Berichterstattung über unfruchtbare Individuen und Paare weltweit (WHO 2016). Die aktuellste WHO-Definition der Unfruchtbarkeit sich auf die Anzahl der Frauen im gebärfähigen Alter (15–49 Jahre) mit einer

Möglichkeit, schwanger zu werden (nicht schwanger, sexuell aktiv, keine Verhütung, nicht stillend), die zwei Jahre oder länger versucht hatten, schwanger zu werden. Andere Definitionen beziehen sich auf mindestens fünf Jahre, in denen Paare versucht hatten Kinder zu zeugen. Daher wird Unfruchtbarkeit normalerweise „nicht durch das Vorhandensein pathologischer Symptome, sondern durch das Fehlen eines gewünschten Zustands" definiert (Greil et al. 2010: 141). Studien zeigen, dass die Gesamtschwangerschaftsrate pro Zyklus nach IVF-Leihmutterschaft nur 24 % betrug, mit einer klinischen Schwangerschaftsrate von 19 % und einer Lebendgeburtenrate von 15,8 %, während die Kliniken normalerweise übertriebene Erfolgsraten auf ihren Websites veröffentlichen (Goldfarb et al. 2000). Praktiker in Kanada sagen, dass es nicht nur eine Zunahme der Unfruchtbarkeit ist, sondern auch das Wissen über IVF, das Frauen dazu ermutigt, die Mutterschaft zu verzögern, mit anderen Worten, Technologie erzeugt Unfruchtbarkeit (Kozicka 2016). Darüber hinaus erhöhen IVF-Technologien und ihre Möglichkeiten auch den sozialen und subtilen nationalen Druck auf Frauen, diese Methoden für die genetische Abstammung zu nutzen.

Postkoloniale Leihmutterschaft: Globaler Nord-Süd[1]-Marktfluss

Die Rechtslandschaft (auf Appadurai 1996 „globale Landschaften" bezogen) zeigt ein Flickwerk von Ländern im Globalen Norden, die gut ausgearbeitete Richtlinien haben, die Leihmutterschaft verbieten oder erlauben, und eine effektive Umsetzung dieser Richtlinien, während die Länder des Globalen Südens mit der Regulierung von Leihmutterschaftsbiomärkten kämpfen. Die Bewegung von Nord nach Süd ist jedoch unzureichend, um die gesamte Leihmutterschaftsethnolandschaft zu erklären. Ähnliche Muster von Menschen, die von wohlhabenden Ländern in Westeuropa in weniger wohlhabende Länder in Osteuropa oder Westeuropa ziehen, sind ebenfalls erkennbar und bilden komplexe Konstruktionen globaler Zusammenstellungen und Bioverfügbarkeit innerhalb des Kontinents. Das Klassenmuster wird noch deutlicher, wenn wohlhabende Menschen innerhalb von Ländern die Dienste armer Menschen dieses Landes nutzen, unabhängig davon, ob es sich um Asien, Europa oder Amerika handelt. Daher ist es diese Ein-Drittel/Zwei-Drittel-Welt (Habende/Nichthabende), die den Klassismus auf den globalen Leihmutterschaftsmärkten angemessen beschreibt. Mohanty (2003) erklärt den Vorteil des Begriffs Ein-Drittel/Zwei-Drittel-Welt gegenüber den Kategorien Westliche/Dritte Welt und Nord/Süd, da sich dieser Begriff von irreführenden geographischen und ideologischen Dualismen entfernt. Dies bedeutet jedoch nicht, dass das klassische postkoloniale Muster eines Stromes vom Globalen Norden in den Globalen Süden überflüssig oder nicht mehr existent ist. Die lukrativsten Renditen lassen sich immer noch

[1] Ich habe den Marktfluss als globalen Nord-Süd-Marktfluss bezeichnet, da er das in diesem Abschnitt offenbarte postkoloniale Muster treffend beschreibt.

mit dem klassischen Geldstrom der Dollars/Euros in Ländern wie Indien verdienen, wo spezielle Dienstleistungen und Ausbeutung nach den Anforderungen der Wunscheltern betrieben werden. Aber auch die Ein-Drittel-Gruppe innerhalb von Ländern wie Indien nutzt Menschen aus den anderen zwei Dritteln aus, um ihren *Kinderwunsch* zu erfüllen. Es sind nicht nur die Wunscheltern, die sich bewegen, um Zugang zur Leihmutterschaft, zu Leihmüttern, Gameten und Embryonen zu erhalten. Auch Leihmütter wurden nach dem Verbot der Leihmutterschaft in einigen Ländern an verschiedene Orte in Asien verlegt. Eingefrorene Gameten und Embryonen bewegen sich ebenfalls von Europa nach Asien und in umgekehrter Richtung, um den Bedürfnissen der Wunscheltern zu dienen.

Ich habe mich auf die offensichtlichere, klassische *Globalscape* konzentriert (wie von Appadurai 1996 bezeichnet), bei der Menschen aus dem Globalen Norden (vergleichsweise reichere Kontinente) für ARTs, insbesondere für die Leihmutterschaft, in den Globalen Süden (ärmere Kontinente) ziehen. Im nächsten Abschnitt untersuche ich die Globalscape innerhalb des Globalen Nordens, speziell Europas. Verschiedene Autoren betonen aber, dass die Grenzen zwischen dem Globalen Norden und Süden verschwinden und ein neues Muster von Süd-Süd- und Nord-Nord-Bewegungen für den medizinischen Tourismus entsteht. Im Falle der Leihmutterschaft machte jedoch das globale rechtliche Flickwerk, die niedrigeren Kosten und mehrere andere Vorteile in unregulierten und ineffektiv regierten asiatischen Ländern diesen Kontinent zu einem idealen Biomaterial-Marktplatz für Menschen aus Ländern, wo Leihmutterschaft verboten ist oder die Leihmütter gut definierte Rechte besitzen. Daher war die globale Nord-Süd-Ethnolandschaft sichtbarer, bis mehrere Länder in Asien die Leihmutterschaft für Ausländer verboten.

Die Bewegung vom Globalen Norden zum Globalen Süden ist auch in einigen afrikanischen und südamerikanischen Ländern erkennbar. Mexiko wurde zu einem Zentrum für Menschen aus den USA, die eine Leihmutter suchen. Dort gibt es ähnliche Geschichten von armen Frauen, die aus Verzweiflung als Leihmütter ihr Geld verdienten. Auch in Mexiko wurde diese Praxis inzwischen verboten. Stattdessen haben sich Nigeria, Ghana, Argentinien, Laos, Dubai, der Iran und der Libanon zu Leihmutterschaftszentren entwickelt. Auch ist bekannt, dass alleinerziehende Mütter in Malaysia als Leihmütter für kinderlose Paare aus Singapur fungieren. Dazu gibt es allerdings nur begrenzte Daten. So wurde die Leihmutterschaft als die „verborgene Welt" der assistierten Reproduktion beschrieben, die Gesetzesumgehung, Stigmatisierung, Geheimhaltung und Anonymität beinhaltet. Die rechtlichen und menschenrechtlichen Bedingungen, unter denen die Leihmutterschaft stattfindet, sind in vielen dieser Länder weitgehend unbekannt.

Die grenzüberschreitende Leihmutterschaftsbewegung zeigt deutlich ein signifikantes Muster und einen bekannten räumlichen Menschenstrom vom Globalen Norden (entwickelte Länder) in den Globalen Süden (Entwicklungsländer). Zunächst haben die vergleichsweise entwickelteren Länder ein gut geregeltes und implementiertes Rechtssystem für die Leihmutterschaft eingeführt. Die meisten Länder in Europa, einschließlich Österreich, Finnland, Frankreich, Deutschland, Ungarn, Island, Italien, Lettland, Litauen, Norwegen, Polen, Slowenien, Schweiz, Spanien und Schweden, verbieten jegliche Form von Leihmutterschaftsvereinbarungen. In anderen Ländern (Belgien, Dänemark,

Irland und Vereinigtes Königreich) ist jedoch die altruistische Leihmutterschaft erlaubt. Obwohl diese Länder die nichtkommerzielle Leihmutterschaft erlauben, gibt es direkte oder indirekte Einschränkungen für Homosexuelle und Singles, die mithilfe von Leihmutterschaft Eltern werden möchten. Eine gut ausgearbeitete Leihmutterschaftspolitik und Umsetzung in diesen Ländern bedeutet auch mehr rechtlichen Schutz und Rechte für die Leihmütter. Während die meisten Länder des Globalen Südens derzeit mit einer ineffektiven Umsetzung von Richtlinien konfrontiert sind, unabhängig davon, ob Leihmutterschaft erlaubt oder verboten ist, bevorzugen Wunscheltern aus dem Globalen Norden solche ungeregelten Märkte, in denen die Leihmütter keine Rechte an dem Kind oder an ihrem eigenen Körper haben. Aufgrund der Verbreitung von unethischen medizinischen Praktiken und ineffektiver Regierungsführung können sie einen einfachen Eingriff durchführen sowie problemlos aus dem Zielland ausreisen. Nicht alle Länder mit einer ungeregelten Leihmutterschaftspolitik werden zu einem Leihmutterschaftszentrum; angehende Eltern suchen auch nach hochwertiger medizinischer Versorgung und Ausrüstung sowie nach Einrichtungen, mit fließend Englisch sprechenden Medizinern und vergleichsweise niedrigen Kosten (Crompton 2007).

Indien wurde zu einem der beliebtesten globalen Ziele für Leihmutterschaft, indem es standardisierte medizinische Dienstleistungen und englischsprachige Ärzte sowie einen ungeregelten Markt, eine ineffektive Regierungsführung, unethische medizinische Praktiken, minimale Rechte für Leihmütter und eine stetige Versorgung mit sozioökonomisch benachteiligten Frauen, die bereit sind, Leihmütter zu werden, bereitstellte. Neben der gesetzlichen Entziehung jeglicher Rechte über ihren Körper oder das Baby sind diese Frauen auch bereit, alle von der Klinik und den Wunscheltern auferlegten Regeln einzuhalten, weil sie verzweifelt sind und ihre Familien aus der Armut befreien wollen (siehe Kap. 5). Weder war eine Vorauszahlung erforderlich noch eine Zahlung im Falle einer Fehlgeburt. Daher war dies eine bequeme Option für viele, die eine Leihmutter suchten. Wie aus zahlreichen indischen Studien hervorgeht (SAMA 2012; Saravanan 2015, 2016), führte dies zu Ausbeutung und verschiedenen Menschenrechtsverletzungen. Angesichts dieser Bedingungen strömten viele Paare nach Indien, auch wenn sie aus Ländern stammten, in denen die Leihmutterschaft erlaubt war. Es wird geschätzt, dass 60–80 % aller Leihmutterschaftsschwangerschaften von Ausländern in Auftrag gegeben wurden (Bhalla und Thapliyal 2013). Laut Dr. Sudhir Ajja von einer in Mumbai ansässigen Fruchtbarkeitsbank, die 295 Leihmutterbabys hervorgebracht hat, betreute er 90 % ausländische Kunden und 40 % gleichgeschlechtliche Paare, seit die Fruchtbarkeitsbank 2007 eröffnet wurde (Bhalla und Thapliyal 2013). Dr. Nayana Patel prahlte 2013 mit 500 Babys, von denen zwei Drittel für Ausländer und Menschen indischer Herkunft aus über 30 Ländern waren (Bhalla und Thapiyal 2013). Laut Anupriya Patel, Staatsministerin für Gesundheit und Familienfürsorge in Indien, richtete sich 80 % der Leihmutterschaft an ausländische Paare (Ghosh 2016). Daher ist die Leihmutterschaftspraxis, genau wie die Bekleidungsindustrie, eine spezifische Reproduktionsarbeit, die die Verwundbarkeiten von Frauen ausnutzt, die hauptsächlich aus dem Globalen Süden stammen und den Anforderungen im Globalen Norden gerecht werden. Angesichts dieses Musters wären es, wenn diese Praxis europaweit legalisiert würde, vor allem die weiblichen Flüchtlinge und Frauen der untersten Schicht, die auch im Globalen Norden ausgebeutet würden.

In der Vergangenheit schien es, als wäre Indien das einzige prominente Ziel für die globale kommerzielle Leihmutterschaft. Erst als Nepal die Leihmutterschaft für Ausländer, nach dem Drama der Vertreibung israelischer Babys aus der Katastrophenzone, verbot, wurde der unmenschliche Ansatz der dort blühenden Leihmutterschaftsindustrie offensichtlich. Ein boomender Markt in Thailand wurde weltweit bekannt, nachdem die Medien einige kontroverse Leihmutterschaftsfälle aufgegriffen hatten. 2014 wurden die Babys Gammy und Pipah von ihrer Leihmutter Pattaramon Chanbua geboren. Sie war von einem australischen Paar beauftragt worden, das die Spermien des Wunschvaters und die Eizellen einer Spenderin verwendete. In einer späten Schwangerschaftsphase wurde durch eine Ultraschalluntersuchung offenbar, dass einer der Zwillinge, das Baby Gammy, das Down-Syndrom hatte. Woraufhin die Wunscheltern Pattaramon baten, das Baby abzutreiben. Pattaramon entschied sich aufgrund ihres buddhistischen Glaubens, die Schwangerschaft fortzusetzen. Baby Gammy wurde mit einer angeborenen Herzkrankheit und dem Down-Syndrom geboren. Die Wunscheltern kehrten mit dem weiblichen Zwilling Pipah nach Australien zurück, während der männliche Säugling Gammy bei Pattaramon blieb. Sie bat das Familiengericht von Westaustralien, ihr Pipah zurückzugeben, was einen Rechtsstreit zwischen den Wunscheltern und der Leihmutter auslöste. Laut den Wunscheltern wollten diese nach der Geburt der Zwillinge beide Kinder nach Australien mitnehmen, aber Pattaramon soll sich geweigert haben, Baby Gammy wegzugeben. Es heißt, dass Pattaramon für beide Kinder das Sorgerecht beantragt hat, weil die Wunscheltern das behinderte Kind zurückgelassen haben. Später stellte sich heraus, dass der Wunschvater ein verurteilter Sexualstraftäter war, woraufhin das australische Department of Child Protection eine separate Untersuchung einleitete. Das Gericht entschied aber, dass Pipah weiterhin bei den Wunscheltern bleiben könne, weil er seit seiner Entlassung aus dem Gefängnis im Jahr 1999 keine Sexualstraftat mehr begangen hatte. Das australische Gericht entschied auch, dass das Paar Baby Gammy nicht verlassen hatte, sondern dass es Pattaramon war, die sich während der Schwangerschaft in die Zwillinge verliebt hatte (ABC 2016).

Dieser Fall lenkt die Aufmerksamkeit auf die folgenden ethischen Fragen: das Recht der Leihmütter über ihren eigenen Körper, insbesondere ihre Meinung über das Abtreiben oder Behalten des Kindes; das Recht des Kindes, über die Leihmutter Bescheid zu wissen; die Widersprüche zwischen den Vorstellungen von *„Wunschkindern"* (und den Eigenschaften eines solchen Kindes) und den Rechten eines behinderten Kindes sowie der Umgang mit Menschen mit kriminellem Hintergrund, die durch transnationale Leihmutterschaft Eltern werden möchten. Einige Autoren haben argumentiert, dass Leihmutterschaft mit jeder anderen Arbeit oder jedem Produkt auf dem Arbeitsmarkt vergleichbar ist (Kirby 2014; Pande 2009). Dieser Fall bringt jedoch die Komplexität der Leihmutterschaft zum Vorschein, die sie von anderen Arbeitsformen unterscheidet. Unter Berücksichtigung menschlicher Sensibilitäten und der Bindung, die eine Leihmutter mit dem Baby aufbauen kann, können Leihmütter weder als Babyproduktionsmaschinen gesehen noch können die Babys mit maschinell hergestellten Produkten verglichen werden.

Im Jahr 2014 kam ein weiterer Fall in die Nachrichten, der einen japanischen Mann betraf. Er hatte in Thailand 16 Babys durch Leihmutterschaft gezeugt. Dieser Fall wurde als „Babyfabrik-Skandal" bekannt. Der Japaner hatte eine Online-Anzeige geschaltet, in der er Leihmütter für 10.000 $ suchte. Mittellose Frauen sahen dies als Lösung ihrer Armut oder um ihre Familienschulden zu begleichen. Sie entschieden sich für die Leihmutterschaft, ohne zu wissen, dass es sich nicht um ein Paar, sondern um einen alleinstehenden Mann handelte. Schließlich rekrutierte der Mann zehn weitere Leihmütter. Bei einer Hausdurchsuchung in Bangkok fand die Polizei 16 von diesem Mann gezeugte Babys (mit neun Kindermädchen). Zwölf der 16 Kinder werden von Sozialdiensten in Thailand betreut. Einige der Leihmütter waren bereit, die Kinder aufzuziehen, wenn es erforderlich war. Obwohl der Mann wegen Kindeshandel angeklagt wurde, scheint sein Ziel der Wunsch nach einer großen Familie gewesen zu sein. Der Markt in Thailand hatte durch Armut, Geheimhaltung, Täuschung und rechtliche Schlupflöcher geblüht. Als Ergebnis dieser beiden Fälle verabschiedete das thailändische Parlament im Februar 2015 ein Gesetz, das Ausländern die Suche nach einer Leihmutter im Land verbietet. Es verbietet nichtthailändischen, homosexuellen und alleinstehenden Paaren den Zugang zur Leihmutterschaft in Thailand. Leihmütter mit laufenden Verträgen durften mit ihren Babys zurückkehren. Allerdings weigerte sich während dieser Zeit eine Leihmutter, die Adoptionspapiere zu unterzeichnen. Nach der Übergabe des Babys fand sie heraus, dass die Wunscheltern ein schwules Paar waren. Sie zeigte das Paar an und verlangte, dass das Baby Carmen an sie zurückgegeben wird (Sherlock 2016). Schlussendlich gewannen die Wunscheltern den Sorgerechtsfall und Baby Carmen wurde ihnen übergeben. Dieses Paar hatte bereits einen zweijährigen Sohn, der in Indien von einer Leihmutter geboren wurde. Leihmutterschaft kann auch durch belanglose Schwangerschaftsängste bei einigen wohlhabenden Frauen motiviert sein. Eine Leihmutter erzählte mir, dass ihre indische Wunschmutter sogar vor Injektionen Angst hatte und sie würde den Prozess der Schwangerschaft aus Angst nicht durchlaufen wollen. Deshalb hatte sie für die Schwangerschaft eine Leihmutter in Ahmedabad beauftragt. Ich möchte nicht die Angst einiger Frauen vor einer Schwangerschaft trivialisieren, aber diese Angst in Kombination mit Genetisierung, Wohlstand zur Auslagerung der Schwangerschaft und Verfügbarkeit von Märkten, die solche Möglichkeiten leicht verfügbar machen, scheinen unmenschlich zu sein.

Als im Jahr 2015 das Hügelland von Nepal von einem massiven Erdbeben getroffen wurde, wurden etwa 9000 Menschen getötet und 22.000 verletzt. Die Bemühung der israelischen Regierung bei dieser Katastrophe 26 neugeborene Babys, die von Leihmüttern für israelische Eltern geboren worden waren, und in Nepal gestrandete israelische Wanderer und Touristen zu retten, erregte große Aufmerksamkeit. Die Regierung von Israel hatte Rettungsflugzeuge geschickt, um diese Babys zu evakuieren, ließ aber etwa 100, zum Teil hochschwangere Leihmütter in der Katastrophenzone zurück. Da Israel schwulen Paaren und alleinstehenden Männern den Zugang zur Leihmutterschaft verbietet, war

Indien seit mehreren Jahren ihr bevorzugtes Ziel, aber aufgrund einer Gesetzesänderung im Jahr 2013, die homosexuellen Paaren den Zugang zur Leihmutterschaft in Indien verbietet, wurden viele Verträge mitten im Leihmutterschaftsprozess gestoppt. Viele dieser Frauen aus Indien wurden in das benachbarte unregulierte und nichtsahnende Nepal verlegt, um die Kinder zur Welt zu bringen, und einige der israelischen Leihmutterschaftsagenturen wurden ebenfalls nach Nepal verlegt. Lokale Zeitungen auf der ganzen Welt, einschließlich in Israel, kritisierten die israelische Regierung für ihre selektive Empathie, die sich nur auf die neugeborenen Säuglinge und das Schicksal der in Nepal feststeckenden israelischen Bürger konzentrierte und das Risiko der Frauen, die sie ausgetragen hatten, ignorierte (Green 2015; Kamin 2015).

Zu dieser Zeit war das Leihmutterschaftsgesetz in Nepal unklar in Bezug auf die Rechte und Pflichten der Leihmütter; Status und Rechte des/der durch Leihmutterschaft geborenen Kind(er) einschließlich des Rechts des Babys auf Erbschaft elterlichen Eigentums; die Verantwortung der Fruchtbarkeitskliniken; medizinische Fehlpraktiken und die Verletzung der medizinischen Ethik. Weitere Fragen wurden auch hinsichtlich des gesetzlichen Verfahrens zur Gewährung der Staatsbürgerschaft für die Kinder und der rechtlichen Elternschaft des/der durch Leihmutterschaft in Nepal geborenen Kind(er) aufgeworfen. Während das Erdbeben zufällig die Leihmutterschaftspraxis in Nepal aufdeckte, war die Branche seit Jahren gewachsen. Es gab bereits lokale Berichte über ein umstrittenes Erbrecht bei Kindern, die durch Leihmutterschaft geboren worden waren (ToI 2011). Es gab auch Berichte, dass Leihmütter aus Nepal aus Angst vor sozialer Stigmatisierung und Kritik nach Indien gebracht wurden, um dort zu entbinden (Subedi 2015). In Nepal wurden Frauen von Agenten und Familienmitgliedern ausgenutzt, um gegen lukrative Renditen Babys für Ausländer auszutragen. Darüber wurde nicht offen berichtet oder gesprochen (Parajuli 2015). Kurz nach diesem Vorfall verbot Nepal im August 2015 die Leihmutterschaft für alle Ausländer. Nach dem Verbot verbrachten Dutzende von Familien Wochen in der Schwebe, unfähig, mit ihren Kindern Nepal zu verlassen, und erst nach diplomatischen Verhandlungen erhielten diese Kinder ihre Ausreisevisa. Viele Autoren nahmen diesen Fall auf, um für gleiche reproduktive Rechte für Homosexuelle einzutreten, während sie die Doppelmoral gegenüber den Leihmüttern in Indien und Nepal herunterspielten (Maulem 2015; Conceive Abilities 2016). Der Fall von Nepal wirft ethische Fragen auf, wie die Bewegung von Biomaterial den Bedürfnissen des Globalen Nordens sowie den Wohlhabenden innerhalb Nepals und des asiatischen Subkontinents gerecht wird. Darüber hinaus gab es weitere Bedenken hinsichtlich medizinischer Fehlpraktiken, Betrugs (Ehefrauen wurden nicht über die Beteiligung des Ehemanns am Vertragsabschluss eines Leihkindes informiert), Kinderrechten, Rechten der Leihmütter, Erbrechten und Gesundheitsfragen der Leihmütter und Kinder, Ausbeutung und anderer ethischer Fragen, die bei der Leihmutterschaftspraxis in Indien, Thailand und ähnlichen anderen Nationen des Globalen Südens aufgeworfen wurden.

Im Oktober 2015 kam eine Dokumentarfilmgruppe, um mich an der Universität Göttingen zu interviewen. Die erste Frage, die mir gestellt wurde, war: „Was halten Sie von dem kürzlichen Verbot der Leihmutterschaft in Indien; hat die Regierung nicht von dieser Praxis profitiert, hat es etwas mit Religion zu tun?“ Diejenigen, die diese Fragen stellten, suchten hauptsächlich nach Antworten auf komplexe Fragen im kulturellen Relativismus. Ich antwortete, indem ich Analogien zwischen Leihmutterschaft und Gewalt gegen Frauen zog und mit der Frage antwortete: „Zweifeln wir jemals an einem Gesetz gegen jegliche Formen von Gewalt gegen Frauen?“ Dies war unmittelbar nach dem Verbot, aber es wurde bald klar, dass das Verbot der transnationalen Leihmutterschaft in Indien nicht so plötzlich kam, wie es schien. Vielmehr wurde es nach mehreren Überlegungen zu Gerichtsverfahren, die in Indien eingereicht wurden, und Konsultationen mit Medizinern, Ministerien und Interessengruppen verabschiedet (Bhattacharyya 2016). Der 228. Bericht der Gesetzgebungskommission von Indien, der vor fast acht Jahren veröffentlicht wurde, trieb eine Befürwortung einer lediglich ethisch-altruistischen Leihmutterschaft nur für Paare mit indischer Staatsbürgerschaft voran (GoI 2009; Bhattacharyya 2016). Laut Mohan Rao basiert die jüngste Regelung in Indien auch auf den HFEA-Richtlinien (Human Fertilisation and Embryology Authority) des Vereinigten Königreichs (Kuchroo 2016). Es war eine ganze Kette von Vorfällen und Gerichtsverfahren, die nicht nur in Indien, sondern in ganz Südasien zum Verbot führten. Indien hat einige der schwierigsten grenzüberschreitenden Leihmutterschaftssituationen und langwierigen Gerichtsverfahren erlebt. Es gab mehrere Todesfälle unter Leihmüttern und Eizellspenderinnen, Menschenhandel mit jugendlichen Mädchen und Frauen sowie Ausbeutung alleinstehender Mütter zur Leihmutterschaft, behinderte Kinder, die von ihren Wunscheltern verlassen wurden. Dies wurde von Nachrichtenmedien und der Forschung offengelegt. Meine Forschung in zwei westindischen Kliniken ergab mehrere laufende illegale Leihmutterschaftsfälle, Nahtoderlebnisse von Leihmüttern, neonatale und perinatale Säuglingssterblichkeit, nicht gemeldetes Zurücklassen behinderter Babys durch die Wunscheltern sowie eine Morbidität unter Leihmüttern. Daher ist offensichtlich, dass die in den Medien veröffentlichten Fälle nur die Spitze des Eisbergs sind, die meisten dieser Fälle werden nicht gemeldet. Vielmehr hat die Regierung von Indien im Vergleich zu vielen anderen Ländern in Südasien, die prompt auf die aufkommenden Beweise für Ausbeutung in ihren jeweiligen Ländern reagierten, etwas langsamer reagiert. Vor dem Verbot lautete die Kritik, dass die Regulierung der transnationalen Anmietung von Gebärmüttern in Indien „absichtlich lax“ sei. Nach dem Verbot der Leihmutterschaft in Indien wandelte sich die Rhetorik, die die indischen Gebärmütter als Geschenke für globale Schwestern verherrlichte. Wobei es hauptsächlich Mitgefühl für die westlichen Wunscheltern gab. Eine Reihe von Medienartikeln spiegelte sowohl einen kulturellen Imperialismus als auch einen Re-Orientalismus wider: „Indiens Leihmutterschaftsverbot bestürzt britische Paare“, ein Artikel im *Telegraph*, „Verzweiflung über Verbot in Indiens Leihmutterschaftszentrum“ bei der *BBC*, „Indien schlägt kommerzielle Leihmutterschaft vor; Lebensgemeinschaften, Homosexuelle am schlimmsten betroffen“, in der *Hindustan Times*, und „Leihmutterschaftsgesetz verletzt Privatsphärenrechte“ (Sherwell 2015; BBC 2015; Gupta 2016). Das Mitgefühl gegenüber westlichen, homosexuellen und in Lebensgemeinschaft lebenden Paaren und die Privatsphärenrechte scheinen die Bedenken hinsichtlich der Menschenrechtsverletzungen der Leihmütter abgelöst zu haben.

Bis zum gegenwärtigen Leihmutterschaftsregulierungsgesetz von 2016, das vom Ministerium für Gesundheit und Familienfürsorge eingeführt wurde, gab es nur eine nationale Richtlinie für Akkreditierung, Aufsicht und Regulierung von ART-Kliniken. Diese wurde 2005 vom Indian Council of Medical Research (ICMR) und der National Academy of Medical Sciences (NAMS) formuliert. Nach dieser Richtlinie wurde die Leihmutter nicht als rechtliche Mutter des/der durch Leihmutterschaft geborenen Kindes/Kinder angesehen und die Geburtsurkunde wurde im Namen der Wunscheltern ausgestellt. Weitere Schlupflöcher und eine mangelnde Klarheit der Richtlinie führten zu intensiver Kritik von Nichtregierungsorganisationen (NGOs), Akademikern, Anwälten, Medizinern und Medien in ganz Indien (Qadeer 2010; Sarojini und Sharma 2009; Kusum 2015). Mehrere ART-Kliniken nutzten diese Unklarheit aus und etablierten sich in ganz Indien, hauptsächlich in Touristengebieten (Deonandan et al. 2012). Eine Klinik in Anand in Westindien wurde sehr bekannt für ihre Leihmutterheime. Die offizielle Registrierung von In-vitro-Fertilisationskliniken (IVF) in Indien ist inkonsistent und Aufzeichnungen zeigen, dass viele Kliniken nicht registriert sind. Laut einer aktuell veröffentlichten Umfrage des ICMR (Indian Council of Medical Research) wurden 385 registrierte IVF-Kliniken in Indien betrieben (ICMR 2015). Eine der beliebtesten Kliniken in Westindien behauptet, bis 2016 mehr als 1000 Babys durch Leihmutterschaft zur Welt gebracht zu haben. Nach einer aktuellen Schätzung beläuft sich das Leihmutterschaftsgeschäft in Indien auf einen jährlichen Umsatz von 2,3 Mrd. $ (Perappadan 2014). Paare aus dem Ausland mit Fruchtbarkeitsproblemen wurden speziell wegen der liberalen Gesetze, die bis 2016 galten; der ineffektiven Gesetzesumsetzung, die es Menschen erleichterte, Schlupflöcher zu finden; der niedrigen Kosten; der einfachen Verfügbarkeit von Frauen, die bereit waren, Leihmütter zu werden; der geringeren Rechte, die Leihmüttern in Indien im Vergleich zu den USA oder Kanada gewährt wurden; der Zugänglichkeit zu englischsprachigen Ärzten und standardisierten medizinischen Dienstleistungen nach Indien gelockt. Leihmütter möchten in der Regel ihren Lebensstandard verbessern oder Ersparnisse anhäufen, um sicherzustellen, dass ihre Kinder eine höhere Bildung erhalten können. Medizinische Praktiker sind hauptsächlich aus Profitgründen in diesem Geschäft tätig und viele Vermittlungsagenten verdienen ihren Lebensunterhalt damit. Leihmütter in Indien erhalten einen geringeren Anteil an der Leihmutterschaftsgebühr (15–25 % der Leihmutterschaft) im Vergleich zu denen in der USA (35 %). Sie können mit dem Geld, das sie für die Leihmutterschaft erhalten, ein 10 m^2 großes Haus kaufen (Saravanan 2015). Die Kliniken sind jedoch in Größe und Kapazität gewachsen; die Klinik in Anand wurde nach 1000 erfolgreichen Geburten von einer kleinen Klinik (Abb. 2.1) zu einem Multiplex von etwa 22.000 square meters. ausgebaut (Abb. 2.2). Dieser IVF-Klinikkomplex besteht aus einer All-inclusive-Einrichtung mit Hotels für Wunscheltern, Leihmutterheimen, Restaurants, Theaterräumen, Kinderkrankenhäusern und Einkaufsareal, der Millionen von Rupien gekostet hat.

In Indien begannen die Kontroversen, als Baby Manji im Juli 2008 in Anand geboren wurde und in Indien strandete, da die japanischen Wunscheltern während der Leihmutterschaft geschieden wurden (ToI 2008). Nach indischem Recht muss eine

Abb. 2.1 Ein Leihmutterheim in Gujarat. (Quelle: Autor, 12. September 2009)

Abb. 2.2 Die neue All-inclusive-Multiplex-Klinik in Gujarat

Geburtsurkunde den Namen des Vaters und der Mutter enthalten. Da die Eltern jedoch geschieden waren und Yamadas Ex-Frau nicht die Eizellspenderin für das Kind war, hatte sie keine Verantwortung für das Kind, ebenso wenig wie die Eizellspenderin. Die Leihmutter hatte alle Rechte an dem Baby abgetreten, als sie den Leihmutterschaftsvertrag unterzeichnete, und diese Verantwortung konnte ihr nicht übertragen werden. In diesem Fall wollte der verzweifelte Vater das elterliche Sorgerecht, aber nach indischem Recht kann einem alleinstehenden Vater kein Baby übergeben werden, auch wenn er genetisch mit dem Kind verwandt ist. Daher musste Baby Manjis Großmutter (die Mutter des Vaters) nach Indien kommen und bekam das Sorgerecht für das Kind. Nachdem die japanische Regierung dem Baby aus humanitären Gründen ein einjähriges Visum ausgestellt hatte, konnte sie im November 2008 mit dem Kind nach Japan zurückkehren. Soweit es die Klinik betraf, schien ihre Pflicht mit der Übergabe des Babys zu enden. Über diesen Fall wurde ausführlich in den Medien berichtet, und er löste eine intensive öffentliche Debatte über Leihmutterschaft in Indien aus.

Der Fall von Nikolas und Leonard Balaz, die ebenfalls 2008 in Anand geboren wurden, war ebenso bedeutend, da die Zwillinge mehrere Jahre in Indien gestrandet und staatenlos waren. Der Vater blieb in Indien, um für das Sorgerecht und die indische Staatsbürgerschaft der Kinder zu kämpfen. Anfangs wurden den Kindern indische Pässe ausgestellt und erst durch eine Einwanderungsanfrage aus einem anderen Land in Osteuropa erkannten das deutsche und indische Konsulat, dass es sich um einen Fall von Leihmutterschaft handelte und ihre Pässe wurden zurückgerufen. Die Klinik spielte eine große Rolle dabei, Wunscheltern davon zu überzeugen, dass sie das Gesetz in Indien umgehen könnten, da bereits mehrere Deutsche auf diese Weise mit ihren Babys zurückgekehrt waren. Ich traf eine Wunschmutter aus Deutschland, die mit ihren Kindern in Indien untergetaucht war und hörte von einem deutschen Mann, der einen Leihmutterschaftsvertrag mit einer alleinerziehenden Mutter in Mumbai unterzeichnet hatte. Ich stieß auch auf andere Paare, die aus Ländern gekommen waren, wo Leihmutterschaft verboten ist (Niederlande, Dänemark, Australien). Ein weiterer aufgedeckter Fall waren die Zwillinge, die 2009 durch Leihmutterschaft in Indien geboren wurden und staatenlos blieben. Die alleinerziehende Wunschmutter, Andras Bell aus Norwegen, war genetisch nicht mit den Kindern verwandt, da sie einen Samenspender skandinavischer Herkunft und eine indische Eizellspenderin ausgewählt hatte (Roy 2010). Im Jahr 2010 wurden Liron und Itai ebenfalls von einer Leihmutter in Mumbai geboren. Damit sie die israelische Staatsbürgerschaft erhalten konnten, musste der Wunschvater Dan Goldberg einen Vaterschaftstest durchführen lassen (ToI 2010). Das Familiengericht in Jerusalem weigerte sich jedoch, einen Vaterschaftstest zur Einleitung des Verfahrens für die israelische Staatsbürgerschaft zuzulassen, da es nicht in der israelischen Gerichtsbarkeit lag. Erst als der Premierminister nach Protesten der Linken und der schwulen Gemeinschaft in Israel eingriff, wurde ein Vaterschaftstest eingeleitet und den Zwillingen die israelische Staatsbürgerschaft verliehen. Aufgrund solch ungeklärter Fälle haben im Juli 2010 acht Länder, die die Leihmutterschaft verboten haben, die Initiative ergriffen. Sie sendeten Briefe über ihre Konsulate an alle in Indien registrierten Kliniken, um sie davon abzuhalten, ihren Bürgern Leihmutterschaftsdienste anzubieten.

In diesen Fällen würde eine bedingte Staatsbürgerschaftsregistrierung die Kinderrechte verletzen. Nach der Konvention für die Rechte des Kindes hat jedes Kind das Recht, kurz nach der Geburt mit einer Staatsangehörigkeit, einem Namen und familiären Beziehungen registriert zu werden, frei in das Land seiner Eltern einzureisen und nicht willkürlichen oder rechtswidrigen Eingriffen in seine Privatsphäre und Familie ausgesetzt zu sein. Die Wut in solchen Fällen richtet sich daher gegen Indien als Nation, das die Hauptverantwortung dafür trägt, den von den Herkunftsländern abgelehnten Kindern die Staatsbürgerschaft zu verleihen, weil diese Kinder tatsächlich in Indien geboren wurden. Deutschland wird als weniger verantwortlich für die Kinder angesehen, da die Bürger ihres Landes an einer Praxis beteiligt waren, die innerhalb der deutschen Grenzen als illegal angesehen wird. In allen Fällen haben schließlich Herkunfts- und Zielland den Prozess vermittelt, indem sie den Wunscheltern Adoptionsrechte gewährt haben.

Einer der unter den Teppich gekehrten Fälle waren die Zwillinge, ein Mädchen und ein Junge, die im November 2012 durch Leihmutterschaft in Indien einem australischen Wunschelternpaar geboren wurden. Es bestand darauf, den Jungen zurückzulassen und nur mit dem Mädchen heimzukehren, weil sie es sich nicht leisten konnten. Sie hatten bereits einen Sohn zu Hause und wollten ihre Familie mit einem Mädchen „vervollständigen“, laut der Kommunikation zwischen dem australischen Konsulat und dem Paar (Hawley und Smith 2015). Ihnen wurde wiederholt gesagt, dass das Zurücklassen des Jungen das Kind staatenlos lassen könnte, weil Indien Leihmutterkinder nicht als Bürger anerkennt. Sie bestanden darauf, das indische Gesetz befolgt zu haben, indem sie das Kind zur Adoption in Indien übergeben haben. Dies führte das australische Konsulat in die Irre. Es war davon ausgegangen, dass das Paar den männlichen Säugling einem Freund übergeben wollte. Es wird berichtet, dass Geld bei der Übergabe des Babys an ein anderes Paar in Indien gegeben wurde. Das australische Paar hatte den Jungen in Indien verkauft, was gleichbedeutend mit Kinderhandel ist.

Fälle, bei denen Leihmütter und Eizellspenderinnen in Indien gestorben sind, wurden ebenso unterdrückt. Im Mai 2009 starb eine 23-jährige junge Frau namens Easwari an schweren postpartalen Blutungen (Global Bioethics Blog 2012). Sie wurde zur Behandlung in ein anderes Krankenhaus überwiesen, da die Klinik schlecht ausgestattet war. Sie wurde aufgefordert, ihre Transportkosten selbst zu tragen und starb auf dem Weg. Easwari war die zweite Frau in einer polygamen Ehe. Der Ehemann hatte eine Anzeige in einer lokalen Zeitung gesehen und sie zur Leihmutterschaft gedrängt. Das Baby wurde den Wunscheltern übergeben und die Klinik lehnte jede Verantwortung für das Ereignis ab. Im Jahr 2010 starb die 17-jährige Sushma Pandey (nach indischem Recht noch nicht volljährig) in Mumbai nach dem Eizellentnahmeverfahren. Sie sollte 448 $ für die Eizellspende verdienen, mehr als für die Arbeit in einem Bekleidungsgeschäft. Um ihrer Familie zu helfen, wurde sie Eizellspenderin (Chatterjee und Janwalkar 2014). In der Klinik, in der das junge Mädchen starb, arbeitet einer der bekanntesten Ärzte, die Leihmutterschaftsdienste in Indien anbieten. Der Fall ist noch vor Gericht und die Ärzte behaupten, dass Frau Pandey mehrmals zur Eizellspende in die Klinik gekommen sei. Sie behaupten weiter, dass selbst wenn es eine Komplikation gegeben hätte, es nicht aufgrund eines „sachfremden Grundes“ gewesen sein muss, der außerhalb des Krankenhauses aufgetreten ist, und es wäre nicht die Verantwortung der Ärzte. Premila Vaghela, eine 30-jährige Leihmutter in Indien, starb in einer Klinik in Gujarat, nachdem sie einen Krampfanfall erlitten hatte (ToI 2012). Ihr Baby wurde durch einen Kaiserschnitt geholt, als sie Anzeichen einer lebensbedrohlichen Gesundheitsnotlage zeigte. Das Krankenhaus, in das sie verlegt wurde, berichtete, dass sie in einem kritischen Zustand zu ihnen gebracht worden und an einem schweren Herzinfarkt gestorben war. Leihmütter müssen im Vertrag unterschreiben, dass sie bei jeglicher Widrigkeit oder gesundheitlichen Katastrophe die volle Verantwortung übernehmen. Daher wurde die zusätzliche Entschädigung von Rs. 10 Lakh, die ihrer Familie gezahlt wurde, als angemessen betrachtet. Sie hatte sich wie die meisten Leihmütter aufgrund ihres schlechten sozioökonomischen Hintergrunds zur Leihmutterschaft entschieden. Die 23-jährige Yuma Sherpa starb am 29. Januar 2014 in einer Fruchtbarkeitsklinik im südlichen Delhi an einem Ovarialhyperstimulationssyndrom, während der Eizellentnahme. Ihr Ehemann behauptet, dass Sherpa von Vermittlungsagenten der Klinik überredet wurde, Spenderin zu werden. Laut seiner Aussage wurde sie, obwohl sie sich während der Eizellentnahme unwohl fühlte, gezwungen weiterzumachen und starb. Ihr Anwalt sagte, die Kliniken würden viel mehr Eier entnehmen als empfohlen, manchmal bis zu 50 (Indian Express 2016). Nicht berichtet wird allerdings über die Beinahe-Todesfälle und über lebenslange gesundheitliche und psychische Probleme. Andere unerforschte gesundheitliche Auswirkungen, die Leihmütter erleben, resultieren aus den übermäßigen und wiederholten Hormondosen, da viele mehrere Versuche durchlaufen müssen, bevor eine erfolgreiche Empfängnis erfolgt.

Die gemeldeten Todesfälle von Leihmüttern und Eizellspenderinnen stellen nur die Spitze des Eisbergs dar. Zieht man Parallelen zu gemeldeten Fällen von Gewalt gegen Frauen in Indien, so impliziert die Sterblichkeit einige Fälle von Morbidität, die nicht gemeldet werden. Darüber hinaus wurden etliche Fälle von vermissten Mädchen und Menschenhandel auf kommerzielle Leihmutterschaft in Indien zurückgeführt. Junge Mädchen wurden Berichten zufolge aus abgelegenen Gebieten Indiens (Nordost, Jharkhand und Chhattisgarh) entführt, in Metropolregionen transportiert und zur Leihmutterschaft gezwungen (Roy 2015; Bhattacharyya 2016; Nair und Sen 2004). Im Februar 2015 gab es Nachrichten über ein 13-jähriges Mädchen, das aus Jharkhand nach Delhi verschleppt, zur Leihmutterschaft gezwungen und dazu gebracht wurde, sechs Kinder zur Welt zu bringen. Sie wurde gezwungen, die Babys sechs Monate lang zu stillen, bevor sie verkauft wurden. „Sie behandelten mich wie eine Geldprägemaschine. Mein Wille war ihnen nie wichtig, alles, was sie wollten, war, dass ich Babys für sie zur Welt bringe“ (Roy 2015). Sie hatte keine Ahnung, wohin ihre Kinder verkauft wurden und an wen. Sie sucht inzwischen Gerechtigkeit beim Child Welfare Committee in Gumla zu erlangen. Im selben Bezirk in Ostindien wurde ein weiteres Mädchen als Leihmutter verschleppt, als es gerade einmal acht Jahre alt war. Es wurde gezwungen, mindestens zehn Babys zur Welt zu bringen (Roy 2015). Es gibt auch weitere Fälle von Menschenhandel in demselben Bezirk. Einige der Mädchen brachten Kinder zur Welt, während sie in ihren Häusern wohnten, und die Vermittlungsagenten kamen später, um die Babys abzuholen. Laut diesem Bericht wurden einige nur mit einem Hungerlohn bezahlt und andere wurden um ihren Lohn betrogen, nachdem sie das Baby übergeben hatten.

In Indien war Leihmutterschaft seit 2005 erlaubt, und dennoch zeigte sich ein zunehmender Trend zur Ausbeutung und Kommodifizierung von Frauen. Die meisten Wissenschaftler, die für mehr Regulierung statt für ein Verbot eintreten, akzeptieren, dass Leihmutterschaft ausbeuterisch ist. Ein Streitpunkt ist, dass Leihmutterschaft in einem so großen Land wie Indien schwer zu regeln ist, daher ist ein Verbot wahrscheinlich dazu geeignet, die Praxis in den Untergrund zu treiben. Dies ist vergleichbar mit der Aussage, dass wir Gewalt gegen Frauen in Indien nicht stoppen können, daher sollte sie nicht kriminalisiert werden. Prostitution ist in Indien erlaubt und angeblich reguliert, aber Ausbeutung und Menschenhandel nehmen nur zu. Laut dem National Crime Record Bureau, Indien, waren im Jahr 2016 fast 20.000 Frauen und Kinder Opfer von Menschenhandel. Das ist ein Anstieg von fast 25 % gegenüber dem Vorjahr (ToI 2017). Seit Jahren gibt es Vorschläge, dass kostengünstige Sterilisationsdienste für sozioökonomisch benachteiligte Menschen in Ländern wie Indien bereitgestellt werden müssen (Pennings 2008; Sallam 2008). Die Frage, die jedoch gestellt werden muss, ist, ob die Bereitstellung erschwinglicher Möglichkeiten zur Sterilisation für die Armen die Ausbeutung und Entfremdung, die der reproduktiven Schichtenbildung bei Praktiken wie der Leihmutterschaft zugrunde liegen, beseitigen kann (Roberts 2009). Diese liberale Lösung, allen freien und einfachen individuellen Zugang zu IVF-Einrichtungen nach dem Motto „Gesundheit für alle“ als verfassungsmäßiges Recht zu gewähren, verstärkt mehrere Formen sozialer Vorurteile.

Unter Berücksichtigung all dieser Fälle hat das Union Cabinet im September 2016 den Surrogacy (Regulation) Bill, 2016, genehmigt. Danach ist die kommerzielle Leihmutterschaft vollständig verboten und Ausländer haben keinen Zugang zur Leihmutterschaft in Indien. Eine altruistische Leihmutterschaft ist nur für verheiratete Paare in Not mit Hilfe von nahen Verwandten als Leihmüttern erlaubt. Verstöße werden mit mindestens fünf Jahren Gefängnis und einer Geldstrafe von bis zu 1 Mio. INR (fast 15.000 $) geahndet (Zargar 2016). Den Leihmüttern werden mehr Rechte über das Kind zugestanden und sie erhalten eine rechtliche Unterstützung. Zur Unterstützung des Gesetzes sagte die Außenministerin Sushma Swaraj, es werde Frauen vor Ausbeutung schützen, insbesondere vor einem grassierenden Medizintourismus. Anupriya Patel, Staatsministerin für Gesundheit und Familienfürsorge, fragte: „Ist sie eine Kinderproduktionsfabrik? Familien zwingen Frauen oft aufgrund von Armut zur Leihmutterschaft. Sollte das nicht gestoppt werden?“ und das zu Recht (Ghosh 2016). Aus neoliberaler Sicht wird die Nutzung von Technologie zur Verwirklichung der „reproduktiven Ziele“ der Wunscheltern als verfassungsmäßiges Recht angesehen, daher wird das Eingreifen des Staates als Einmischung gesehen, einige sind sogar so weit gegangen, es als staatliche Überwachung des Privatlebens der Menschen zu bezeichnen. Dieser individualistische, ergebnisorientierte Ansatz übersieht die sozialen Auswirkungen der Leihmutterschaft und die strukturelle Ungerechtigkeit, rassische und koloniale Elemente dieser Industrie.

Die Regierung brauchte Jahre, um effektiv zu reagieren, hat aber schließlich eine lobenswerte Haltung eingenommen mit dem Verständnis, dass diese gesamte Industrie auf strukturellen Ungleichheiten, Ausbeutung und Kommodifizierung von Frauen und Kindern basiert. Indien verbietet Leihmutterschaft für bestimmte Gruppen von Menschen (Homosexuelle, Alleinerziehende, nicht verheiratete Paare). Dies ist eine Teillösung des Problems, da es sowieso nur die wohlhabenden Menschen verschiedener Gesellschaftsschichten waren, die sich Leihmutterschaft leisten konnten. Diese Politik ist in der Tat patriarchalisch und homophob und diskriminiert grundsätzlich einige Gesellschaftsschichten. Zum Beispiel beschränkt Deutschland die Gametenspende für unverheiratete und homosexuelle Paare und für Menschen, die Träger von genetisch vererbten Bedingungen sind. Solche selektiven Beschränkungen fördern konservative Vorstellungen von Familienbildung und widersprechen den verfassungsmäßigen Rechten auf Privatsphäre, Gesundheit und Freiheit von Diskriminierung (Krause und Marchesi 2007).

Nach dem Verbot der Leihmutterschaft in Indien stürmte die Polizei im Juni 2017 eine illegale Fruchtbarkeitsklinik in Telangana und fand 47 Leihmütter in einem Haus. Die meisten von ihnen waren aus dem Nordosten Indiens und hatten ihre Gebärmütter gegen Geld vermietet. Der Beamte der Klinik sagte bei der Vernehmung, die Klinik hätte im Rahmen des Gesetzes gehandelt, da die Frauen nicht gegen ihren Willen festgehalten wurden (Nagaraj 2017). Die nordöstliche Region Indiens wurde von Menschenhändlern für Prostitution, Ehe und Zwangsarbeit ins Visier genommen. Kailash Satyarthi, ein Aktivist gegen Menschenhandel und Kinderarbeit, sagte: „Kinder aus dem Nordosten, meist minderjährige Mädchen, werden für den Einsatz als Hausangestellte in Metropolen verschleppt und werden körperlich misshandelt und sexuell ausgebeutet. Jedes Jahr verschwinden 4000 Kinder aus dem Staat.“ Verletzliche Mädchen wurden mit dem Versprechen eines höheren Einkommens in Prostitution und Zwangsarbeit gelockt und nun wurde diese Einkommensquelle um die Leihmutterschaft erweitert (Baruah 2012).

Die Aktivitäten der Leihmutterschaftsindustrie, die sich an Ausländer richteten, wurde in Indien, Nepal und Thailand abrupt eingestellt und verlagerten sich nach Kambodscha (Bhowmick 2016). Schätzungsweise 50 Unfruchtbarkeitskliniken zogen nach Kambodscha, nachdem sie in südasiatischen Ländern verboten worden waren. Dies war der Hauptgrund für das Verbot der Leihmutterschaft in Kambodscha im November 2016. Es gab Berichte, dass viele als Leihmütter angeworbene Frauen in Kambodscha thailändische Frauen waren. Da es in Kambodscha kein klares Gesetz zur Leihmutterschaft gibt, wurden potenzielle Eltern von internationalen Vermittlungsagenten davor gewarnt, in diesem Land Leihmutterschaftsverträge abzuschließen (Murdoch 2015). Es ist bekannt, dass Australier die größten Käufer von Leihmutterschaftsdiensten in Kambodscha waren. Leihmütter wurden von Indien nach Nepal sowie von Thailand nach Kambodscha transportiert, entsprechend der Bewegung des Marktes. Mit dem Verbot der Leihmutterschaft für Ausländer in all diesen Ländern haben sich Nigeria, Argentinien, Brasilien, Laos, Dubai, der Iran und der Libanon zu Leihmutterschaftszentren entwickelt. In Nigeria und Brasilien gibt es keine Gesetze, die die Leihmutterschaft regeln. Das schafft eine Lücke, die von illegalen kommerziellen Betreibern ausgenutzt wird und weiter ausgenutzt werden kann. Im Jahr 2013 wurden 14 schwangere Teenager aus einer Babyfabrik in Umuguma, Nigeria, gerettet. Ein Pastor mietete vor einigen Jahren ein unfertiges Gebäude in der Gemeinde und brachte die schwangeren Mädchen in einer ungesunden Umgebung unter. Bei einem anderen Vorfall in Umuka stürmte die Polizei eine Babyfabrik, um 26 schwangere Teenager zu retten und einen 23-jährigen jungen Mann festzunehmen, der angestellt worden war, um die Mädchen für den Kinderhandel zu schwängern (Nkwopara 2013). In Ghana gewinnt die Praxis der Leihmutterschaft in einigen Teilen des Landes an Boden, wobei Accra der Hauptbrennpunkt ist. Es sind hauptsächlich die kommerziellen Sexarbeiterinnen, die sich freiwillig in der Branche beteiligen. Die Anzahl der geborenen Babys wird auf Hunderte geschätzt. Über die Leihmutterschaft in Ghana gibt es außer einigen Betrugsfällen nicht viele Informationen. Eine Leihmutter, die Vierlinge trug, wurde mit Anreizen betrogen, es wurde kein Vertrag zwischen ihr und der IVF-Klinik unterzeichnet (Daisie 2015). In Großbritannien gibt es nur wenige Studien über die gesundheitlichen oder psychologischen Auswirkungen der Leihmutterschaft auf die Leihmütter, die Kinder oder die Wunscheltern. Es gibt eine Studie, die in Großbritannien durchgeführt wurde, in der von Leihmüttern geborene Kinder auf einen Online-Fragebogen antworteten, dass sie mit der Leihmutterschaft nicht unglücklich waren, unabhängig davon, ob die Leihmutter ihr eigenes Ei verwendet hatte oder nicht. Fast die Hälfte der Kinder stand in Kontakt mit den Leihmüttern (Jadva und Imrie 2013). Dies kann nicht mit der Situation in Indien verglichen werden, da Leihmütter in Indien meist nicht nach ihrer bevorzugten Beziehung zum Kind gefragt werden. Eine andere Studie ergab, dass die Beziehung zwischen der Wunschmutter und dem durch Leihmutterschaft geborenen Kind weniger positive Interaktion zeigte als bei den Familien mit natürlicher Empfängnis (Golombok et al. 2011). Dies war die Reproscape im Globalen Süden, aber ein genauerer Blick auf die Kontinente zeigt eine ähnliche transnationale Reproscape der Bewegungsmuster innerhalb Europas, von den entwickelteren und wohlhabenderen Ländern im Westen zu denen im Osten und Süden.

Europäisierung der Leihmutterschaftsmärkte

Als Reaktion auf Herausforderungen durch jüngste soziopolitische Veränderungen hat Europa neue Formen der Raumordnung erlebt, die auch als „Europäisierung“ bezeichnet werden (Fergusson und Gupta 2002). Osteuropa ist bekannt dafür, niedrigere Preise anzubieten und gleichzeitig westliche Standards für IVF-Dienstleistungen zu bieten (Knoll 2012). Muster dieser neuen regionalen Knotenpunkte der assistierten Reproduktionstechnologien sind in Europa erkennbar; die Deutschen gehen für Eizellspenden in die Tschechische Republik, die Niederländer und Franzosen gehen für Samenspenden nach Belgien, die Italiener gehen nach Spanien und die Schweden und Norweger gehen nach Dänemark. Spanien, Belgien und die Tschechische Republik sind bekannt als die Hauptzielländer für eine Präimplantationsdiagnostik (PID) (Corveleyn et al. 2007). Angehende Eltern aus Deutschland haben in erster Linie in der Tschechischen Republik, den Benelux-Ländern, West- und Südeuropa nach PID-Möglichkeiten gesucht. Dänemark, Belgien und Spanien sind die Hauptziele für Samenspenden und die Tschechische Republik und Spanien für Eizellspenden. Es ist bekannt, dass Menschen aus Deutschland Gametenspender aus Osteuropa (Polen, Tschechische Republik) gegenüber Spanien bevorzugen, da sie eine Ähnlichkeit im Phänotyp aufweisen, und obwohl Deutsche für den medizinischen Prozess möglicherweise nach Spanien reisen, bevorzugen sie Gameten, die aus osteuropäischen Ländern importiert werden. Deutsche suchen Eizellspenden in der Tschechischen Republik und in Spanien sowie Samenspenden in Dänemark und Belgien (Präg und Mills 2015; ESHRE 2008; Pennings et al. 2009; Corveleyn et al. 2007). Beliebte Standorte für die kommerzielle Leihmutterschaft in Europa sind die Ukraine und Russland. Auftraggeber aus Ländern in Westeuropa ziehen für die Leihmutterschaft in osteuropäische Länder wie die Ukraine, Polen, Rumänien und die Republik Georgien.

Da Spanien zu einem Hotspot für transeuropäische Eizellspenden geworden ist, ist es interessant, wie dieses Phänomen von Gametensuchenden naturalisiert und konstruiert wird. In einer Studie über dänische Frauen und Paare, die für Eizellspenden nach Spanien gehen, wurden Eizellen als Ersatzteile und exotische Substanzen betrachtet, aber auch als Formen neuer Verwandtschaften durch geteiltes Blut, Raum und den Wunsch nach geteilter Weiblichkeit (Kroløkke 2014). In dieser Fallstudie wird „Westlichkeit“ für die dänischen Frauen synonym mit Qualität und Weißsein im Vergleich zu „Östlichkeit“ gesehen (Kroløkke 2014). Eine andere Studie ergab, dass Deutsche, die nach Spanien reisen, Eizellspenden aus Osteuropa aufgrund der gewünschten Phänotypen bevorzugen (Bergmann 2011). Einige Deutsche suchen direkt in der Tschechischen Republik nach Eizellspenderinnen mit blauen Augen. Diese Wünsche lenken die Aufmerksamkeit in dieser Branche auf Rassismus, Sexismus, geschlechtsspezifische, nationalistische Vorurteile, ganz zu schweigen von ableistischen Vorurteilen (Nahman 2008). Solche speziellen Anforderungen von Gametensuchenden haben in Spanien eine mögliche geschlechtsspezifische Teilzeitbeschäftigung für Migranten geschaffen, während in der Tschechischen Republik Spender aus ärmeren ländlichen Regionen angeworben werden (Bergmann 2011). Entsprechend den Anforderungen haben Kliniken in Spanien osteuropäische Migranten oder Erasmus-Studenten als Spender angeworben, um den nordeuropäischen Eizellsuchenden ihre gewünschten Phänotypen zu bieten (Bergmann 2011). Eine Klinik in Spanien bittet weiße brasilianische Eizellspenderinnen, drei Generationen von „Weißsein“ anzugeben, um die Chancen einer Rassenmischung zu verringern (Kroløkke 2014). Kliniken/Vermittlungsagenten haben detaillierte Informationen über Eizellspenderinnen, aus denen die Gametensuchenden wählen können. Die größte Sorge ist, wie genau diese Anforderungen normalisiert, naturalisiert und notwendig gemacht werden. Es entwickelt sich langsam wie auf einem Basar, in dem Mitgefühl, Authentizität, Empathie und Gerechtigkeit in Grausamkeit, Unehrlichkeit, Apathie und Unterdrückung umschlagen. In dieser Studie fehlt die Perspektive der Spender, die Gametensuchenden verstehen die Eizellspende als eine Form des Gebens, die Spende als eine Handlung des Schenkens.

Im Januar 2016 verabschiedete das Europäische Parlament (EP) eine sehr wichtige Resolution zu Menschenrechten und Demokratie in der Welt, in der es die EU zum Handeln bei einer Reihe von Fragen auffordert, einschließlich der Leihmutterschaft. In dieser Resolution „verurteilt das EP die Praxis der Leihmutterschaft, die die Menschenwürde der Frau untergräbt, da ihr Körper und seine reproduktiven Funktionen als Ware genutzt werden; es ist der Auffassung, dass die Praxis der Leihmutterschaft, die eine reproduktive Ausbeutung und die Nutzung des menschlichen Körpers für finanziellen oder anderen Gewinn beinhaltet, insbesondere im Fall von gefährdeten Frauen in Entwicklungsländern, verboten sein sollte und fordert dringend Menschenrechtsinstrumente".

Diese Resolution wurde nach mehreren Vorfällen und rechtlichen Kontroversen in Europa verabschiedet. Nach dem Verbot der Leihmutterschaft in Schweden schrieb ein Journalist: „Indien und Thailand wollen nicht, dass ihre weiblichen Bürgerinnen zu den Babyfabriken der Welt werden. Jetzt ist es an der Zeit, dass Europa Verantwortung übernimmt. Wir müssen Solidarität zeigen und diese Industrie stoppen, solange wir noch können (Ekman 2016)."

Wie ich bereits erwähnte, verbieten die meisten Länder in Europa alle Formen von Leihmutterschaftsvereinbarungen (Österreich, Finnland, Frankreich, Deutschland, Ungarn, Island, Italien, Lettland, Litauen, Norwegen, Polen, Slowenien, Schweiz, Spanien und Schweden) und andere erlauben nur eine unentgeltliche Leihmutterschaft (Belgien, Dänemark, Irland und das Vereinigte Königreich). Die Länder, die altruistische Rahmenbedingungen zulassen, haben eine gut ausgearbeitete Politik mit rechtlichem Schutz und Rechten für die Leihmütter. In Europa sind Georgien, die Ukraine und Russland beliebte Standorte für kommerzielle transnationale Leihmutterschaft. Auftraggebende Eltern aus Ländern in Westeuropa ziehen für die Leihmutterschaft in osteuropäische Länder, wie die Ukraine. Da viele asiatische Länder eine Leihmutterschaft für Ausländer verboten haben, haben Leihmutterschaftsagenturen ihren Fokus auf Länder wie Polen, Rumänien und die Republik Georgien verlagert. Obwohl bekannt ist, dass die Leihmutterschaft in vielen Ländern zunimmt, gibt es sehr wenige Informationen über das Ausmaß dieser Aktivität in Malaysia, der Ukraine, Polen, Georgien und Russland.

In der Tschechischen Republik gibt es kein Leihmutterschaftsgesetz, daher ist es weder erlaubt noch verboten. Laut einem Nachrichtenbericht im August 2015 wurde ein Baby, das von einer Leihmutter in der Tschechischen Republik geboren wurde, aufgrund seiner Behinderung (angeborene Defekte, einschließlich Epilepsie und Lähmung) im Stich gelassen und in institutionelle Pflege gegeben (Prague Daily Monitor 2015). Das Baby war weder von den biologischen Eltern noch von der Leihmutter gewollt. Normalerweise wird der biologische Vater als Elternteil anerkannt, während die biologische Mutter einen Adoptionsantrag stellen muss. Die Leihmutter in diesem Fall war eine alleinstehende Person, die an Epilepsie litt und das Kind zur Adoption geben musste. Mehrere Faktoren hatten dazu geführt, dass die Leihmutter das Kind zur Welt brachte und sowohl der biologische Vater als auch die Wunschmutter stimmten zu, das Kind nach einer Reihe von Operationen kurz nach der Geburt in ein Kinderheim zu geben. Dies wurde von Vladimir Dvorak, dem stellvertretenden Leiter der Tschechischen Gesellschaft für Gynäkologie und Geburtshilfe, als unglückliches Ereignis abgetan.

Eine Frau aus Bern, Schweiz, ging wegen einer Leihmutterschaft nach Georgien. Das Baby, mit dem sie zurückkehrte, musste in Schutzhaft genommen werden, weil ihr erwachsener Sohn, der auch einer der Betreuer dieses Babys war, ein verurteilter Sexualstraftäter war (Douez 2011). Menschen können eine Leihmutter und Gametenspender auswählen, indem sie eine Liste mit Fotos und Details zu Alter und Rasse durchsehen. Ähnlich wie bei den Leihmüttern im Globalen Süden haben auch die Frauen in Georgien oft nur wenige Beschäftigungsmöglichkeiten, und eine Leihmutterschaft versorgt sie mit einer größeren Geldsumme. Im Gegenzug müssen die Leihmütter alle Rechte am Kind abtreten, auch wenn sie die Eizellenspenderin sind. Die örtlichen Behörden stellen eine Geburtsurkunde im Namen der Wunscheltern aus. In allen Belangen wird die Frau als „Leihmutter" betrachtet, tatsächlich ist sie ein Stellvertreter im Prozess. Frauen in weniger glücklichen Situationen werden zum Nutzen anderer ausgebeutet. Es handelt sich um eine entfremdete Arbeit mit vorbestimmter Trennung zwischen der Mutter und dem Baby, das sie trägt. Hier wird erneut der Kontext der Zustimmung infrage gestellt, wenn ihre finanzielle Situation prekär ist. Den Wunscheltern wird die Wahl gelassen, ihre Identität vor der Leihmutter zu verbergen. Somit weiß sie nicht, wo sich das Kind befindet oder was danach im Leben des Kindes passiert. Angesichts dieses Kontexts sagte Cora Graf-Gaiser, stellvertretende Direktorin des Eidgenössischen Amts für das Zivilstandswesen, gegenüber swissinfo.ch, dass nicht davon ausgegangen werden sollte, dass alle, die mit Babys, deren Geburtsurkunden ihre Namen enthalten, in die Schweiz einreisen, akzeptiert werden. Das Bundesgericht betonte, dass ein Kind vor der Kommerzialisierung geschützt werden muss und stellte fest, dass eine schwangere Frau ihre Rechte am Kind nicht aktiv aufgeben kann, bevor es geboren ist.

Im Jahr 2011 wurde ein Auftraggeberpaar aus Frankreich bei seinem verzweifelten Versuch erwischt, seine Zwillingsmädchen illegal auf dem Landweg aus der Ukraine zu schmuggeln. Diese Kinder wurden von einer Leihmutter mit einem Leihmutterschaftsvertrag geboren. Ein homosexuelles belgisches Paar kämpfte zwei Jahre lang, bevor es sein Baby, das von einer ukrainischen Leihmutter geboren wurde, nach Hause bringen konnte. Obwohl seltener, ist auch ein Fall von umgekehrter Ausbeutung aus Frankreich bekannt geworden, bei dem die Leihmutter die Wunscheltern betrog. Im Jahr 2010 informierte sie das Paar nach Abschluss eines Leihmutterschaftsvertrags gegen Geld, dass das Kind tot geboren wurde, während sie das Kind tatsächlich an ein anderes Paar verkaufte. Im Jahr 2012 wiederholte sie dieses Verbrechen mit einem anderen Paar und gestand bei der Befragung, dass sie als Teenager von ihrem Vater sexuell missbraucht worden war und unter großer emotionaler Vernachlässigung und geringem Selbstwertgefühl litt (The Guardian 2016).

Die grenzüberschreitende assistierte Reproduktion nimmt aufgrund unterschiedlicher Vorschriften, Kostenfaktoren, unterschiedlicher Zugänglichkeit und persönlicher Wahl zu. In Europa waren rechtliche Gründe vorherrschend für Menschen, die die Grenzen von Italien (70,6 %), Deutschland (80,2 %), Frankreich (64,5 %) und Norwegen (71,6 %)

überschritten. Angehende Eltern zogen für ihre Spermien- und Eizellenspenden von Italien in die Nachbarländer Spanien und Schweiz, Deutsche zogen für Eizellenspenden in die Tschechische Republik, die Briten besuchten die Tschechische Republik und Spanien ebenfalls für Eizellenspenden, die Niederländer und Franzosen gingen hauptsächlich für Spermien-Spenden nach Belgien, die Schweden und Norweger gingen für ihre Spermien-Spenden in das benachbarte Dänemark. Die USA sind ein Ziel für Menschen aus Lateinamerika, Europa und Kanada, die anonyme Eizellenspenden suchen. Menschen, die medizinisch assistierte Fruchtbarkeitsoptionen suchen, ziehen von restriktiven Ländern in vergleichsweise tolerante Länder. Für diese Personen ist einer der wichtigsten Gründe für den Umzug zwischen den Ländern die restriktive Gesetzgebung. Eine Studie in Belgien ergab, dass 56 % derjenigen, die für medizinisch assistierte Reproduktion reisten, dies aus rechtlichen Gründen taten. Zu den anderen Gründen gehören Ressourcenüberlegungen (Kosten, Personal sowie Ausrüstung und Wartelisten), Qualitäts- und Sicherheitsbedenken (Qualität der Pflege und Erfolgsraten) sowie persönliche Vorlieben (kulturelle Faktoren, Unterstützungsnetzwerke und Datenschutzbedenken) (Inhorn und Patrizio 2012). Es ist bekannt, dass Amerikaner reproduktive Dienstleistungen in Südafrika, Israel, Italien, Deutschland und Kanada bevorzugen, wo die Kosten niedriger sind.

Eine der rechtlichen Herausforderungen der globalen Leihmutterschaft ist ihr Verbot in einigen Ländern und für bestimmte Personengruppen, über die Fragen des politischen Pluralismus aufgeworfen wurden. Die Extraterritorialität wirft die Frage der Rechte von Bürgern und Kindern auf. Einige der vorgeschlagenen Maßnahmen zur Verringerung globaler und nationaler Ungleichheiten sind Schadensminderung und regulatorische Harmonisierung. Diese Lösungen werden sowohl innerhalb von als auch zwischen Disziplinen, Medizinern und politischen Entscheidungsträgern diskutiert. Extraterritoriale Gesetze setzen Bürgern, die für Fruchtbarkeitsbehandlungen reisen und nicht mit ihren durch Leihmutterschaft geborenen Kindern in die Herkunftsländer einreisen dürfen, Grenzen. In vielen Ländern gibt es Vorschriften, aber die Umsetzung dieser Gesetze ist schwach. In Deutschland können die rechtlichen Elternrechte für 2–3 Jahre vorenthalten werden, während einige andere Länder Geldstrafen verhängt haben. Die meisten Gerichtsverfahren gewähren jedoch Elternschaft und Staatsbürgerschaft zum Wohl des Kindes. Das Gesetz im Zielland entscheidet über die Staatsbürgerschaft von Kindern, die durch Leihmutterschaft außerhalb ihrer Zuständigkeiten geboren wurden, und die Elternschaft der Personen, die ins Ausland gereist sind, um diese Kinder zu bekommen. Die Länder, die keine klaren extraterritorialen Gesetze haben, wurden dafür kritisiert, ihre eigenen Bürger zu schützen, während sie zulassen, dass ungeschützte Bürger aus anderen Ländern ausgebeutet werden.

Die wohlhabenderen Herkunftsländer wurden dafür kritisiert, dass sie ihren Bürgern erlauben, Leihmutterschaftsdienste in Anspruch zu nehmen, indem sie die Verwundbarkeit verarmter Bürger in „Übergangsgesellschaften" wie Indien ausnutzen, während sie ihre eigenen Bürger schützen. Die Zielländer wurden auch dafür kritisiert, dass sie die Leihmutterschaft lediglich als Möglichkeit für wirtschaftliche Gewinne sehen und dadurch die Objektivierung und Ausbeutung ihrer eigenen Bürger zulassen, insbesondere wenn die Bürger ihres eigenen Landes keinen ausreichenden Zugang zu grundlegenden Gesundheitsdienstleistungen haben. Während hochwertige reproduktive Gesundheitsversorgung für Leihmütter während ihrer Vertragsschwangerschaften bereitgestellt wird, hatten sie fast keinen Zugang zu irgendeiner qualitativ hochwertigen Gesundheitsversorgung für ihre eigenen Schwangerschaften. Diese Diskrepanz bringt die reproduktive Ungerechtigkeit ans Licht, die bestimmten Schwangerschaften und Babys einen höheren Wert beimisst (Bailey 2011). Es ist wichtig, die Art der bestehenden Ungleichheiten in Übergangsgesellschaften wie Indien zu überblicken, um die sozioökonomischen Umstände zu verstehen, unter denen die Vertragsmütter ihre Entscheidungen treffen.

Schlussfolgerung

Die Globalisierung und die Entwicklungen der Informations- und Medizintechnologien haben zur einfachen grenzüberschreitenden Zugänglichkeit und transnationalen Bewegung für ARTs beigetragen. Die Ausbeutung struktureller Ungleichheiten zwischen Reich und Arm, zwischen Globalem Norden und Süden wird in der postkolonialen Ära zu einem weitgehend normalisierten Phänomen. Ein ähnliches Muster der Normalisierung wird auch innerhalb Europas beobachtet, typischerweise zwischen ungleichen Ländern und den wohlhabenden Wunscheltern und ärmeren Leihmüttern. Die Leihmutterschaftsbiomärkte zeigen ein klares postkoloniales Muster, in dem imperialistische Wunscheltern ihre Wünsche und Bedürfnisse in Indien erfüllt bekommen; parallel dazu gibt es Bewegungen aus Westeuropa in die weniger entwickelten osteuropäischen Nationen. Einige Wissenschaftler würden das in diesem Kapitel beobachtete globale Muster bezeichnen als Neokolonialismus neben Postkolonialismus. In Kap. 6 wird das postkoloniale Dilemma dargelegt, das Neoliberalismus und Postkolonialismus verbindet. In einfacher Sprache beschreiben Nkrumah (1966), Young (1995) und Bhabha (1994) Neokolonialismus im Allgemeinen als eine fortgesetzte Herrschaft-Sklaven-Beziehung zwischen den Kolonisatoren und Kolonisierten. Young (2003) stellt fest, dass der Kolonialismus in einer anderen Form fortbesteht. Die Macht wurde von den Kolonisatoren an die von einer lokalen Eliteklasse, der Bourgeoisie, die ausländisch qualifiziert und weniger geneigt ist, die Förderung der lokalen Kultur und politischen Unabhängigkeit zu unterstützen, übertragen, was ein Gefühl falscher Freiheit vermittelt. So wurden die Kolonisatoren durch korrupte Führer und feudale Grundbesitzer ersetzt (Sartre 2001). Dieses Muster wird auch in Kap. 5 in der Beschreibung des Leihmutterschaftsbasars in Indien aufgegriffen.

Solche globalen Reproscapes offenbaren die Kehrseite der Naturalisierung der Genetisierung, die genetische Verbindungen priorisiert und die gestationale Rolle der Leihmutter abwertet. Während medizinische Nachweise zeigen, dass es einen beidseitigen genetischen Transfer zwischen Leihmüttern und Babys gibt, werden DNA-Spuren des ersten Kindes auch beim zweiten Kind gefunden, die durch die Schwangerschaft übertragen werden. Das wirft eine Frage nach der Rolle der Leihmutter auf. Die Folge der

Abwertung wird auch in der verherrlichenden Rhetorik des altruistischen Motivs der Leihmutterschaft und der Normalisierung der Entfremdung des Körpers der Frau von ihrer Gebärmutter beobachtet, die in den Kap. 3, 4 und 5 im feministischen Diskurs und bei der Ethnographie der Leihmütter, der Wunscheltern und der Rolle der Mediziner diskutiert wird. Die Normalisierung entfremdeter Reproduktionsarbeit erleichtert es auch den Ärzten, Leihmutterschaft wie jede andere manuelle Arbeit zu rationalisieren. Der genetische Reduktionismus hat zu Ableismus und zur Aufgabe behinderter Kinder geführt. Er hat auch zur Entstehung von Spenderpools an verschiedenen Orten der Welt geführt, die einige Genetiken als überlegen und erwünscht und andere als unerwünscht erachten; so werden hoch begehrte menschliche Eigenschaften mit Preisschildern versehen und als überlegen normalisiert. Gleichzeitig basiert die Notwendigkeit der Leihmutterschaft als Lösung für Unfruchtbarkeit auf den pronatalistischen Definitionen von Elternschaft. Eine Befürwortung der Genetisierung, die die Konzepte von Rasse und Ableismus verstärkt, fördert soziale Unterschiede und Dominanz. Dieses Buch untersucht Leihmutterschaftsbiomärkte in Indien, indem es reproduktive Gerechtigkeit als methodologischen Rahmen aus einer feministischen Perspektive anwendet, als Weg hin zu einem transnationalen Feminismus und humanitär assistierter Empfängnis, die solche sozialen Vorurteile überwindet.

Literatur

ABC. 2016. Baby Gammy: Surrogacy row family cleared of abandoning child with Down syndrome in Thailand. *ABC News*. http://www.abc.net.au/news/2016-04-14/baby-gammy-twin-must-remain-with-family-wa-court-rules/7326196. Zugegriffen: 14 Apr. 2017.

Agamben, Giorgio. 1998. *Homo sacer: Sovereign power and bare life*. Translated by D. Heller-Roazen. Stanford: Stanford University Press.

Alper, J.S., and J. Beckwith. 1993. Genetic fatalism and social policy: The implications of behavior genetics research. *The Yale Journal of Biology and Medicine* 66: 511–524.

Anderson, Elizabeth S. 1990. Is women's labor a commodity? *Philosophy & Public Affairs* 19 (1): 71–92.

Andrews, Lori B. 1988. Surrogate motherhood: The challenge for feminists. *Journal of Law, Medicine & Ethics* 16 (1–2): 72–80.

Appadurai, Arjun. 1996. *Modernity at large: Cultural dimensions of globalization*. Minneapolis: University of Minnesota Press.

Bailey, Alison. 2011. Reconceiving surrogacy: Toward a reproductive justice account of Indian surrogacy. *Hypatia* 26: 715–741.

Baklinski, Pete. 2014. Shock: UK mom abandons disabled daughters, keeps healthy son after twin surrogacy. *Life Site News*. https://www.lifesitenews.com/news/mother-rejects-disabled-daughter-keeps-healthy-son-after-twin-surrogacy. Zugegriffen: 14 Aug. 2017.

Baruahl, Pranjal. 2012. Traffickers target northeast Indian women, sell them like cattle. *Times of India*. http://timesofindia.indiatimes.com/india/Traffickers-target-northeast-Indian-women-sell-them-like-cattle/articleshow/17725299.cms. Zugegriffen: 14 Aug. 2017.

BBC. 2015. Despair over ban in India's surrogacy hub. *British Broad Casting*. http://www.bbc.com/news/world-asia-india-34876458. Zugegriffen: 14 Aug. 2017.

Benninghaus, Christina. 2012. Beyond constructivism? Gender medicine and the early history of sperm analysis, Germany 1870–1900. *Gender & History* 24 (3): 647–676.

Bergmann, Sven. 2011. Reproductive agency and projects: Germans searching for egg donation in Spain and the Czech Republic. *Reproductive Biomedicine Online* 23 (5): 600–608.

Bhabha, Homi K. 1994. *The Location of Culture*. New York: Routledge.

Bhalla, Nita, and Mansi Thapiyal. 2013. India seeks to regulate its booming 'rent-a-womb' industry. *Reuters*. http://www.reuters.com/article/us-india-surrogates-idUSBRE98T07F20130930. Zugegriffen: 14 Aug. 2017.

Bhattacharyya, Ritupurna. 2016. Draft surrogacy (regulation) bill 2016: Rhetoric of surrogate-centric. *Space and Culture, India* 4 (2): 9–21.

Bhowmick, Niranjana. 2016. After Nepal, Indian surrogacy clinics move to Cambodia. Aljazeera. http://www.aljazeera.com/indepth/features/2016/06/nepal-indian-surrogacy-clinics-move-cambodia-160614112517994.html. Zugegriffen: 14 Aug. 2017.

Campbell, Mary. 2007. Thinking outside the (black) box: Measuring black and multiracial identification on surveys. *Social Science Research* 36 (3): 921–944.

Chatterjee, Pritha, and Mayura Janwalkar. 2014. The great Indian egg bazaar. *Indian Express*.http://indianexpress.com/article/india/india-others/the-great-indian-egg-bazaar/. Zugegriffen: 15 Aug. 2017.

Corveleyn, A., E. Zika, M. Morris, E. Dequeker, J.L. Davies, K. Sermon, G. Antiñolo, A. Schmutzler, J. Vanecek, F. Palau, and D. Ibarreta. 2007. Pre-implantation genetic diagnosis in Europe. European Commission Joint Research Centre, Institute for Prospective Technological Studies. EUR 22764 EN–Seville: European Communities.

Conceive Abilities. 2016. Nepal joins India and Thailand in commercial surrogacy ban. *Conceive Abilities*. https://www.conceiveabilities.com/about/blog/nepal-joins-india-and-thailand-in-commercial-surrogacy-ban. Zugegriffen: 14 Aug. 2017.

Corea, Gena. 1985. *The mother machine: Reproductive technologies from artificial insemination to artificial wombs*. New York: Harper and Row.

Cornell, Drucilla. 1998. *At the heart of freedom: Feminism, sex, and equality*. Princeton: Princeton University Press.

Crompton, S. 2007. *India's rise in medical tourism*. London, Britain: The Times of India.

Daisie, Maame Aba. 2015. Surrogate mother carrying quadruplets cheated of incentives. *My Joy Online*. http://www.myjoyonline.com/news/2015/January-12th/surrogate-mother-carrying-quadruplets-cheated-of-incentives.php. Zugegriffen: 14 Aug. 2017.

Dawe, Gavin, Xiao Wei Tan, and Zhi-Cheng Xiao. 2007. Cell migration from baby to mother. *Cell Adhesion And Migration* 1 (1): 19–27.

Deonandan, Raywat, Mirhad Loncar, Prinon Rahman, and Sabrina Omar. 2012. Measuring reproductive tourism through an analysis of Indian ART clinic Websites. *International Journal of General Medicine*: 763

Dhar, R.L. 2013. Lived experiences of childless couples: A phenomenological study from the Indian rural context. *Marriage & Family Review* 49 (4): 265–283.

Dhar, RajibLochan. 2013. Lived experiences of childless couples: A phenomenological study from the Indian rural context. *Marriage & Family Review* 49 (4): 265–283.

Donchin, Anne. 1996. Feminist critiques of new fertility technologies: implications for social policy. *The Journal of Medicine and Philosophy* 21 (5): 475–498.

Douez, Sophie. 2011. Flourishing surrogacy business raises fears. *Swissinfo*. https://www.swissinfo.ch/eng/flourishing-surrogacy-business-raises-fears/29791340. Zugegriffen: 14 Aug. 2017.

Dreyfuss and Nelkin. 1992. The Jurisprudence of genetics. *Vanderbilt Law Review* 45: 313–348.

Duster, Troy. 1990. *Backdoor to eugenics*. New York: Routledge.

Ekman, Kajsa Ekis. 2016. *The Guardian*. https://www.theguardian.com/commentisfree/2016/feb/25/surrogacy-sweden-ban. Zugegriffen: 15 Aug. 2017.

European Society of Human Reproduction and Embryology. 2008. Comparative analysis of medically assisted reproduction in the EU: Regulation and technologies. (SANCO/2008/C6/051). *European Society of Human Reproduction and Embryology (ESHRE)*. https://ec.europa.eu/health//sites/health/files/blood_tissues_organs/docs/study_eshre_en.pdf. Zugegriffen: 14 Aug. 2017.

Ferguson, James, and Akhil Gupta. 2002. Toward an ethnography of neoliberal governmentality. *American Ethnologist* 29 (4): 981–1002.

Field, Martha A. 1988. *Contract motherhood: The legal and human issues*. Cambridge: Harvard University Press.

Ghosh, Abantika. 2016. Surrogacy legislation: Is woman a child-producing factory asks Anupriya Patel. *Indian Express*. http://indianexpress.com/article/india/india-news-india/surrogacy-ban-commercial-foreign-clients-woman-child-producing-machine-3008933. Zugegriffen: 14 Aug. 2014.

Gilroy, Paul. 2000. *Against race: Imagining political culture beyond the color line*. Cambridge: Harvard University Press.

Gingrich, Andre, and Gerd Baumann. 2004. *Grammars of identity: A structural approach*. New York: Berghahn.

Global Bioethics Blog. 2012. Contract motherhood in developing countries: Fine in theory, nasty in practice. *Global Bioethics Blog*. globalbioethics.blogspot.com/2012_08_01_archive.html. Zugegriffen: 14 Aug. 2017.

Goldfarb, James M., Cynthia Austin, Barry Peskin, Hannah Lisbona, Nina Desai, and J.Ricardo de Mola. 2000. Fifteen years' experience with an in-vitro fertilization surrogate gestational pregnancy programme. *Human Reproduction* 15: 1075–1078.

Golombok, Susan, Jennifer Readings, and Vasanti Jadva. 2011. Families created through surrogacy: Mother-child relationships and children's psychological adjustment at age. Development Psychology.

Government of India. 2009. Need for legislation to regulate assisted reproductive technology clinics as well as rights and obligations of parties to a surrogacy, Report Number 228. Law Commission of India: New Delhi.

Greil, A.L. 1991. *Not yet pregnant: Infertile couples in contemporary America*. New Brunswick: Rutgers University Press.

Green, Alon-Lee. 2015. Where is the concern for the surrogate mothers in Nepal? *Haaretz*. http://www.haaretz.com/opinion/.premium-1.653660. Zugegriffen: 14 Aug. 2017.

Greil, A.L., K. Slauson-Blevins, and J. McQuillan. 2010. The experience of infertility: A review of recent literature. *Sociology of Health & Illness* 32: 140–162.

Gupta, Moushumi Das. 2016. India proposes commercial surrogacy ban; live-ins, homosexuals worst hit. *Hindustan Times*. http://www.hindustantimes.com/india-news/india-proposes-ban-on-commercial-surrogacy-homosexuals-live-ins-worst-hit/story-Vb1fKz0XSJPdCT7GbympkO.html. Zugegriffen: 14 Aug. 2017.

Harding, Sandra. 1991. *Whose science/whose knowledge?* Milton Keynes: Open University Press.

Hawley, Samantha, and Suzanne Smith. 2015. India surrogacy case: Documents show New South Wales couple abandoned baby boy despite warnings. *Australian Broad Casting*. http://www.abc.net.au/news/2015-04-13/australian-couple-abandon-baby-boy-in-india-surrogacy-case/6387206. Zugegriffen: 14 Aug. 2017.

Henig, Robin Marantz. 2014. Women increasingly pick brains over looks in choosing egg donors. *National Public Radio*. http://www.npr.org/sections/health-shots/2014/10/30/360127832/women-increasingly-pick-brains-over-looks-in-choosing-egg-donors. Zugegriffen: 15 Aug. 2017.

Hess, Amanda. 2014. The golden egg: Couples want their egg donors to be smart, athletic, and good-looking. *Slate Magazine*. http://www.slate.com/articles/technology/future_tense/2014/11/egg_donation_study_couples_want_donors_to_be_smart_athletic_good_looking.html. Zugegriffen: 15 Aug. 2017.

Hindustan Times. 2017. Can't adopt white child, try in India, British-Sikh couple told by UK agency. *Hindustan Times*. http://www.hindustantimes.com/world-news/can-t-adopt-white-child-try-in-india-british-sikh-couple-told-by-uk-agency/story-d1q2x79j3psuvwntkupFrO.html. Zugegriffen: 15 Aug. 2017.

Hubbard, R., and E. Wald. 1999. *Exploding the gene myth: How genetic information is produced and manipulated by scientists, physicians, employers, insurance companies, educators, and law enforcers*. Boston: Beacon Press.

Indian Council of Medical Research. 2015. National registry of ART clinic and banks in India. Indian Council of Medical Research: New Delhi http://www.icmr.nic.in/icmrnews/art/New%20list%20of%20approved%20ART%20Clinics_24.10.2015.pdf. Zugegriffen: 16 Aug. 2017.

Inhorn, M.C. 2011. Globalization and gametes: Reproductive "tourism," Islamic bioethics, and Middle Eastern modernity. *Anthropology and Medicine* 18: 87–103.

Inhorn, M.C., and P. Patrizio. 2012. The global landscape of cross-border reproductive care: Twenty key findings for the new millennium. *Current Opinion in Obstetrics and Gynecology* 24 (3): 158–163.

Jadva, V., and S. Imrie. 2013. Children of surrogate mothers: Psychological well-being, family relationships and experiences of surrogacy. *Human Reproduction* 29: 90–96.

Kamin, Debra. 2015. Israel evacuates surrogate babies from Nepal but leaves the mothers behind. *Time*. http://time.com/3838319/israel-nepal-surrogates/. Zugegriffen: 14 Apr 2017.

Katz, Avi. 1986. Contract motherhood and the baby-selling laws. *Columbia Journal of Law and Social Problems* 20: 1–53.

Kirby, Jeffrey. 2014. Transnational gestational surrogacy: Does it have to be exploitative? *The American Journal of Bioethics* 14(5): 24–32.

Knoll, E. 2012. Reproducing Hungarians: Reflections on fuzzy boundaries in reproductive border crossing. In *Reproductive technologies as global forum: Ethnologies of knowledge, practices, and transnational encounters*, ed. M. Knecht, et al., 255–282. Frankfurt: Campus Verlag.

Kozicka, Patricia. 2016. Reality check: Are fertility problems on the rise? *Global News*. http://globalnews.ca/news/3070201/reality-check-are-fertility-problems-on-the-rise/. Zugegriffen: 15 Aug. 2017.

Krause, Elizabeth L., and Milena Marchesi. 2007. Fertility politics as "Social Viagra": Reproducing boundaries, social cohesion, and modernity in Italy. *American Anthropologist* 109 (2): 350–362.

Kroløkke, Charlotte Halmø. 2014. West is best: Affective assemblages and Spanish oocytes. *European Journal of Women's Studies* 21 (1): 57–71.

Kuchroo, Sakshi. 2016. Banning commercial surrogacy is the only way forward: Professor Mohan Rao of Jawaharlal Nehru University talks about the pros and cons of the surrogacy bill. *Governance Now* 7 (16): 38–39.

Kusum, S. 2015. Inconsistent and conflicting surrogacy laws in India and foreign legal jurisdictions. *International Journal of Legal Studies and Research* 72: 2278–4764.

Lamont, M'le, Pendergrass, S., and M. Pachucki. 2015. Symbolic boundaries. *International Encyclopedia of the Social &Behavioral Sciences* 23: 850–55.

Lippman, A. 1991. Prenatal genetic testing and screening: Constructing needs and reinforcing inequalities. *American Journal of Law and Medicine* 17: 15–50.

Mascarenhas, M.N., S.R. Flaxman, T. Boerma, S. Vanderpoel, and G.A. Stevens. 2012. National, regional, and global trends in infertility prevalence since 1990: A systematic analysis of 277 health surveys. *PLOS Medicine* 9 (12): e1001356. https://doi.org/10.1371/journal.pmed.1001356.

Maulem, Mazal. 2015. Israel airlifts surrogates, babies from Nepal. *Israel Pulse*. http://www.al-monitor.com/pulse/originals/2015/04/israel-nepal-rescuing-surrogate-mothers-gay-community.html. Zugegriffen: 15 Aug. 2017.

Mohanty, Chandra Talpade. 2003. "Under western eyes" revisited: Feminist solidarity through anticapitalist struggles. *Signs* 28 (2): 499–535.

Murdoch, Lindsay. 2015. 'Somebody has to be the icebreaker': Aussies seeking babies turn to Cambodia. *The Sydney Morning Herald*. http://www.smh.com.au/world/somebody-has-to-be-the-icebreaker-aussies-seeking-babies-turn-to-cambodia-20151027-gkjfj5.html#ixzz3qMBjMidJ. Zugegriffen: 15 Aug. 2017.

Nahman, Michal. 2008. Nodes of desire: Romanian egg sellers, 'dignity' and feminist alliances in transnational ova exchanges. *European Journal of Women's Studies* 15 (2): 65–82.

Nair, P.M., and Sankar Sen. 2004. *Trafficking in women and children in India*. New Delhi: Orient Longman.

Nelkin, Dorothy, and M.S. Lindee. 1995. *The DNA mystique: The gene as a cultural icon*. New York: Freeman.

Nelkin, Dorothy, and Laurene Tancredi. 1994. *Dangerous diagnostics: The social power of biological information*. Chicago: University of Chicago Press.

Nelson, Dean. 2012. Fair-skinned Indian women paid £1,000 extra to be surrogates. *The Telegraph*. http://www.telegraph.co.uk/news/worldnews/asia/india/9633142/Fair-skinned-Indian-women-paid-1000-extra-to-be-surrogates.html. Zugegriffen: 15 Aug. 2017.

Nkrumah, K. 1966. *Neo-colonialism: The last stage of imperialism*. New York: International Publishers.

Nkwopara, Chidi. 2013. 14 pregnant teens rescued in another Imo baby factory. *Vanguard*. www.vanguardngr.com/2013/05/14-pregnant-teens-rescued-in-another-baby-factory-in-imo/. Zugegriffen: 15 Aug. 2017.

Okin, Susan M. 1990. A critique of pregnancy contracts. *Politics and the Life Sciences* 8: 205–210.

Pande, A. 2009. Not an 'Angel', Not a 'Whore': surrogates as 'Dirty' workers in India. *Indian Journal of Gender Studies* 16 (2): 141–173.

Parajuli, Ramesh. 2015. Surrogacy in Nepal: Threat to reproductive right. *The Himalayan Times*. https://thehimalayantimes.com/opinion/surrogacy-in-nepal-threat-to-reproductive-right/. Zugegriffen: 15 Aug. 2017.

Pateman, C. 1988. *The sexual contract*. Stanford: Stanford University Press.

Paul, Diane B. 1994. Eugenic anxieties, social realities, and political choices. In *Are genes us? The social consequences of the new genetics*, ed. Carl F. Cranor, 142–154. New Brunswick: Rutgers University Press.

Pennings, Guido. 2008. Ethical issues of infertility treatment in developing countries. *ESHRE* 1 (1): 15–20.

Pennings, G., C. Autin, W. Decleer, A. Delbaere, L. Delbeke, A. Delvigne, D. De Neubourg, P. Devroey, M. Dhont, T. D'Hooghe, S. Gordts, B. Lejeune, M. Nijs, P. Pauwels, B. Perrad, C. Pirard, and F. Vandekerckhove. 2009. Cross-border reproductive care in Belgium. *Human Reproduction* 24 (12): 3108–3118.

Perappadan, B.S. 2014. Activists call for stringent regulations for surrogacy. *The Hindu*. http://www.thehindu.com/todays-paper/tp-national/tp-otherstates/activists-call-for-stringent-regulations-for-surrogacy/article6348214.ece. Zugegriffen: 15 Aug. 2017.

Petchesky, R.P. 1995. From population control to reproductive rights: Feminist fault lines. *Reproductive Health Matters* 3 (6):152–161.
Pfeffer, N. 2011. Eggs-ploiting women: A critical feminist analysis of the different principles in transplant and fertility tourism. *Reproductive Biomedicine Online* 23 (5): 634–641.
Präg, Patrick and Melinda C. Mills. 2015. Assisted reproductive technology in Europe. Usage and regulation in the context of cross-border reproductive care. *Families and Societies Working Paper Series* (43): 43.
Prague Daily Monitor. 2015. Právo: No one wants Czech child born to surrogate mother. *Prague Daily Monitor*. http://praguemonitor.com/2015/08/13/pr%C3%A1vo-no-one-wants-czech-child-born-surrogate-mother. Zugegriffen: 14 Aug. 2017.
Nagaraj, Anuradha. 2017. Wombs for rent: Indian surrogacy clinic confines women in 'terrible conditions', say police. *Reuters*. http://www.reuters.com/article/us-india-women-surrogacy-idUSKBN19A1KL. Zugegriffen: 14 Aug. 2017.
Pujari, S., and Sayeed Unisa. 2014. Failing fatherhood: A study of childless men in rural Andhra Pradesh. *Sociological Bulletin* 63 (1): 21–40.
Qadeer, I. 2010. The ART of marketing babies. *Indian Journal of Medical Ethics* 7 (4): 209–215.
Rabinow, Paul. 1996. Artificiality and enlightenment: from sociobiology to biosociality. In *Essays on the anthropology of reason*, ed. Paul Rabinow, 91–111. Princeton: Princeton University Press.
Raymond, Janice G. 1993. *Women as wombs: Reproductive technologies and the battle over women's freedom*. San Francisco: Harper.
Riessman, C. 2000. Stigma and everyday resistance practices, childless women in South India. *Gender Society* 14: 111–135.
Rifkin, Jeremy. 1998. *The biotech century: Harnessing the gene and remaking the world*. New York: Penguin Putnam Inc.
Roberts, Dorothy E. 1996. Race and the new reproduction. *Hastings Law Journal* 47 (4): 935.
Roberts, Dorothy E. 2009. Race, gender, and genetic technologies: A new reproductive dystopia? *Signs* 34 (4): 783–804.
Robertson, John A. 1983. Procreative liberty and the control of conception, pregnancy, and childbirth. *Virginia Law Review* 69 (3): 405–464.
Robertson, John A. 1986. Embryos, families, and procreative liberty: The legal structure of the new reproduction. *Southern California Law Review* 59: 939–1041.
Rose, Nikolas. 2001. The politics of life itself. *Theory, Culture and Society* 18 (6): 1–30.
Rose, N., and C. Novas. 2005. *Biological citizenship*. Malden, MA: Global Assemblages, Blackwell.
Rothman, Barbara K. 1989. *Recreating motherhood: Ideology and technology in a patriarchal society*. New York: W.W. Norton.
Roy, Saurav. 2015. Trafficked tribal girls forced to conceive, deliver babies for sale. *Hindustan Times*. http://www.hindustantimes.com/india/trafficked-tribal-girls-forced-to-conceive-deliver-babies-for-sale/story-KEbZAB2au7Gyw9aspupTEI.html. Zugegriffen: 15 Aug. 2017.
Sallam, H.N. 2008. Infertility in developing countries: Funding the project. *Human Reproduction ESHRE Monographs* 97–101.
SAMA. 2012. Birthing a market: A study on commercial surrogacy, New Delhi: SAMA Resource Group for Women and Children.
Saravanan, Sheela. 2015. Global justice, capabilities approach and commercial surrogacy in India. *Medicine, Health Care and Philosophy* 18: 295–307.
Saravanan, Sheela. 2016. Humanitarian thresholds of the fundamental feminist ideologies: Evidence from surrogacy arrangements in India. *Analize—Journal of Gender and Feminist Studies*.

Sarojini, N.B., and Aastha Sharma. 2009. The draft ART (regulation) bill: In whose interest? *Indian Journal of Medical Ethics* 6 (1): 36–37.

Sartre, Jean-Paul. 2001. *Colonialism and neocolonialism*. New York: Routledge.

Shalev, Carmel. 1989. *Birth power: The case for surrogacy*. New Haven: Yale University. Press.

Sherlock, Ruth. 2016. Gay parents fight for custody with surrogate in Thailand. *The Telegraph*.http://www.telegraph.co.uk/news/2016/03/23/gay-parents-fight-for-custody-with-surrogate-in-thailand/. Zugegriffen: 15 Aug. 2017.

Sherwell, Philip. 2015. India surrogacy ban dismays British couples. *The Telegraph*. http://www.telegraph.co.uk/news/worldnews/asia/india/12001903/India-surrogacy-ban-dismays-British-couples.html.

Shultz, Marjorie M. 1990. Reproductive technology and intention-based parenthood: An opportunity for gender neutrality. *Wisconsin Law Review volume?* 297–398.

Subedi, Madhusudan. 2015. Contractual transaction: How renting a uterus makes the human body a commodity in Nepal. *Dhaulagiri Journal of Sociology and Anthropology* 9: 1–25.

The Guardian. 2016. Surrogate mother who sold same babies twice sentenced for fraud. *The Guardian*. https://www.theguardian.com/world/2016/mar/23/surrogate-mother-who-sold-same-babies-twice-sentenced-for. Zugegriffen: 15 Aug. 2017.

Times of India. 2010. Israeli gay case to hit surrogacy biz in India. *Times of India*. http://timesofindia.indiatimes.com/india/Israeli-gay-case-to-hit-surrogacy-biz-in-India/articleshow/5914884.cms. Zugegriffen: 15 Aug. 2017.

Times of India. 2011. Womb for sale debates surfaces in Nepal. *Times of India*. http://timesofindia.indiatimes.com/world/south-asia/Womb-for-sale-debate-surfaces-in-Nepal/. Zugegriffen: 15 Aug. 2017.

Times of India. 2012. Surrogate mother dies of complications. *Times of India*. http://timesofindia.indiatimes.com/city/ahmedabad/Surrogate-mother-dies-of-complications/articleshow/13181592.cms. Zugegriffen: 15 Aug. 2017.

Times of India. 2017. Almost 20,000 women, children trafficked in India in 2016: Government report. *Times of India*. http://timesofindia.indiatimes.com/india/almost-20000-women-children-trafficked-in-india-in-2016-govt-report/articleshow/57569145.cms. Zugegriffen: 15 Aug. 2017.

ToI. 2008. Baby Manji's Case throws up need for law on surrogacy. 25th August Times of India. https://timesofindia.indiatimes.com/india/baby-manjis-case-throws-up-need-for-law-on-surrogacy/articleshow/3400842.cms.Zugegriffen: on 25 Jan. 2025.

Vora, Priyanka. 2013. Indian couples seek 'white' donors for fair kids. *Hindustan Times*. http://www.hindustantimes.com/mumbai/indian-couples-seek-white-donors-for-fair-kids/story-ykVNvMJ7aPM4GPuGeBwpHL.html. Zugegriffen: 15 Aug. 2017.

WHO. 2016. Sexual and reproductive health: Multiple definitions of infertility. *World Health Organization*. http://www.who.int/reproductivehealth/topics/infertility/multiple-definitions/en/. Zugegriffen: 15 Aug. 2017.

Young, Robert J.C. 1995. *Colonial desire: Hybridity in theory, culture, and race*. London: Routledge.

Young, Robert J.C. 2003. *Postcolonialism: A very short introduction*. Oxford: Oxford University Press.

Zargar, Arshad R. 2016. India moves to ban surrogacy for potential foreign parents. *CBS News*. http://www.cbsnews.com/news/india-ban-surrogacy-potential-foreign-parents/. Zugegriffen: 15 Aug. 2017.

Ein feministischer Diskurs über Leihmutterschaft: Ansatz für reproduktive Rechte und Gerechtigkeit

3

Zusammenfassung

Feministinnen haben die Einbeziehung von reproduktiven Rechten wie die Verwendung von medizinischen Technologien für Abtreibung, Verhütung und sichere Geburt befürwortet und diese Bemühungen müssen gefeiert werden (ICPD-Aktionsprogramm in Kairo, Ägypten: Internationale Konferenz über Bevölkerung und Entwicklung. United Nations Population Funds, 1994; UNFPA in Investing in people: national progress in implementing the ICPD programme of action 1994–2004. United Nation Population Fund New York, 2004).In den letzten zwei Jahrzehnten haben jedoch Entwicklungen in der Reproduktionstechnologie und deren Verwendung für Praktiken wie geschlechtsselektive Abtreibungen und Schwangerschaftsverträge einige der Grundideologien herausgefordert, die der Feminismus grundsätzlich vertritt; Gleichheit (Strukturelle Ungleichheiten und Kommodifizierung in den Leihmutterschaftsmärkten werden ausführlich in den Kap. 4 und 5 diskutiert.) (sozioökonomisch, gesundheitlich, rechtlich), Freiheit (Wahlfreiheit, Autonomie) und Gerechtigkeit (sozial und reproduktiv). Liberale, die ARTs (assistierte Reproduktionstechnologien) unterstützen, argumentieren mit Pro-Choice, Selbstbestimmung über den eigenen Körper, Freiheit bei der Verwendung dieser Technologien als Frauenförderung und vertraglicher Freiheit (Inhorn und van Balen in Infertility around the globe: new thinking on childlessness, gender, and reproductive technologies. University of California Press, Berkeley, 2002; Zilberberg in Bioethics 21:517–519, 2007; Becker in The elusive embryo: how women and men approach new reproductive technologies. University of California Press, Berkeley, 2000; Roberts in Race and the new reproduction, 1996; Petchesky in Reprod Health Matters 3(6):152–161, 1995; Kishwar in Reprod Health Matters 1(2):113–115, 1993; Mies in Reprod Genet Eng 1(3):225–237, 1988). Feministinnen, die Reproduktionstechnologien wie

S. Suryanarayanan, *Ein transnationaler feministischer Blick auf die Biomärkte für Leihmutterschaft in Indien*, https://doi.org/10.1007/978-981-97-7944-4_3

Leihmutterschaft ablehnen, befürchten, dass Menschen, insbesondere Frauen, zu bloßen Körperteilen auf den blühenden globalen Märkten werden und dass Frauen sich unter Druck gesetzt fühlen könnten (Pfeffer in Reprod Biomed Online 23(5):634–641, 2011; Truong in ISS Working Paper Series/General Series 339:1–30, 2001; Gupta in New reproductive technologies, women's health and autonomy: freedom or dependency. Thousand Oaks, New Delhi, 2000; Shanley in Signs 18(3):618–639, 1993; Wichterich in The globalized woman: reports from a future of inequality. Spinifex Press, Melbourne, 2000; Roberts in Cyborg babies: from techno-sex to techno-tots. Routledge, New York, 1998; Rothman in Creighton Law Rev 25:1599–1616, 1992; Corea in The mother machine: reproductive technologies from artificial insemination. Harper and Row, New York, 1985). Das führt zu Kommodifizierung, Ausbeutung, entfremdeter Arbeit und Verleugnung der Subjektivität (Hassan in WSQ: Women's Stud Q 38(3):209–228, 2010; Dickenson in Property in the body: feminist perspectives. Cambridge University Press, Cambridge, 2007; Scheper-Hughes in Curr Anthropol 41(2):191–224, 2000; Sharp in Ann Rev Anthropol 1:287–328, 2000; Kimbrell in The human body shop the engineering and marketing of life, 1993; Swazey in Spare parts: organ replacement in American Society. Oxford University Press, Oxford, 1992; Raymond in Hastings Cent Rep 20(6):7–11, 1990). Wissenschaftler, Aktivisten und einige Anwälte haben den individuellen Ansatz der reproduktiven Rechte infrage gestellt, da er aus einer feministisch-sozialen Gerechtigkeitsperspektive Ungleichheiten übersieht (Donchin in Bioethics 24(7):323–332, 2010; Callahan und Roberts in A feminist social justice approach to reproduction-assisting technologies: a case study on the limits of liberal theory, 1996). Dieses Kapitel wirft einen kritischen Blick auf den liberal-feministischen Ansatz der reproduktiven Rechte, hauptsächlich auf der Grundlage eines Rahmens für reproduktive Gerechtigkeit.

Schlüsselwörter

Reproduktive und vertragliche Rechte · Handlungsfähigkeit · Entfremdung · Altruistische Leihmutterschaft · Verkörperung · Soziale Stereotype · Unfruchtbarkeit · Stratifizierte Reproduktion · Leihmutterschaft als Arbeit

Der liberale Feminismus stützt sich stark auf die liberale politische Theorie, die sich auf Rationalität, individuelle Autonomie und Wahlmöglichkeiten konzentriert (Shultz 1990; Robertson 1986). Das reproduktive Recht wird definiert als „das grundlegende Recht aller Paare und Einzelpersonen, frei und verantwortungsbewusst die Anzahl, den Abstand und den Zeitpunkt ihrer Kinder zu bestimmen und die Informationen und Mittel dazu zu haben" (ICPD-Aktionsprogramm, Absatz 7.3). Dies beinhaltet den Zugang zu Verhütung, Abtreibung und sicherer Geburt. Der Begriff der individuellen Autonomie ist analog zu dem Motto „Mein Körper, mein Eigentum" zu sehen. Dazu gehört auch die Option, Reproduktionstechniken frei zu nutzen sowie eigene Körperteile an Dritte zu verkaufen (Andrews 1986). Robertson (1983) definiert Fortpflanzungsautonomie als „die

Vorstellung, dass Individuen das Recht haben, das Leben zu wählen und zu leben, das sie als sinnvoll und erfüllend empfinden" (Robertson 1983: 230). Daher rechtfertigt Robertson (1983) jeglichen Einsatz von Technologie, der die reproduktiven Ziele des Paares verwirklichen würde. Dies ist ein utilitaristischer oder realisierungsbasierter Ansatz, der die Ziele eher als die Mittel in den Vordergrund stellt. Klassische Utilitaristen, Bentham (1982) und Mill (1989), zogen Analogien zwischen gerechtfertigten Handlungen und dem reinen Vergnügen. Utilitaristen konzentrieren sich auf Handlungen, die zu allgemeinem Glück (oder weniger Unglück) führen. Obwohl sie den Wunsch nach Freiheit äußern, sind Utilitaristen mehr an den Konsequenzen (allgemeines Glück) als an den Mitteln zu diesem Glück interessiert; das Paradigma ist, dass Frauen gleiche Rechte in Bezug auf Beschäftigungsmöglichkeiten, Bezahlung und in der politischen Arena haben sollten (Williams 1982). Dementsprechend lehnen einige Akademiker, Aktivisten, Anwälte und Mediziner das Verbot der Leihmutterschaft ab, da es nicht nur die Freiheit der Wunscheltern, sondern auch das Recht der Leihmutter einschränkt, jeden erdenklichen Vertrag einzugehen (Katz 1986; Andrews 1986; Shultz 1990; Robertson 1983, 1986). Raymond (1993) kritisiert die von Robertson definierte Fortpflanzungsfreiheit als institutionalisierte Kommodifizierung von Frauen, bei der Frauen und Kinder zu Objekten und Instrumenten werden, um die Ziele anderer zu erfüllen. Im Kontext von Indien, wo Frauen aufgrund von Armut der Leihmutterschaft zustimmen und neun Monate lang in Schlafsälen fernab von ihren Familien untergebracht sind, gibt es keine Wahlmöglichkeit, sondern nur eine Zwangslage. Shultz (1990) behauptet, dass Entwicklungen in den Reproduktionstechnologien, die persönliche Absicht und Erfüllung in Fortpflanzung und Elternschaft in den Vordergrund stellen, zeigen, dass solche Fortschritte ein gewisses Potenzial für weitere Veränderungen haben. Sie unterstützt eine individuelle Leihmutterschaft, damit diese die Entscheidungen der Männer anerkennt, fördert und verstärkt, während sie sich dennoch selbst widerspricht. Sie besteht darauf, dass absichtsbasierte Fortpflanzung geschlechtsneutral ist. Es wird angenommen, dass Technologien wie die Leihmutterschaft die individuelle Freiheit erhöhen, das eigene Schicksal zu kontrollieren, indem sie die Ideologie der Autonomie annehmen. Aber ironischerweise verlangen Leihmutterschaftsverträge von Frauen, die Kontrolle über ihren Körper zusammen mit ihrer reproduktiven Erfahrung und dem Baby an eine andere Person abzugeben. Das verstärkt die Geschlechtervoreingenommenheit. Obwohl sozioökonomische Unterschiede zwischen Wunscheltern und Leihmüttern ein universelles Phänomen sind, können diese Unterschiede in Entwicklungsländern noch deutlicher sein (Harrison 2016; Blyth 1994). Solange Individuen ARTs an ihrem eigenen Körper ertragen, ist die Philosophie „Mein Körper, meine Entscheidung" relevant. Wenn jedoch Individuen andere denselben physischen und psychischen Schmerzen und möglicherweise sogar dem Tod aussetzen, wie es bei der Leihmutterschaft der Fall ist, wird die Philosophie der Individualität hinfällig.

Die Internationale Konferenz über Bevölkerung und Entwicklung (ICPD) definiert das reproduktive Recht als das Recht auf Leben, Privatsphäre und Freiheit sowie das Recht des Individuums, aufgeklärte Entscheidungen über den eigenen Körper zu treffen, Anzahl und Abstand der eigenen Kinder zu bestimmen und frei von Zwang,

Diskriminierung und Gewalt zu leben. Diese Definition gibt Individuen nicht das Recht, in die Reproduktion einer anderen Person einzugreifen, um einen eigenen Kinderwunsch zu erfüllen. Eine weitere Klausel handelt von den Rechten des Einzelnen auf Nichtdiskriminierung und Gleichheit, wobei jegliche Voreingenommenheit aufgrund von Geschlecht, Rasse, Ethnie, Sprache, Religion, Behinderung und wirtschaftlichem Status verworfen wird. Die dritte Klausel bezieht sich auf die Rechenschaftspflicht in Bezug auf Gesundheit, Politik und Gesetze, einschließlich der Rechenschaftspflicht eines funktionierenden Justizsystems mit der Befugnis, Verstöße gegen sexuelle und reproduktive Rechte zu unterbinden. Diese reproduktiven Rechte richten sich an die Verantwortung des Staates, die Bürger vor staatlichen Eingriffen zu schützen, die die Menschenrechte verletzen könnten. Gemäß diesen Klauseln sollte der Staat nicht in das Recht auf Autonomie eingreifen, diskriminierende Praktiken beseitigen und positive Maßnahmen ergreifen, um sicherzustellen, dass jedem die gleichen Rechte in Gesetz und Praxis zugesichert werden. Es wird angenommen, dass nur der Staat in der Lage ist, die grundlegenden reproduktiven Rechte von Individuen zu verletzen, aber was ist mit Individuen, Kliniken oder Vermittlungsagenten, die Menschenrechte verletzen? Nicht nur der Staat, sondern auch Individuen sollten zur Verantwortung gezogen werden sowie sich gegen Diskriminierung und für die Gleichheit aller Menschen einsetzen. Individuen, die die Grundrechte anderer Menschen aufgrund von Geschlecht, Rasse, Ethnie, Sprache, Religion, Behinderung und wirtschaftlichem Status nicht einhalten, um sich ihren Reproduktionswunsch zu erfüllen, sollten für die Verletzung der Menschenrechte und der Würde verantwortlich gemacht werden.

Individuen benötigen reproduktive Rechte, aber nur mit einem Sinn für soziale Verantwortung. Es gibt jedoch keine Klausel der ICPD, die Individuen (Wunscheltern, Agenten) und Institutionen (Kliniken, Agenturen) daran hindert, sich an Diskriminierung und Verletzung der Menschenrechte zur Erfüllung individueller Reproduktionsrechte zu beteiligen. Die Frauenrechtskonvention CEDAW begrenzt die staatliche Einmischung in die individuellen Reproduktionsrechte; was aber, wenn solche Rechte soziale Gerechtigkeit und die Menschenrechte anderer behindern? Diese reproduktive Freiheit der Wunscheltern muss aus der Perspektive der Handlungsfähigkeit der Dienstleister und Suchenden auf dem ART-Markt, der Leihmütter sowie der Gameten- und Embryonenspender betrachtet werden. Im Kontext der Leihmutterschaft stehen die individuellen Rechte der Wunscheltern den Rechten einer Leihmutter auf Gleichheit, Nichtdiskriminierung und Würde gegenüber und sie verletzen ihre grundlegenden Menschenrechte, indem sie die Entscheidungsfähigkeit über ihren Körper begrenzen.

Stattdessen drängen Liberale mit der Durchsetzung von Leihmutterschaftsverträgen auf den Schutz der Beziehung zwischen Wunscheltern und Kind (Shultz 1990). Robertson (1986) bietet Lösungen zur Sicherung des Interesses der Wunscheltern und betont die Durchsetzbarkeit des Vertrags. Die erste Lösung ist demnach, dass die Leihmutter dazu verpflichtet werden sollte, dem Paar Schadenersatz für jeden Verlust oder jedes Leid zu zahlen, das das Paar ertragen müsste, wenn sie das Baby abtreiben würde; Schadenersatz sollte auch an das Paar gezahlt werden, wenn sie sich weigert, das Kind nach der Geburt abzugeben; weiterhin wäre sie als Treuhänderin des Embryos auch verpflichtet, das Sorgerecht bei der Geburt an das Paar zu übertragen. Dies klingt wie ein typisches Gerichtsurteil, bei dem alles mit einer Entschädigung geregelt wird. Es gibt Feministinnen, die bestätigt haben, dass Frauen für solche Verträge verantwortlich gemacht werden müssen. Eine solche Sichtweise berücksichtigt weder den sozioökonomischen Unterschied zwischen den Wunscheltern, den Ärzten und der Leihmutter noch die Komplexität der Geburtserfahrung von Frauen sowie die mögliche Wechselbeziehung zwischen Mutter und Fötus. Leihmutterschaft wird nicht als gemeinsame Fortpflanzung gesehen, sondern eher als Gerichtskampf, bei dem die Leihmutter als Angestellte betrachtet wird, deren Bedingungen durch den Vertrag festgelegt sind. Sie darf den Vertrag nicht verletzen, keine medizinischen Eingriffe ablehnen, den Fötus nicht gegen den Willen der Wunscheltern abtreiben, den Fötus fahrlässig schädigen und sich nicht weigern, das Baby abzugeben. Aber den Wunscheltern wird ein vollständiges Recht eingeräumt, sie zu einer Abtreibung zu zwingen. Daher basieren Leihmutterschaftsverträge auf ungleichen Marktregeln des Zugehörigkeitsgefühls und des Eigentums auf der Grundlage des genetischen Materials. Es gibt Anwälte, die das Eigentumsrecht der Wunscheltern an dem Baby unterstützen, auch wenn die Leihmutter genetisch mit dem Kind verwandt ist. Wie bei dem berüchtigten Fall von Baby M aus den USA, bei dem der Wunschvater das Sorgerecht erhielt, obwohl die Leihmutter sich weigerte, das Baby wegzugeben.

Vertragliche Rechte: Handlungsfähigkeit und Patriarchat

Der Begriff der individuellen Autonomie ist analog zu „Mein Körper, mein Eigentum" und umfasst die Möglichkeit, Reproduktionstechniken frei zu nutzen sowie die Möglichkeit, Körperteile an Dritte zu verkaufen (Andrews 1986). Die Rhetorik der Wahl „geht davon aus, dass der Körper einer Frau ihr gehört – dass sie ihn besitzt, kontrolliert und ihre eigenen Entscheidungen über ihren Körper, ihre Gesundheit und ihre Beziehung trifft" (Chrisler 2013). Katz (1986) unterstützt die traditionelle Leihmutterschaft, weil sie eine biologische Beziehung des Kindes zum Vater garantiert, die Möglichkeit bietet, eine Leihmutter aufgrund von Merkmalen oder Phänotypen auszuwählen, und eine feste Wartezeit zur Erlangung des Kindes bieten kann. Allerdings wird nicht immer eine biologische Verbindung gesucht. Die Möglichkeit, den Phänotyp der Leihmutter auszuwählen, verstärkt Rassismus. Auch könnte die regelmäßige Periode eine Illusion sein und Unsicherheiten bieten, wie bei jeder anderen Schwangerschaft auch. Shalev (1989) argumentiert, dass die Leihmutter ein autonomer Akteur ist und für die Konsequenz ihrer autonomen Entscheidung, ein Kind für jemand anderen zu bekommen, verantwortlich gemacht werden sollte. Daher sollte sie auch wie jeder andere Mensch für ihren Vertrag verantwortlich gemacht werden. Nicht an ihren Vertrag gebunden zu sein, impliziert ihre Inkompetenz und Unfähigkeit, aufgrund ihres biologischen Geschlechts als rationaler Akteur zu handeln (Shalev 1989). Shanley (1993) hinterfragt die Gewissheit über die freiwillige und aufgeklärte Zustimmung der Frauen. Die Selbstidentität von Körper und

Geist wird auch als soziale Einheit gesehen. In Indien ist die soziale Identität wichtiger als das individuelle Selbst, wobei der Körper selbst als geteilte Einheit verstanden wird. Reddy und Patel (2015) weisen darauf hin, dass „Mein Körper, mein Eigentum" auch kulturell kontextualisiert werden muss, insbesondere wenn Frauen ungerechte Leihmutterschaftsverträge eingehen, weil sie keine andere Möglichkeit haben, Geld zu verdienen. Die meisten Frauen, die sich in Indien an der Leihmutterschaft beteiligen, tun es aus finanziellen Gründen und diese Motivation ist eine Einschränkung (Rudrappa und Collins 2015; Pande 2010; Vora 2009; SAMA 2012; Saravanan 2015). Dieser Kontext zeigt sich in der sozialen Realität, dass nur 28,1 % der verheirateten Frauen in Indien Entscheidungen über ihre eigene Gesundheit treffen (Senarath und Gunawardena 2009). Autonomie wird als wesentlich bei der Entscheidung über eine Reihe von Gesundheitsmaßnahmen angesehen, beginnend mit der Suche nach einer Gesundheitsversorgung und der Nutzung verfügbarer medizinischer Einrichtungen bis hin zur Auswahl von Behandlungsoptionen. Im ländlichen Indien entscheiden mehr als die Hälfte (55,6 %) der Frauen nicht über ihre eigene Gesundheitsversorgung (Mistry et al. 2009). Die Autonomie der Frauen bei der Entscheidungsfindung ist positiv mit ihrem Alter, ihrer Beschäftigung und der Anzahl der lebenden Kinder verbunden. Arme Familien neigen auch dazu, Mädchen zu Hause zu behalten, um sich um jüngere Geschwister zu kümmern oder in Familienunternehmen zu arbeiten. Frauen in Indien setzen sich möglicherweise bei grundlegenden Menschenrechten wie Bildung, Recht auf Heirat (wann und wen) und Gesundheitsversorgungseinrichtungen nicht durch, insbesondere Frauen, die eine geringere Bildung haben, und so werden sie zu Leihmüttern.

Aufgeklärte Zustimmung: Indien

Im Kontext der Leihmutterschaft in Indien sagte die Vorsitzende der Nationalen Kommission für Frauen, Lalitha Kumaramangalam, dass es keine aufgeklärte Zustimmung in der Leihmutterschaft gibt; der einzige Grund, warum sie (die Frauen, unterstützt von ihrer Familie) daran teilnehmen, ist Armut, das ist ihre einzige Wahl (NDTV 2015). Indien wurde zu einem klassischen Fall mit weit verbreiteten Verstößen von Kliniken gegen die medizinische Ethik, wo die Leihmutterschaft innerhalb eines freizügigen Paradigmas ungeregelt war. Aufgrund einer ineffektiven Umsetzung florierte parallel ein Leihmutterschaftsschwarzmarkt. Die kommerzielle Leihmutterschaft ist in Indien seit September 2015 verboten, seitdem ist nur noch die altruistische Leihmutterschaft erlaubt. Es stellt sich dabei die Frage: Ist ein Individuum rein abstrakt, dessen Denken „unbeeinflusst/unberührt von entweder dem empirisch-psychologischen Ego oder dem empirisch-biologischen Körper" ist (Jaggar und Struhl 1978; Scheman 1983)? Jaggar und Struhl (1978) und Scheman (1983) haben daher die liberal-feministischen Vorstellungen als individualistisch kritisiert. Wendell (1987) unterstützt individuelle Rechte, indem sie argumentiert, dass die abstrakte Interpretation die liberal-feministische Philosophie missversteht und behauptet, dass individuelle Rechte keinen individualistischen

Ansatz zur Moral und Gesellschaft nehmen. Nach Wendell ist eine egoistische Person jemand, der mehr als seinen oder ihren fairen Anteil an einer Ressource nimmt. Die Erfüllung der individuellen Reproduktionsfreiheit ist eine Sache und Individualismus ohne Rücksicht auf soziale Verantwortung ist eine andere. Carmel Shalev, eine Akademikerin und Feministin aus Israel, kommentierte in dem Dokumentarfilm *Future Baby* „Diese (reproduktiven Rechte) waren private Entscheidungen; daher wurde staatliches Eingreifen in diese abgelehnt. Das Recht, Elternteil zu sein, ist ein positives Recht. Aber in letzter Zeit verwandelt sich dies in eine extreme Version des Verbraucherrechts, zugänglich für die Reichen. Es geht schnell von ‚einem Wunsch' zu ‚einem Verlangen' zu ‚einem Bedürfnis' zu ‚einem Recht' und ‚einem Anspruch' über" (Arlamovsky 2016).

Die Leihmütter in Indien werden dazu gebracht, die Gesundheit des Kindes über ihre eigene zu stellen und einen Vertrag zu unterzeichnen, dass im Falle eines unvorhergesehenen Ereignisses dem Kind Vorrang gegeben wird. Frauen wird auch immer wieder in Erinnerung gerufen, dass das in ihnen wachsende Baby jemand anderem gehört und abgegeben werden muss. Indische Frauen sind dafür bekannt, ihre Familie über ihre eigenen Bedürfnisse zu stellen. Gayatri, eine Leihmutter meiner Studie, antwortete auf die Frage, ob sie die Leihmutterschaft wiederholen würde: „Ja, ich habe einmal so viel Elend durchgemacht (durch die Teilnahme an der Leihmutterschaft) nur um meiner Kinder willen und ich bin bereit, es wieder zu durchleben, um etwas mehr Geld für die Ausbildung meines Kindes zu sparen" (Saravanan und Ranadive 2010). Die Autorität über ihren Körper zu haben, mag ein Ausdruck von **Handlungsfähigkeit** sein, aber die Art und das Ausmaß dieser Handlungsfähigkeit hängen von ihren sozialen Umständen ab. Im Kontext von geschlechtsselektiven Abtreibungen sprachen Frauen in Mira Nairs Film *Children of Desired Sex* ähnlich über den wiederholten Druck, weibliche Föten abzutreiben, und sie sagten: „*indem ich das tue, werde nur ich leiden, aber andere werden glücklich sein*" (Petchesky 1995: 402). Sie stellt zu Recht die Frage: Wenn die Identität und Verkörperung von Frauen so sehr in Verwandtschafts- und patriarchalischen Strukturen aufgelöst sind, wie kann die Idee von „*Mein Körper gehört mir*" rational Sinn machen (Petchesky 1995)? Obwohl nicht alle Frauen als homogene Gruppe gesehen werden können, ist es wichtig zu verstehen, dass Frauen mit solchen Identitäten und Verkörperungen jede Klasse und Region in Indien durchschneiden. Als Individuum, das in einer mittelständischen tamilischen Familie in Mumbai aufgewachsen ist, gehörte mein Körper nicht mir, ich war frei, solange meine Bestrebungen auf Bildung und Beschäftigungsziele beschränkt waren, während Ehe, sexuelle Freiheit und sogar reproduktive Rechte nicht in diese Freiheit eingeschlossen waren, sondern streng durch familiäre und gesellschaftliche Werte begrenzt waren.

Leihmütter in Indien erleben eine dreifache Entfremdung, die sie an verschiedene Formen institutionalisierter Wahllosigkeit bindet; eine Form der Entfremdung ist Armut und Ungleichheit, die sie zur Leihmutterschaft motiviert, gefolgt von einer räumlichen Entfremdung, bei der sie in Leihmutterheimen fernab ihrer Familie unter restriktiven Bedingungen leben sollen, nur zur Zucht für die Wunscheltern. Dort sind sie gezwungen, zu denken, zu essen und sich entsprechend den Anforderungen der Wunscheltern zu verhalten, während das Baby in ihnen heranwächst; und schließlich müssen sie sich vom Säugling selbst entfremden, um Distanz zu wahren (Hochschild 2011; Saravanan 2010; Vora 2009, 2010, 2013; Majumdar 2014). Diese Dystopie der segmentierten Reproduktion ähnelt der, die Margaret Atwood in ihrem Buch *The Handmaid's Tale* beschrieben hat sowie Gena Coreas Aufteilung der reproduktiven Arbeit (Corea 1985). In Atwoods Buch ist keine Frau vollständig, alle Frauen sind auf Teile ihrer selbst reduziert (Atwood 1985). Diese Form der Entfremdung hat sowohl physische als auch psychologische Auswirkungen, nicht nur auf die Leihmütter, sondern auch auf ihre Familie und ihre Kinder, die wissen, dass ihre Mutter/Frau/Schwiegertochter für das Wohlergehen der Familie eine extrem traumatische physische und psychologische Erfahrung durchmacht. Die Frauen können von mächtigeren Familienmitgliedern zu dieser Praxis gezwungen werden und können auch mit der Hoffnung gezwungen werden, mehr Respekt und Liebe in der Familie zu erlangen, was sowieso ihr Recht wäre. Ähnlich wie bei der Diskussion über die segmentierte Reproduktion beobachtet Scheper-Hughes (2000), dass die Organtransplantation in zwei ungleiche Bevölkerungsgruppen aufgeteilt wurde – die Organempfänger und -spender. Die Spender sind die anonymen, diskreditierten Lieferanten von Ersatzteilen, während die Empfänger die geschätzten Patienten (vergleichbar mit den Wunscheltern) sind, die als leidende moralische Subjekte gelten und nahezu unbestrittene Eigentumsrechte an den Körperteilen der Armen erhalten, ob lebend oder tot.

Verherrlichung der Entfremdung

Einige Wissenschaftler haben die Fähigkeit von Frauen, sich von dem in ihnen wachsenden Baby zu entfremden, als befreiende Handlung verherrlicht, die begründet, dass Frauen nicht emotional sind. Ein System jedoch, das von der Leihmutter erwartet, jegliche Emotion oder Bindung an den in ihr wachsenden Fötus abzublocken, während die genetischen Verbindungen als überlegen betrachtet werden, ist eine Form von entfremdeter Arbeit, Objektivierung, Kommodifizierung und Verleugnung der Subjektivität (Saravanan 2010, 2013; SAMA 2012; Tieu 2009; Berkhout 2008; Van Niekerk und Van Zyl 1995). Eine Leihmutter zu verpflichten, schon vor der Schwangerschaft über ihre Ausdrucksformen der Elternschaft, während und nach der Geburt, zu entscheiden, unterdrückt jegliche Gefühle, die möglicherweise während der Schwangerschaft oder Geburt gegenüber dem Kind aufkommen könnten. Diese Form der Entfremdung gibt anderen auch die Macht, sie schuldig zu sprechen, wenn sie davon abweicht. (Pateman 1988). Wie Anderson fragte: „Was ist, wenn sie trotz ihrer anfänglichen Absichten feststellt, dass sie ihr eigenes Kind zu lieben beginnt?“ (Anderson 2000: 27). Daher verletzen einige der Argumente, die die Stärkung der Frau als Leihmutter betonen sollen, die Integrität der Frau, wenn sie eine Bindung zum Kind entwickelt. Es ist wissenschaftlich nachgewiesen, dass die Beziehung zwischen Mutter und Kind nicht vollständig entfremdet werden kann, und es ist eine bekannte Tatsache, dass Zellen während der Schwangerschaft wandern und dieser Austausch nicht nur von der Mutter zum Fötus, sondern auch vom Fötus zur Mutter stattfindet (Dawe et al. 2007). Das bedeutet grundsätzlich, dass Babys und Leihmütter während der Schwangerschaft DNA-(Desoxyribonukleinsäure-) Material austauschen. Es gibt eine Debatte unter Forschern, ob DNA als genetisches Material akzeptiert werden kann oder nicht. Wenn sie akzeptiert wird, dann sollten alle Leihmütter als Geburtsmütter betrachtet werden, und die gesamte Definition der Leihmutterschaft und die Beschreibungen von Gebärmüttern als Behältern wären dann fragwürdig. Darüber hinaus können das Auslöschen einer Geburtsmutter aus ihrer mütterlichen Identität und das Verweigern solcher Rechte innerhalb von Leihmutterschaftsverträgen nur unter dem Deckmantel des Patriarchats möglich sein (Cornell 1998). Die Leihmütter in Amrita Pandes Studie in Indien fühlten eine starke Blutsverwandtschaft mit den Kindern, die sie geboren hatten, und dies wurde auch in meiner Studie offenbart, in der eine Mutter kommentierte: „Das Kind ist ihres, aber das Blut ist meines."

Vor mehreren Jahrzehnten unterstützte Shultz (1990) die individuelle Autonomie, da es keine Grundlage für Beweise eines sozialen Schadens in der Praxis der Leihmutterschaft gab. Inzwischen gibt es genügend Belege, insbesondere aus Übergangsgesellschaften wie Indien, Nepal, Thailand, Kambodscha und Mexiko, dass Leihmutterschaft eine systematische Ausbeutung von strukturellen Ungleichheiten bedeutet und Menschenrechte sowie die Körper und die Integrität von Frauen verletzt werden (Saravanan 2015, 2016; Whittaker 2011; Subedi 2015; DasGupta und DasGupta 2014; SAMA 2012; Rotabi et al. 2015). Die Praxis der Leihmutterschaft in Ländern wie Indien ist in strukturellen und sozioökonomischen Ungleichheiten verankert. In Leihmutterschaftsverträgen besitzen die Wunscheltern die Gameten (selbst oder gespendet) und den Körper der Frau vorübergehend und schließlich das Baby, das sie trägt. Mehrere Autoren haben ethische Fragen zur Ausnutzung der sozialen und wirtschaftlichen Verletzlichkeit von Frauen in Indien und zur kommerziellen Ausbeutung ihrer reproduktiven Kapazität aufgeworfen. Dr. Nayana Patel sagt, „wenn jemand eine Dienstleistung erbringt und die andere Person bereit ist, ihr den Betrag zu zahlen, und wenn sie verständige Erwachsene sind, die einen Vertrag eingehen, sehe ich hier den Begriff der Ausbeutung nicht als anwendbar" (NDTV 2015). Leider handelt es sich nicht nur um Ausbeutung, sondern um eine eklatante Verletzung der Menschenrechte, die im Prozess der Leihmutterschaft in diesen Kliniken stattfindet (Saravanan 2015)

Nichteingriff des Staates in die Privatsphäre. Altruismus und Autonomie neu betrachten

Die feministische Position, die den Zugang von Frauen zu und die Nutzung von Reproduktionstechnologie unterstützt, konzentriert sich auf die persönliche Erfahrung der Unfruchtbarkeit (Sandelowski et al. 1990). Das Argument aus dieser Perspektive ist, dass der Staat nicht das Recht haben sollte, in den Willen einer Frau zur Leihmutterschaft einzugreifen. Liberale Feministinnen haben sich hauptsächlich auf die Reproduktionsziele konzentriert, staatlich auferlegte Geschlechterunterschiede zu beseitigen und den

Staat daran zu hindern, die individuelle Wahl zu beschränken. Diese Entscheidungen wurden definiert, um Individuen mit Dienstleistungen und Informationen zur Entscheidungsfindung in Bezug auf die Fortpflanzung zu unterstützen; jedoch sind diese Entscheidungen nicht nur persönlich oder individuell, wenn eine andere Person beteiligt ist. Sie wirken sich sozial aus und beeinflussen die globale reproduktive Gerechtigkeit, indem sie transnationale strukturelle und geschlechtsspezifische Ungleichheiten nutzen. Es wurde auch darauf hingewiesen, dass das Verbot der Leihmutterschaft auch als Neokolonialismus anzusehen ist, da es die Handlungsfähigkeit von Eizellspenderinnen und Leihmüttern leugnet (Fulfer 2017). Durch das Verbot der Leihmutterschaft problematisieren Wissenschaftler die Dominanz über die Entscheidungen der Frauen, aber durch die Zulassung der Leihmutterschaft wird die Dominanz nicht nur über die Leihmutter, sondern auch über das ungeborene Kind ausgeübt. Es wird grundsätzlich angenommen, dass das Kind seine genetischen Gestationswurzeln nicht wissen wolle. Dworkin (1983) stellt fest, dass es „der Staat (ist, der) die soziale, wirtschaftliche und politische Situation konstruiert hat, in der der Verkauf einiger sexueller oder reproduktiver Kapazitäten notwendig (wird) für das Überleben von Frauen. Der Staat verweigert Frauen eine Vielzahl anderer Möglichkeiten, von der Bildung über die Jobs bis hin zu den gleichen Rechten vor dem Gesetz." Es ist der Eingriff des Staates in den Verkauf ihres Körpers für Sex oder eine geschlechtsspezifische Fähigkeit, die eine Verteidigung ihres Willens und ihres Rechts provoziert hat; es sollte ein stärkerer Fokus darauf gelegt werden, Frauen die grundlegenden Ansprüche und Menschenrechte zu gewähren, damit sie ihren Körper gar nicht erst verkaufen (Dworkin 1983).

Einige Wissenschaftler unterstützen den Altruismus, während sie gegen kommerzielle Leihmutterschaft sind (Kuchroo 2016). Andrew (1989) stellt dazu die Frage „warum werde ich ausgebeutet, wenn ich bezahlt werde und nicht, wenn ich nicht bezahlt werde?". Dieses Argument setzt voraus, dass Zahlungen nur auf kommerzielle Leihmutterschaftsverträge beschränkt sind. Dr. Nayana Patel stellte in einer Fernsehdebatte klar, dass „sogar (bei altruistischer Leihmutterschaft) innerhalb der Familie eine Zahlung in bar oder in Naturalien erfolgt. Jemand hat ein Haus gekauft, jemand hat ein Auto gegeben, jemand hat ein Diamantset gegeben. Auch bei der altruistischen Leihmutterschaft ist es noch nie vorgekommen, dass die Wunscheltern nichts für die Leihmutter getan haben" (NDTV 2015). Dr. Nayana Patel erklärte ebenfalls in einer Fernsehdebatte in Indien: „Niemand wäre bereit, ohne Geld für jemand anderen eine Leihmutterschaft zu übernehmen, von den 1120 Babys, die in meiner Klinik durch Leihmutterschaft geboren wurden, waren nur 25 innerhalb der Familie und sie waren nicht kostenlos." Dennoch wurde das altruistische Motiv von vielen Wissenschaftlern, die die Leihmutterschaft unterstützen, verherrlicht. Wenn Altruismus das Hauptmotiv für die meisten Leihmutterschaftsverträge wäre, gäbe es in Großbritannien einen Überschuss an Leihmüttern und in Indien einen Mangel an Frauen, die bereit sind, dies zu tun. In ähnlicher Weise unterstützt Andrews (1989) die Bezahlung für Leihmutterschaft, weil sie wie jeder andere Dienst sei, wie zum Beispiel das Babysitting. Die Nichtbezahlung für Leihmutterschaft setzt sie mit unbezahlter Hausarbeit gleich. Ein Bezahlungsverbot für Leihmutterschaft würde die Definitionsmacht des Staates stärken, was eine legitime oder illegitime Fortpflanzung sei, während die Bezahlung die rechtliche Autorität einer Frau anerkennen würde, Entscheidungen bezüglich der Ausübung ihrer Fortpflanzungsfähigkeit zu treffen (Shalev 1989). Theoretisch mag dies wie ein logisches Argument klingen, aber in praktischer Hinsicht ist es unzureichend, um die Komplexität dieser Praxis zu erfassen. Es wurde beobachtet, insbesondere in Ländern wie Indien, Thailand, Nepal, dass Frauen, die dringend Geld benötigen, ihre Fortpflanzungsfähigkeiten den Kliniken, Vermittlungsagenten, Familienmitgliedern und allen, die an dem Prozess beteiligt sind, zur Verfügung stellen, unabhängig davon, ob der Prozess altruistisch oder kommerziell ist, und so die Bedürfnisse der Elite befriedigt werden (siehe Kap. 4). Einige könnten argumentieren, dass Forscher mit diesen Beobachtungen in eine Dichotomie von Mächtigen/Ohnmächtigen geraten. Aber die Verherrlichung der Handlungsfähigkeit von Frauen, wenn fast die Hälfte der Frauen in Indien nicht an Entscheidungen bezüglich ihres eigenen Körpers beteiligt ist und keinen Zugang zur Gesundheitsversorgung hat, würde uns zu dem führen, was Amrita Banerjee als reduktiven Fehlschluss bezeichnet hat (Banerjee 2011). Das Manko liberaler Argumente besteht darin, die Individualität über den symbolischen Körper und seine Verbundenheit mit der menschlichen Existenz zu priorisieren.

Das indische Unionskabinett hat zwischenzeitlich den Leihmutterschafts-(Regulierungs-)Gesetzentwurf von 2016 gebilligt, wonach kommerzielle Leihmutterschaft vollständig verboten ist und Ausländer keinen Zugang zur Leihmutterschaft in Indien mehr haben. Eine altruistische Leihmutterschaft ist nur für bedürftige, verheiratete indische Paare mithilfe von nahen Verwandten als Leihmüttern erlaubt. Dieses teilweise Verbot der Leihmutterschaft in Indien und auch in Thailand hat einige Grauzonen; die Verherrlichung der altruistischen Leihmutterschaft ebnet den Weg für eine Ausbeutung, und das gegenwärtige selektive Verbot diskriminiert bestimmte Gruppen von Menschen in der Gesellschaft. Es ist hinlänglich bekannt, dass auch bei der altruistischen Leihmutterschaft Geldtransfers geleistet werden. Frühere Erfahrungen aus anderen Ländern, wie Großbritannien, zeigen, dass erhebliche Beträge im Namen von medizinischen Rechnungen überwiesen werden, was sowohl für die Wunscheltern als auch für die Leihmütter ausbeuterisch sein kann. Altruistische Leihmutterschaft kann Frauen ausbeuten, die möglicherweise von anderen Familienmitgliedern abhängig sind. Leihmutterschaft zwischen Familienmitgliedern macht die Praxis nicht weniger ausbeuterisch als kommerzielle Leihmutterschaft. Altruistische Leihmutterschaft innerhalb von Familien „romantisiert die Familie als den vorrangigen Ort für Schutz" (Raymond 1993: 54). Es ist weltweit bekannt, dass die meisten Formen von Missbrauch innerhalb enger Familien und Freundeskreise stattfinden. Frauen in Indien neigen dazu, die Bedürfnisse und Prioritäten anderer über ihre eigenen zu stellen. Das wurde auch bei Leihmüttern deutlich, die ihr Leben für das Wohl der Familie opfern wollten (Saravanan 2013). Durch die altruistische Leihmutterschaft können Frauen innerhalb der erweiterten Familie ausgenutzt werden, um die Fortpflanzungsbedürfnisse ihrer wohlhabenden Verwandten zu erfüllen, während Frauen, die sich weigern, möglicherweise Ausgrenzung erfahren. Radikal-sozialistische Feministinnen haben die altruistische Leihmutterschaft als Mitgefühlsfalle kritisiert, in der Unfruchtbarkeit als verzweifeltes Bedürfnis dargestellt wird (Tong 2009) und ein Appell an großzügige, liebevolle, altruistische Frauen gerichtet wird, um das Geschenk der Liebe, ein Bündel Freude, an trauernde, einsame und kinderlose Paare zu geben. Allerdings wird von denselben liebevollen Frauen, von denen Altruismus gegenüber den Wunschpaaren erwartet wird, gefordert, dass sie nach der Geburt sehr großzügig alle Bindungen zum Kind für den Rest ihres Lebens durchtrennen. Dementsprechend werden in Indien Frauen, die unterwürfig sind, ausgewählt, während durchsetzungsfähige Frauen abgelehnt werden (Saravanan 2015). Es wurde beobachtet, dass Frauen, die sich für die Leihmutterschaft entschieden, ein schlechtes Gewissen haben, weil sie abgetrieben hatten oder ein Kind zur Adoption freigegeben hatten, oder weil sie ihr Selbstwertgefühl durch diese humanitäre Tat steigern wollten. Für beide Motivationen wäre eine Unterstützung, wie zum Beispiel eine psychologische Betreuung angebracht, anstatt einer Leihmutterschaft, die noch weiteren psychischen Schaden verursachen könnte.

Marxistische und radikale Feministinnen kritisieren, dass der niedrigere sozioökonomische Status von Leihmüttern und Prostituierten Frauen dazu treibt, sich biologisch zur Verfügung zu stellen, da dies ihr wertvollster Besitz ist (Tong 2009). Bei ihrer Wahl zwischen zwei Übeln – arm zu sein und ausgebeutet zu werden – mag sie ein Übel wählen, damit sie das andere Übel überwinden kann. Auch wenn Klassenunterschiede in Indien sichtbarer sind, werden Leihmütter auf der ganzen Welt, auch für eine altruistische Leihmutterschaft, eher ausgewählt, wenn sie ärmer sind und Geld benötigen. Und wenn Frauen bereit sind, dasselbe für ein Drittel der Kosten in weniger entwickelten Ländern zu tun, warum sollte es dann in solchen Ländern keinen florierenden Markt dafür geben? Radikale Feministinnen sagen zusätzlich, dass Frauen sozialisiert werden, um reproduktive und sexuelle Wünsche als eine Frage der Pflicht und des Stolzes zu erfüllen. Frauen in Indien nehmen die Leihmutterschaft als einzige Wahl an, um ihre Familien aus dem Teufelskreis der Armut zu befreien. Tatsächlich gibt es in Ländern wie Indien einen Überschuss an Frauen, die Leihmütter werden wollen. Die Verkörperung von Wert und Belohnung, die Frauen in Indien als eine Form von Handlungsfähigkeit innerhalb des Leihmutterschaftsprozesses erleben, wird in den Kap. 4 und 5 ausführlich diskutiert. Ein großer Teil der Menschen hat keinen Zugang zu grundlegenden Bedürfnissen wie Nahrung, Energie, Wohnen, Trinkwasser, Sanitärversorgung, Gesundheitsversorgung, Bildung und sozialer Sicherheit, um einen anständigen Lebensstandard erreichen zu können. In dieser Situation des bloßen Überlebens besteht ihre Wahl zwischen Armut oder Leihmutterschaft. Ein ähnlicher Überschuss an Leihmüttern wird in wohlhabenden Ländern wie Großbritannien, die eine altruistische Leihmutterschaft erlauben, nicht beobachtet. Proteste müssen darauf abzielen, die grundlegenden Bedürfnisse der Menschen in Übergangsgesellschaften wie Indien zu verbessern. Jede Aktivität, die die Würde oder Integrität einer Person verletzt und wirtschaftliche Ausbeutung beinhaltet, wird nicht als verfassungsmäßiges Recht betrachtet (Raymond 1993). Sie stellt fest, dass die Betrachtung von Reproduktionstechnologien und Verträgen als Wahl der Frau aus einer westlichen Ideologie der individuellen Freiheit hervorgeht. Der westliche Individualismus, der in der liberalen Theorie verankert ist, treibt den liberalen Feminismus an. Er stützt sich auf eine universalistische Moral, die kontextuelle strukturelle Ungerechtigkeiten, die sich in Armut und Entbehrung manifestieren, missversteht. Allerdings führt auch eine Überkontextualisierung zu extremer Polarisierung und es muss ein Gleichgewicht zwischen dem Heran- und Herauszoomen aus Situationen geben.

Robertson (1986) befürchtet, dass Gesetze, die den Bedürfnissen der Nachkommen nach Kenntnis ihrer Wurzeln gerecht werden, die Geburt zukünftiger Kinder durch gemeinschaftliche Vereinbarungen wie Leihmutterschaft verhindern könnten. Er sagt, eine entwurzelte Existenz wäre vorzuziehen, als überhaupt nicht geboren zu werden. Er stellt auch die Privatsphäre des Spenders oder der Leihmutter über die des Kindes. Genau aus diesem Grund schlug Radin (1995) Babyverkauf und Leihmutterschaft als zwei der drei Formen von Arbeit vor, die nicht auf Märkten gehandelt werden sollten, und prägte den Begriff „Markt-Unveräußerlichkeit".

Das Konzept des Individuums ist eine isolierte Einheit, während Leihmutterschaftsverträge in sozialen Beziehungen und Verkörperungen eingebettet sind, die nicht vertraglich regelbar sind (Held 1987). Scheper-Hughes und Locks (1987) achtsamer Körper dekonstruiert die Verkörperung in drei Perspektiven: wie sie phänomenal vom individuellen Körper-Selbst erlebt wird; als sozialer Körper, ein Symbol für soziale/strukturelle Beziehungen zwischen Natur, Gesellschaft und Kultur sowie als politischer Körper, ein Artefakt sozialer und politischer Kontrolle. Scheper-Hughes' jüngere Arbeit konzentriert sich auf den Handel mit menschlichen Organen auf globalen Märkten, gesundheitliche Ungleichheiten, die Verkörperung sozialer Kräfte und die Kommodifizierung menschlicher Körper (Scheper-Hughes 2000). Youngs (2005) schwangere Verkörperung untersucht die verkörperte Erfahrung von: Unfruchtbarkeit, der schwangeren Person, einer Beziehung zwischen dem Selbst und dem Embryo-Fötus-kommenden Kind. Douglas' (1970) Körper ist ein Symbol zum Verständnis der sozialen Interaktion zwischen dem Selbst und der Gesellschaft; Roses (2001) Biopolitik bezieht sich auf eine Risikopolitik mit einem Fokus auf biologische und genetische Merkmale, die menschliche (Un)fähigkeiten bestimmen. Daher ist das Konzept „Mein Körper gehört mir" unzureichend, um den Körper in seiner gesamten Komplexität zu verstehen.

Katz (1986) beschreibt Verkörperung als freien Willen, aber begrenzt auf das Ausmaß der Unterzeichnung des Leihmutterschaftsvertrags. Einige Wissenschaftler betonen die Verkörperung zwischen der Leihmutter und der Wunschmutter als schwesterlich, die Leihmutter mit dem Fötus lediglich als inkubatorisch, eine Verkörperung mit dem geborenen Kind wird kaum erwähnt (Teman 2010; Pande 2014). Aber die Verkörperung hat viele Schichten und ist weit komplexer als das Unterzeichnen des Vertrags. Diejenigen, die altruistische Leihmutterschaft unterstützen, argumentieren mit einem begrenzten Körper-Geist-Verständnis von Verkörperung. Es werden aber auch andere Formen von Verkörperung beobachtet. Viele indische Studien ergaben, dass Leihmütter eine mütterliche Verkörperung gegenüber dem Baby in ihrem Bauch fühlten und auch eine Verbindung des Blutes (Pande 2014). Zusätzlich erzählten mir in meiner Studie einige Leihmütter, dass sie andere Leihmütter beobachtet hätten, die eine Abneigung gegen die gesamte Idee der Leihmutterschaft aus einer finanziellen Zwangslage heraus empfinden (siehe Kap. 5); dies kann psychologisch schädlich sowohl für die Leihmutter als auch für den Fötus sein. Die Klinik besteht darauf, dass Leihmütter ihre Zeit im Leihmutterheim mit dem Lesen religiöser Texte verbringen. Nach Meinung der Klinik hält das ihren Geist mit den Prinzipien des guten Karmas beschäftigt, und es wird dabei versucht, eine weitere Ebene von Regeln aufzuerlegen, um ihre Gedanken zu kontrollieren.

Es ist bekannt, dass Unfruchtbarkeit als Selbstwertgefühl/Identität neben Gefühlen von Hoffnung, Erwartung, Wertlosigkeit, (Un)zufriedenheit mit dem Leben, Ärger/Ressentiment, Trauer/Depression, Angst/Stress, Neid/Isolation, einen Mangel an persönlicher Kontrolle und einen Verlust des Traums von der Miterschaffung insbesondere bei Frauen hervorrufen kann, die bis zu 20 Jahre nach Beendigung der Behandlung anhalten (Wirtberg et al. 2007). Eine soziale Stigmatisierung bei Unfruchtbarkeit ist ein universelles Phänomen; in industrialisierten Gesellschaften wird es als stilles Stigma erlebt, während es in anderen Kulturen vielleicht nicht so verborgen ist (Greil et al. 2010). In extremen Fällen kann Unfruchtbarkeit zum Scheitern einer Ehe, zu physischem oder emotionalem Missbrauch, sozialem Exil und Armut führen (Inhorn 2009). Diejenigen, die einige dieser Emotionen erleben, insbesondere Frauen, suchen obsessiv Behandlungen, um den Zustand der Kinderlosigkeit zu beheben und eine kulturelle Norm zu erfüllen (Whiteford und Gonzalez 1995; Schroeder 1988). Frauen neigen dazu, Unfruchtbarkeit als größere Tragödie als ihre männlichen Partner zu betrachten und fühlen sich stärker stigmatisiert. Sie neigen auch dazu, eine größere physische Belastung zu tragen, da ihre Körper invasiven Unfruchtbarkeitsbehandlungen unterzogen werden, selbst wenn die pathologische Ursache bei den Männern liegt (Whiteford und Gonzalez 1995; Sandelowski 1991). Obwohl männliche Unfruchtbarkeit weltweit für mehr als die Hälfte der Fälle verantwortlich ist, konzentriert sich die Forschung auf Frauen und wird sozial als Frauenlast konstruiert. Frauen sind eher geneigt, Worte wie „Versagen“ und „gebrochen“ zu verwenden, um ihre Körper zu beschreiben, während Männer sich auf die Akzeptanz der fehlgeschlagenen Behandlung beziehen, jedoch ihre Erfahrung mit einer Entmannung in Verbindung brachten. Da Unfruchtbarkeit sozial als medizinischer Zustand, eine Krankheit, sogar eine Form von Behinderung konstruiert wird, gibt es einen erhöhten Druck insbesondere auf Frauen, diese Reproduktionstechnologien in Anspruch zu nehmen. Sie werden zu Konsumenten dieser Technologie, bei der es schwierig ist, eine eigene Handlungsfähigkeit zu erkennen (Ginsburg und Rapp 1995).

Verkörperung hat mehrere Schichten und ist allumfassend. Der individuelle Körper wird im phänomenologischen Sinne des gelebten Selbst verstanden, Dabei ist davon auszugehen, dass alle Menschen zumindest ein intuitives Gefühl des verkörperten „Selbst“ erfahren (Mauss 1985). Youngs Verkörperung des Schwangerseins ermöglicht die Konzeptualisierung eines Körper-Selbst beim Erleben von Unfruchtbarkeit, Kinderlosigkeit und Schwangerschaft unter Verwendung der Phänomenologie des Körpers, die mit dem Sozialen interagiert (Young 2005). Es gibt eine laufende Debatte zwischen denen, die sich um die Kommodifizierung des Körpers und der Körperteile sorgen, und denen, die der freien Marktteilnahme und dem altruistischen Element bei der Auswahl der PID-(Präimplantationsdiagnostik-)Praxis Vorrang geben (Krones und Richter 2004). Nach

Appadurai (1986) werden Dinge (Biomaterial) in einer bestimmten Phase zu einer Ware, wenn sie gegen einen wirtschaftlichen Wert ausgetauscht werden, den Subjekte den Dingen zuweisen. Der zweite, soziale Körper ist die Verbindung zwischen dem physischen Körper eines Individuums und der sozialen Welt des Individuums. Diese Analyseebene bezieht sich auf die repräsentative Verwendung des Körpers als natürliches Symbol, mit dem Gesellschaft und Kultur wahrgenommen werden, wie Douglas es beschreibt (1970). Die Idee des sozialen Körpers von Scheper-Hughes und Lock (1987) folgt dem Weg des sozialen, symbolischen und strukturanthropologischen Denkens über den Austausch von Bedeutungen zwischen der natürlichen und der sozialen Welt, die sich gegenseitig verstärken. Bei der Analyse des schwer fassbaren Körpers und der karnalen (fleischlichen) Soziologie behauptet Merleau-Ponty (1995), dass sowohl *Was dem Körper angetan wird* als auch die aktive Rolle von *Was der Körper tut* berücksichtigt werden sollten, um den sozialen Habitus des Körpersubjekts zu verstehen. Für Foucault ist der handelnde Körper wichtig, während Merleau-Ponty den betroffenen Körper betont. Entscheidend für Youngs existenzial-phänomenologisches Verständnis des Körpers in seiner schwangeren Verkörperung ist das Verständnis, dass Verkörperung eine Art des *Seins in der Welt* ist, in der Körper von sozialen Normen beeinflusst werden, die sie regieren (Young 2005, 9). Es ist die Macht, die dazu führt, dass Individuen ihre eigenen Körper überwachen, um eine Aufrechterhaltung sozialer Normen zu gewährleisten, die den gelebten Körper beeinflusst (Bordo 1993). Alcoff stellt innerhalb phänomenologischer Berichte klar, dass es notwendig ist, die Auswirkungen kultureller und ethnischer Spezifität zu berücksichtigen (Alcoff 2006: 107). Lamont et al. (2015) definieren symbolische Grenzen als Praktiken, die bestimmte Menschen und Gruppen einschließen und andere durch Muster von Vorlieben und Abneigungen, kulturellen Einstellungen und Praktiken ausschließen. Die dritte Ebene ist der politische Körper, der sich auf die Regulierung, Überwachung und Kontrolle von Körpern (sowohl individuellen als auch kollektiven) in Reproduktion und Sexualität bezieht. Der Begriff der Biopolitik ist ein komplexes Konzept, das von Foucault entwickelt wurde und die Strategien untersucht, durch die menschliche Lebensprozesse von Autoritätsregimen verwaltet werden (Foucault 1997). Rose (2001) bezeichnet Biopolitik als Risikopolitik und äußert Bedenken hinsichtlich des Wiederaufkommens biologischer und genetischer Merkmale, die menschliche (Un-)Fähigkeiten bestimmen. Um die Risikopolitik zu bewältigen, wirkt die Autorität darauf hin, den politischen Körper zu verbessern, indem sie die sozialen und wirtschaftlichen Belastungen durch Krankheiten und Behinderungen lindert (Rose 2001).

Frauen in Indien beteiligen sich an Leihmutterschaft, um ihren Lebensstandard zu verbessern, Mediziner und zwischengeschaltete Agenten sind hauptsächlich aus Profitgründen in diesem Geschäft tätig, und ausländische Wunscheltern kommen nach Indien wegen der Beschränkungen in den Herkunftsländern, den vorherrschenden niedrigeren Kosten und geringeren Rechten der Leihmütter. Leihmutterschaft in Indien ist jedoch eingebettet in den komplexen sozialen Kontext von strukturellen Ungleichheiten, Geschlechterrollen, Vorstellungen von Familie und Perspektiven des Körpers in Bezug auf das Selbst und den soziopolitischen Körper. In Indien ist das Verständnis der Frauen von ihrem Körper in Bezug auf das Selbst sehr begrenzt, verglichen mit den soziopolitischen Anforderungen an ihren Körper. Von Frauen wird im Allgemeinen erwartet, dass ihr Körper eine harte Folter durchmacht, um ihrer Familie ein komfortables Leben zu ermöglichen und im Gegenzug Zuneigung und Respekt von ihrem Ehemann und ihren Schwiegereltern zu erhalten. Die reproduktive Kapazität der Frau ist vergleichsweise lukrativer als die der Männer. Hätten Frauen eine bessere Ausbildung und bessere Arbeitsmöglichkeiten gehabt, dann hätten sie sich möglicherweise nicht als der Leihmütter betätigen müssen. Anders als in den meisten westlichen Ländern, wo jedem Bürger eine Bildung und Gesundheitsversorgung als grundlegendes Menschenrecht gewährt wird. Die Beziehung zwischen Familienmitgliedern in Indien ist dagegen in ungleiche Geschlechterrollen eingeteilt, die Frauen (mit Fruchtbarkeitskapazität) als Leihmütter zu verbessern versuchen. Das kontextuelle Verständnis von Familie ist tief in der kulturellen Vorstellung von Mutterschaft (Leih- und Sozialmutterschaft) verwurzelt. Sowohl in altindischer Literatur als auch in der heutigen Zeit gelten die soziale Mutter und die Leihmutter gleichermaßen als bedeutende Personen in der Erziehung des Kindes, wie es in der Erziehung von Krishna und Balaram, den am meisten verehrten und beliebten indischen Gottheiten im Hinduismus, deutlich wird.

In der indischen Kultur ist bekannt, dass ein Kind den Segen beider Mütter benötigt, um ein erfülltes und zufriedenes Leben zu führen, und dass das Kind beiden Müttern verpflichtet sein muss. Die Ergebnisse meiner Studie zeigen, dass die Leihmütter den Kontakt zu den Kindern aufrechterhalten und über ihr Wohlergehen und ihren Fortschritt Bescheid wissen wollten. Die meisten Wunscheltern wurden jedoch von Medizinern in Indien beraten, jeden Kontakt zu den Leihmüttern abzubrechen. Einige Leihmütter erleben eine Seelenverbindung mit diesen Kindern. Eine Leihmutter zum Beispiel verband ihre Körpererfahrung von Haarausfall mit dem Wachstum (Zahnen) des Kindes. Viele Leihmütter feiern die Geburtstage dieser Kinder und fühlen den Trennungsschmerz noch einige Jahre später. Aus Frust über den abgebrochenen Kontakt zu den Wunscheltern und den Kindern bezeichneten einige Leihmütter in meiner Studie die Wunscheltern als „*ehasaan faramosh*" (undankbar). Andere äußerten, dass sie es vorziehen würden, wenn ihre Kinder zu ihnen zurückgeschickt würden. Alle Leihmütter, die ich in Indien interviewt habe, bevorzugten eine offene Leihmutterschaft, bei der sie die Wunscheltern und die geborenen Kinder treffen und mit ihnen interagieren dürften. Die Mediziner stellten die Leihmutterschaft jedoch als eine ungebundene „Arbeit" dar und überzeugten die Wunscheltern, nach der Zahlung alle Kontakte zu den Leihmüttern abzubrechen. Dementsprechend trafen einige Wunscheltern die Leihmütter nicht einmal persönlich für eine Geldübergabe. Die Mediziner in Indien betrachten die Leihmütter aus einer Geschäftsperspektive. Sie stellen ihre Vergütung als primäre Motivation dar und spielen die Bindung zu den Kindern herunter, die kontextspezifisch sei. Eine aufgeklärte Zustimmung der Leihmütter ist angesichts der geschlechtsspezifischen Verkörperung und der strukturellen Ungleichheiten zwischen den Wunscheltern, Medizinern und Leihmüttern fraglich. Es ist wichtig, diese komplexen Vorstellungen von Familien und Ungleichheiten in der kommerziellen transnationalen Leihmutterschaftspraxis in Indien zu verstehen.

Das neue Leihmutterschaftsgesetz (2015) beschränkt die Leihmutterschaft nur auf verheiratete heterosexuelle Paare, die vier Jahre lang versucht haben, Kinder zu bekommen. Dieses selektive Verbot der Leihmutterschaft für bestimmte Personengruppen (Homosexuelle, Alleinerziehende, Lebensgemeinschaften) verstärkt patriarchalische und homophobe Stereotype. Mohan Rao (in Kuchroo 2016) kritisierte das Leihmutterschaftsgesetz in Indien und schlug vor, dass altruistische Leihmutterschaft „für alle erlaubt sein sollte, ob sie Lesben oder Schwule sind, ist irrelevant – und für Lebensgemeinschaften". In dieser globalisierten Welt spielen jedoch Kapitalismus und strukturelle Ungleichheiten eine primäre hegemoniale Rolle bei der Kommodifizierung menschlicher Körper. Nur die wohlhabenden Menschen verschiedener Gesellschaftsschichten können sich eine Leihmutterschaft leisten. Die sozioökonomisch benachteiligten Menschen der Gesellschaft, unabhängig davon, ob sie verheiratet, alleinstehend, unfruchtbar, gleichgeschlechtliche Paare oder Eunuchen sind, können keine Kinder durch Leihmutterschaft bekommen, sei es in Indien oder in einem anderen Land der Welt. Wohingegen die Sympathie für homosexuelle und alleinstehende Paare Vorrang vor der Verletzung der Menschenwürde und der Menschenrechte zu haben scheint.

Fortpflanzungsfreiheit, Patriarchat und Unfruchtbarkeit

Bekanntermaßen nutzen potenzielle Eltern bei Unfruchtbarkeit assistierte Reproduktionstechnologien, um sich ihre Kinderwünsche zu erfüllen[1] (Letherby 2002; Franklin und Roberts 2006). Die Auswahl von Leihmüttern sowie Embryonen und Gameten im Leihmutterschaftsprozess erfolgt nach sorgfältigen persönlichen und sozialen Überlegungen (Ehrich und Williams 2010). Die zunehmende Verfügbarkeit von Technologien hat jedoch Druck auf Individuen, insbesondere Frauen, ausgeübt, diese Möglichkeiten tatsächlich auszuprobieren. Bei so einem Prozess werden Frauen zu Konsumentinnen dieses Marktes; „es ist schwer, die Handlungsfähigkeit von Frauen in der Entwicklung einer Technologie zu erkennen, für die sie zu Konsumentinnen werden" (Rapp 1999: 34). Darüber hinaus wird Unfruchtbarkeit selbst als individuelle Erfahrung dargestellt; daher wird keine soziale Lösung für das Problem gesucht (Sandelowski et al. 1990).

Männliche Unfruchtbarkeit macht weltweit mehr als die Hälfte der Fälle aus, dennoch wird Unfruchtbarkeit immer noch als soziale Last der Frau angesehen (Inhorn und Patrizio 2012: 1). Dies ist auf die Konzentration auf das weibliche Fortpflanzungssystem und die Konstruktion der Frau als unfruchtbare Patientin zurückzuführen (Carmeli und Birenbaum-Carmeli 1994: 666). Unfruchtbarkeit kann jedoch auch für Männer

[1] Unfruchtbarkeit ist „eine Krankheit des Fortpflanzungssystems, die durch das Versagen einer klinischen Schwangerschaft nach zwölf Monaten oder mehr regelmäßigem ungeschütztem Geschlechtsverkehr definiert ist." (Zegers-Hochschild für WHO-ICMART 2009).

ebenso verheerend sein, obwohl die Resonanzen und Reaktionen durch unterschiedliche Geschlechterrollen, Erwartungen und Sozialisierungen beeinflusst werden (Whiteford und Gonzalez 1995; Inhorn 2002). Jetzt, da ARTs verfügbar sind, hat sich das kulturelle Verständnis von Unfruchtbarkeit geändert und es wird erwartet, dass Paare diese medizinischen Interventionen auch nutzen (Whiteford und Gonzalez 1995: 27).

Es wird stärker über die Unfruchtbarkeit von Frauen als über Männer geschrieben und gesprochen; Frauen sind stärker belastet, sowohl in Bezug auf den sozialen Druck als auch auf die psychologischen Auswirkungen (Nahar und Richters 2011). Männer haben eine mangelhafte Unterstützung und Ambivalenz sozialer Unterstützung bei ihrer Unfruchtbarkeit zum Ausdruck gebracht, was einen ganzheitlichen Ansatz für Unfruchtbarkeitsprobleme erfordert, einschließlich Ausdrucksformen männlicher Beschäftigung mit ihren reproduktiven Körpern (Schick et al. 2016; Gutmann 2007; Sloan et al. 2010). Während einige Feministinnen die Konzentration der Fruchtbarkeitsbehandlung und die akademische Diskussion über die weibliche Unfruchtbarkeit auf männliche Dominanz zurückführen, liegt dies laut Carmeli und Birenbaum-Carmeli (1994) daran, dass sich Männer bei Fruchtbarkeitsbehandlungen aufgrund der männlich inspirierten Assoziation von Fortpflanzung mit Frauen, der wahrgenommenen Bedrohung der männlichen Entbehrlichkeit aufgrund der Verfügbarkeit von Samenspenden und der knappen medizinischen Behandlung, die Männern angeboten wird, benachteiligt fühlen. Es sind jedoch die Frauen, die die Last ihrer eigenen und der Unfruchtbarkeit des männlichen Partners nicht nur sozial, sondern auch bei der medizinischen IVF-Behandlung tragen.

Der gesellschaftliche Druck, diese Technologien zu nutzen, ist auch bei dieser Identität und Vorstellung von Unfruchtbarkeit verankert. Frauen neigen dazu, sich aufgrund ihrer Erfahrung mit Unfruchtbarkeit verzweifelt und unerfüllt zu fühlen; jedoch wird ihnen dieses Mangelgefühl durch sozialen Druck weitergegeben (Saravanan 2017). Einige Studien bringen Unfruchtbarkeit in Entwicklungsländern mit einer Mangelernährung und in entwickelten Ländern mit der Aufschiebung von Mutterschaft in Verbindung. Viele Autoren betrachten das soziale Stigma der Unfruchtbarkeit in Entwicklungsländern als ernsteres Problem als in Industriegesellschaften (Van Balen und Bos 2009). Andere beobachten, dass die soziale Konstruktion von Unfruchtbarkeit ein universelles Problem ist, obwohl in industrialisierten Gesellschaften Unfruchtbarkeit ein „verschwiegenes Stigma" ist, in anderen Kulturen ist es möglicherweise nicht so verborgen (Greil et al. 2011a, b; Johnson und Fledderjohann 2012). Zum Beispiel gibt es in Indien eine starke Präferenz für Heteronormativität. Die typische Kernfamilie konzentriert sich auf die Beziehung zwischen Mann und Frau, und es wird erwartet, dass es sich um eine reproduktive Beziehung mit der Geburt von Kindern handelt (Bharadwaj 2016). Wenn Unfruchtbarkeit auftritt, werden diese Identitäten und Familienstrukturen infrage gestellt, was oft zu Stigmatisierung durch Konformitätsdruck führt. Unfruchtbarkeit und Kinderlosigkeit gelten als unnatürlich und führen zu einem „unerfüllten" Leben für die Frau und „Entmannung" für den Mann (Bharadwaj 2016). Unfruchtbarkeit ist sowohl für Männer als auch für Frauen hart; jedoch leiden oft kinderlose Frauen mehr, da sie im Fokus patriarchaler Macht stehen, was zu sozialen Auswirkungen führt (Widge 2002). Indische Frauen sind durch

Pronatalismus und die Vorstellung von obligatorischer Mutterschaft eingeschränkt, sie sind sich bewusst, dass der größte Teil ihrer Macht und Handlungsfähigkeit durch ihre Reproduktionsfähigkeiten bestimmt wird (Riessman 2000; Pujari und Unisa 2014; Dube 1998; Sayeed 1999). Daher können sich Frauen in der indischen Gesellschaft wertlos fühlen, wenn sie mit unfreiwilliger Kinderlosigkeit konfrontiert sind (Widge 2002). Aufgrund dieses enormen sozialen Drucks und internalisierter patriarchaler Normen werden Frauen (und Männer) alles tun, um ein eigenes Kind zu zeugen (Widge 2002).

Soziale Stereotype von Mutterschaft und Unfruchtbarkeit

Ein vergleichsweise entwickeltes Land wie Deutschland ist ebenfalls stark pronatalistisch geprägt, und Frauen (sowie Paare) werden stigmatisiert, wenn sie sich nicht fortpflanzen (Greil 1991; Miall 1986; Riessman 2000). In Deutschland gibt es einen Trend zu später Geburt oder Elternschaft aus verschiedenen Gründen, einschließlich einer fortschrittlichen Reproduktionsmedizin und dem Glauben an die Fähigkeit, jederzeit mit deren Hilfe ein Kind bekommen zu können (Brähler und Stöbel-Richter 2002; Stöbel-Richter et al. 2005). Parallel zu diesem Trend ruft jedoch das Thema **Unfruchtbarkeit** ähnliche Reaktionen hervor wie in Indien. Auch hierzulande sind Stigmatisierung und Geheimhaltung an der Tagesordnung (Mishra und Dubey 2014). Auch in Deutschland wird Unfruchtbarkeit im Allgemeinen als Problem der Frau angesehen und ähnlich, wie in Indien wollen „Männer die Notwendigkeit einer Behandlung der Unfruchtbarkeit verzögern" (Unisa 1999: 56). Die Verwendung von ARTs zur Empfängnis durch Dritte wird in Deutschland langsam normaler, dennoch herrscht in diesem Bereich noch immer viel Privatsphäre und Geheimhaltung (Wischmann und Thorn 2013). Da Unfruchtbarkeit gern als Form einer Behinderung betrachtet wird und immer mehr Möglichkeiten durch IVF-Entwicklungen zur Verfügung stehen, nimmt der Druck auf die Menschen, diese Reproduktionstechnologien zu nutzen sowie das soziale Stigma der Unfruchtbarkeit zu (Khetarpal und Singh 2012; Ginsburg und Rapp 1995).

Einige Wissenschaftler betrachten Leihmutterschaftsverträge als Herausforderung für gängige Analogien zwischen Weiblichkeit und Natur sowie die Definitionen von Mutterschaft, indem Frauen die Bedingungen ihrer Schwangerschaften selbst definieren können (Teman 2009; Shalev 1989); andere betrachten Leihmutterschaft als eine Vereinbarung, die stereotypische Vorstellungen von Mutterschaft und soziale Rollen von Frauen verstärkt (Berend 2010; Roberts 1998). Feministinnen haben dafür gekämpft, dass Frauen ihre stereotypische Mutterrolle in der Gesellschaft ablegen können, um im öffentlichen Bereich nichtreproduktive Bestrebungen verfolgen zu können. Die Fähigkeit der Leihmutter, sich vom Fötus zu trennen, wird als befreiende Erfahrung beschrieben, die ihre Autonomie erhöht (Baker 1996; Teman 2009; Shalev 1989). Aber die Befreiung von solchen stereotypen Rollen, die durch die Teilnahme genau an den gleichen Rollen (Reproduktion – bezahlt oder unbezahlt) für jemand anderen bewiesen wird, ist höchst fragwürdig. Da Frauen inzwischen Zugang zu sozial höher bewerteten Arbeitsformen erlangt haben, schien die Schwere der Kinderlosigkeit abzunehmen (Donchin 1996). Mit dem Zugang zu IVF-Behandlungen stehen Frauen jedoch auf verschiedene Weise unter Druck: unfruchtbare Frauen stehen unter mehr Druck, biologische Kinder zu produzieren, während Frauen mit ihren Reproduktionskapazitäten in Entwicklungsländern wie Indien unter dem Druck stehen, ihre Familien aus der Armut zu retten (Donchin 1996; Saravanan 2016). Die Frauen wurden als Dienstleisterinnen in diesen bereits abgewerteten Reproduktionsbereich aufgenommen und sehen sich verschiedenen Verletzungen der körperlichen Integrität gegenüber, wie zum Beispiel der Abtretung von Rechten über das Baby, bevor sie einen Vertrag eingehen, mehrfachen Embryo-Implantationen, selektiven Abtreibungen im Uterus, obligatorischen Kaiserschnitten, dem Zwang, von ihrer Familie fernzubleiben und so weiter.

Leihmutterschaft verstärkt außerdem stereotypische Ansichten, die Unfruchtbarkeit oder Kinderlosigkeit als soziales Stigma wahrzunehmen. Viele Menschen, die eine Leihmutter suchen, wünschen sich Kinder nicht nur für sich selbst, sondern auch, weil sie soziale Stigmatisierung aufgrund von Kinderlosigkeit erlitten haben und nun soziale Akzeptanz und Würde wiedererlangen wollen. Es ist der soziale Kontext von pronatalistischen Gefühlen, der die Notwendigkeit erzeugt, Unfruchtbarkeit als Krankheit und neuerdings auch als Behinderung zu betrachten. Unfruchtbare Personen werden gedrängt, ihr volles reproduktives Potenzial mithilfe von ARTs auszuschöpfen. Diese sind im Allgemeinen auf Frauen ausgerichtet, unabhängig von den wirtschaftlichen, psychologischen und körperlichen Kosten. In Indien ist ein Baby für Frauen wertvoll, es ist ein Symbol der Mutterschaft und ihr Ansehen und ihre Ehre sind in den Augen der Schwiegereltern erhöht, insbesondere bei der Geburt eines Jungen (Mishra und Dubey 2014). Dies spiegelt sich auch in den Praktiken der Leihmutterschaft in Indien, wo die Geburt eines Jungen für medizinische Einrichtungen, Vermittlungsmakler und die Leihmutter einen höheren Bonus bedeutet, da die Wunscheltern tendenziell zufriedener sind. Indische Leihmütter werden auch beschuldigt, falls das Kind Probleme hat (eine Behinderung oder manchmal sogar bei der Geburt eines Mädchens). Vermutlich erhalten sie dann keinen Bonus oder manchmal nicht den vollen Betrag, der im Vertrag versprochen wurde.

Die Bedürfnisse und Prioritäten anderer tendenziell über die eigenen zu stellen (Baker 1996), ist bei der Leihmutterschaft eine ebenso stereotype Rolle von Frauen. Diese Motivation ist unter Leihmüttern in Indien erkennbar, die ihr Leben für das Wohl der Familie opfern wollen (Saravanan 2013; Pande 2010). Die Leihmutterschaftsmärkte operieren daher unter denen, die (bewusst oder unbewusst) das Patriarchat (eine untergeordnete Position der Frauen in der Gesellschaft) unterstützen, und das müssen nicht immer notwendigerweise Männer sein. Dazu können Gesetzgeber, medizinische Einrichtungen, Leihmütter selbst, Wunscheltern und Vermittlungsmakler beider Geschlechter gehören. Ein weiteres Beispiel für ein staatlich durchgesetztes Patriarchat ist Israel. Dort ist das Leihmutterschaftsgesetz stark patriarchalisch geprägt (Shalev 1998). Durch die Umsetzung von Gesetzen werden patriarchale Kontrolle und rassistisches Privileg über die reproduktiven Körper der Frauen verstärkt. Nur Personen, die verheiratet und heterosexuell sind und wo beide israelischen Partner einen jüdischen Abstammungsnachweis haben, können in Israel eine Leihmutterschaft in Anspruch nehmen. In Israel müssen Paare darüber hinaus psychologische und genetische Tests durchlaufen, um zu beweisen, dass sie nicht „ungeeignet“ sind. Durch diese Maßnahme soll die Geburt von „kranken Kindern“ verhindert werden (Shalev 1998).

Genetisierung

Der Besitzer des Körpers hat das Recht, Schaden zu verhindern und Gewinne aus den eigenen Körperteilen zu erzielen. Dr. Nisha sagt: „Die Gebärmutter steht nicht zum Verkauf, wir sagen Frauen, dass sie ihren Körper vermieten, um für einige Zeit das Baby eines anderen zu tragen, um es am Ende von neun Monaten zu übergeben.“ Sie hat teilweise Recht, denn dies ist nicht vergleichbar mit einer Organspende. Leihmütter spenden/verkaufen nicht ihre Gebärmutter, sondern tragen ein Baby für ein anderes Paar aus. Ein Kind entwickelt sich in dieser Zeit; der Verkauf eines Körperteils ist eine Sache, aber ein im Inneren wachsendes Baby kann zu mehreren Reaktionen führen. Von der Leihmutter wird erwartet, dieses Baby am Ende des Vertrags abzugeben. In Indien muss sie die Abtretung ihrer Rechte/Gefühle gegenüber diesem sogar unterschreiben, bevor sie den Vertrag eingeht. Eine Sorge bezieht sich darauf, dass alle Frauen bereits vor ihrer Schwangerschaft entscheiden sollen, wie sich die Beziehung zu ihrem Kind im Laufe der Schwangerschaft entwickeln wird. Die zweite Sorge betrifft die Tendenz, das Sorgerecht für das Kind den Wunscheltern zu übergeben, auch wenn die Leihmutter nach der Geburt des Kindes das Sorgerecht beantragt. Aus der Sicht einiger Feministinnen bedeutet ein Verbot der Leihmutterschaft, dass Frauen aufgrund ihres biologischen Geschlechts unfähig sind, rationale Entscheidungen über ihre reproduktiven Aktivitäten zu treffen (Shalev 1989). Nach Shalev tappen diejenigen, die Leihmüttern erlauben, ihre Meinung zu ändern, in eine altmodische Falle der Frauen, die irrational sind und von Gefühlen getrieben werden. „Vertrag ist Vertrag, wir (Frauen) werden nicht von unseren Hormonen beherrscht“, schlägt Andrews (1989) vor. Andere bestehen darauf, dass Frauen keinen Schutz erhalten sollten, der Männern nicht zur Verfügung steht, außer dem Mutterschaftsurlaub (Finley 1989; Littleton 1987).

Umgekehrt stellt Anderson (1990) fest, dass wenn von Frauen erwartet wird, keine emotionale Bindung zu dem Kind aufzubauen, dies eine Form von entfremdeter Arbeit ist. Nach Marktstandards mag dies legitim sein, aber wenn diese Normen auf die Reproduktionsarbeit von Frauen angewendet werden, werden Frauen zu Gebrauchsobjekten reduziert (Anderson 1990). Können wir voraussetzen, dass sich alle Frauen während der Leihmutterschaft emotional und körperlich von dem Säugling entfremden? Einige tun dies, andere nicht. Die zahlreichen Fälle, in denen die Leihmütter das Sorgerecht für die Kinder beantragt haben, sind ein Beweis für ihre Bindung und ein Gefühl für das Wohl der Kinder. Es wird jedoch nach der Geburt des Kindes hauptsächlich der Genetisierung eine wichtige Rolle bei der Priorisierung und rechtlichen Übergabe des Elternschaftssorgerechts an die Wunscheltern zugestanden, während die Gestationsrolle der Leihmütter heruntergespielt wird. Hill (1990) spricht sich für die Leihmutterschaft aus und argumentiert, dass es im Interesse der Wunscheltern war, den Vertrag zu beauftragen, der die Vereinbarung überhaupt erst ins Leben gerufen hat. Daher sollte ihnen bei Sorgerechtsfällen Vorrang eingeräumt werden.

Der Fall von Indien beweist, dass dieser Babymarkt, wenn er frei zugelassen wird, zu sehr niedrigen Standards sinken kann. In Indien ist es in der Klinik, die ich besucht habe, und in mehreren anderen Kliniken obligatorisch, dass die Leihmutter alle ihre Rechte an dem Kind im Vertrag abtritt. In meiner Studie wurden alle klinischen Unterlagen, von der Schwangerschaftsregistrierung über die Gesundheitsakten und medizinischen Rechnungen bis zur Geburtsurkunde, mit einem Pseudonym oder dem Namen der Wunschmutter registriert, ohne jegliche Erwähnung der Rolle der Leihmutter. Ihr Name wurde zwar im Vertrag erwähnt, aber eine Kopie davon hat sie nicht bekommen. Ohne Kenntnis ihrer (sehr begrenzten) Rechte im ART-Gesetz, ohne jegliche rechtliche und finanzielle Unterstützung, um einen Fall vor Gericht zu bringen, wollen Leihmütter in Indien diesen Weg nicht gehen.

Analogie zwischen Leihmutterschaft und Prostitution: Beides als Arbeit normalisieren

Bei der Analogie zwischen Leihmutterschaft und Prostitution geht es nicht um Moral, sondern um die Ähnlichkeit des Diskurses. Marxistische Feministinnen haben beobachtet, dass Leihmütter genau wie Prostituierte sich in niedrigeren Einkommenskategorien im Vergleich mit ihren Kunden befinden. Das führt zu einem kapitalistischen System und zur Entfremdung. Mohanty (2003) lenkt die Aufmerksamkeit auf die Kontinuitäten und Diskontinuitäten zwischen den Habenden und den Nichthabenden sowohl innerhalb als auch zwischen nationalen Grenzen. Wunscheltern haben Leihmütter und Gameten in Ländern wie Indien nicht nur wegen der regulatorischen Unannehmlichkeiten im Heimatland gesucht, sondern auch wegen der günstigeren Versorgung mit Gameten und sogenannten Gestationsträgern und der Kontrolle, die sie über die Leihmutterschaft haben. Das soll nicht heißen, dass die Leihmütter in Indien keine Handlungsfähigkeit besitzen, aber das Ausmaß ihrer Handlungsfähigkeit ist höchst fragwürdig. Getrieben von Armut, sind Frauen gezwungen, das einzige wertvolle zu verkaufen, was sie besitzen, ihren Körper. Die Leihmütter in meiner Studie nahmen für Geld an Arzneimittelversuchen[2] teil. Das ist eine weitere Möglichkeit, den eigenen Körper zu verkaufen. Barbara

[2] Die Anzahl der genehmigten Global Clinical Trials (GCTs) in Indien stieg von 65 im Jahr 2008 auf 391 im Jahr 2009 stark an, darauf folgten 500 im Jahr 2010 zugelassene GCTs, 325 im Jahr 2011 und 262 im Jahr 2012. Die Enthüllung, dass in fünf Jahren 2262 Menschen bei diesen Versuchen gestorben waren, führte zu einem öffentlichen Aufschrei und dem Eingreifen des Obersten Gerichtshofs mit strengeren Normen zur Kontrolle von Arzneimittelversuchen. Inder wurden als Versuchskaninchen bei diesen Arzneimittelversuchen benutzt, und der Oberste Gerichtshof hatte das Gesundheitsministerium dafür kritisiert, dass es dies zugelassen hatte.

Katz Rothman stellt fest, dass es wie bei der Prostitution bei der Leihmutterschaft um eine intime Beziehung geht. Der Unterschied besteht aber darin, dass eine Beziehung hauptsächlich zum Baby besteht und diese Beziehung ihrer Meinung nach nicht stellvertretend ist; es ist eine gelebte Erfahrung. Bei beiden Aktivitäten werden die Körper der Frauen stärker entlohnt. Daher sind Frauen aus armen sozioökonomischen Verhältnissen leichter für diesen Markt verfügbar. Ähnlich ist außerdem, dass die meisten Frauen, die diese Aktivitäten (Prostitution und Leihmutterschaft) als Verdienstmöglichkeit wählen, dies aufgrund von Armut tun. Sie werden besser dafür bezahlt als für jede andere Arbeit, die jungen, ungelernten und oft analphabetischen Frauen zur Verfügung steht (Hochschild 2004). Daher nimmt die Armut eine subtile Form der Kontrolle an, die sie dazu zwingt, ihren Körper zu verkaufen (MacKinnon 2011). Die kapitalistischen und Kommodifizierungsmuster machen bestimmte Formen von Körpern verfügbarer. Das ist eine Hierarchie, bei der hauptsächlich Entwicklungsländer zur Lieferseite gehören und die entwickelten Länder auf der Nachfrageseite stehen. Menschen verwandeln sich in Waren, die im Großen und Ganzen ihre Fähigkeit, ihre Bedingungen zu beeinflussen, eliminieren und sie in eine Ware verwandeln, die die Macht aufgibt, die Bedingungen des Austauschs zu kontrollieren. Frauen erleben bei beiden Aktivitäten schwere Formen von Menschenrechtsverletzungen. Einige Wissenschaftler haben argumentiert, dass Leihmütter ihre Schwangerschaft als eine angenehme Erfahrung beschrieben haben, aber dies wurde im indischen Kontext nicht beobachtet, vielmehr sagten Leihmütter in Indien, dass sie dies aus verzweifelter Geldnot tun und sie würden nie wollen, dass ihre Töchter dies tun.

Die meisten Prostituierten kommen aus dem Frauenhandel, dagegen nehmen die meisten Frauen freiwillig an der Leihmutterschaft teil, obwohl sie wissen, dass sie ausbeuterisch ist, um den sozioökonomischen Status ihrer Familie zu verbessern. Hazel Thompson, eine britische Fotojournalistin, die ein Jahrzehnt damit verbracht hat, das Leben von Mädchen zu dokumentieren, die in Indiens Sexhandel arbeiten, nennt es „moderne Sklaverei" (Thompson 2013). Eine ihrer Hauptbeobachtungen ist, dass die Mehrheit der Frauen in Kamathipura, dem beliebten Prostitutionsgebiet in Mumbai, gehandelt wird. Beide Branchen gehören in Indien zum informellen Sektor. In jüngster Zeit erzwingen Technologie und Regulierungen wie die Demonetisierung Veränderungen, durch die der informelle Sektor in Indien zur elektronischen Geldüberweisung gezwungen wird. Es ist nicht nur die Technologie, sondern es sind auch die politischen Veränderungen in Indien, die die Menschen dazu zwingen, monatliche Gehälter für verschiedene Haushaltshilfen (Hausmädchen, Köche, Kindermädchen, Klempner, Elektriker, Maler) durch direkte Banküberweisungen zu zahlen (Padmanabhan 2016). Dies ist nur der erste Schritt zur Formalisierung des informellen Sektors, und die Bettler und Prostituierten befinden sich am unteren Ende der Hierarchie. Die indische Regierung hat in dieser Richtung mehrere politische Schritte unternommen; die Menschen wurden gedrängt, ein „Jan Dhan Yojana"-Bankkonto zu eröffnen und durch die Aadhar-Identitätskarte besteht die Möglichkeit, den Menschenhandel zu erfassen/zu verfolgen (Philip 2017). Bankkonto und digitale Transaktionen für Gehälter können ein kleiner, aber definitiver Schritt in Richtung Formalisierung des informellen Sektors sein.

Durch die Legalisierungsdiskussion für oder gegen Leihmutterschaft besteht die Tendenz, Verstöße gegen Menschenrechte zu normalisieren. Dabei wird die Praxis der Leihmutterschaft dem Scheitern der Gesetzesumsetzung folgen, wie es bei der Prostitution in Indien offensichtlich ist. Schätzungen zufolge wird der Großteil der etwa 1,2 Mio. Prostituierten Indiens durch extreme Armut in den Sexhandel gezwungen. Gemäß den Vorschriften zur Prostitution in Indien von 1956,[3] ist Prostitution an sich nicht illegal und Prostituierte werden nicht kriminalisiert, aber die Drittpartei-Erleichterung von Prostitution, wie der Bordellbetrieb, das Leben von Einnahmen und Beschaffung, ist strafbar. Es wird geschätzt, dass in Indien 275.000 Bordelle betrieben werden. Nach dem unmoralischen Verkehrs-(Präventions-)Gesetz von 1956 ist eine höhere Strafe für die Anstiftung zur Prostitution vorgesehen, wenn die Straftat Kinder betrifft. Die Anzahl der Prostituierten wird auf 2 Mio. geschätzt, darunter sind 0,5 Mio. Kinder. In sechs Jahrzehnten wurde diese marktgetriebene Branche des informellen Sektors nicht genug geregelt, um Kinderhandel, Kriminalität und Gewalt zu reduzieren.

Der informelle Sektor in Indien macht etwa 70 % der Arbeitskräfte aus (ILO 2012); andere Schätzungen gehen von 90 % aus. Das bedeutet, dass die überwiegende Mehrheit der Beschäftigten nicht die Privilegien einer sozialen Sicherheit und der Arbeitsplatzvorteile besitzt. In der Liste des informellen Beschäftigungssektors in Indien sind Prostituierte nicht einmal unter den Verdienenden aufgeführt, sondern sie werden zusammen mit Bettlern in der Kategorie der nichtmarktgebundenen freien Beschäftigung aufgeführt (NSSO 2012). Das unmoralische Verkehrsgesetz war ein völliger Misserfolg. Indien ist als Land nicht reif genug, um die Legalisierung solch sensibler Formen ausbeuterischer Frauenarbeit zu bewältigen. Bis ein solcher Standard erreicht ist, kann Leihmutterschaft eine erschreckende Erfahrung mit ungeregelten sklavenähnlichen Bedingungen innerhalb des Vertrags sein. Unabhängig davon, ob es legal ist, kümmert sich niemand um die Arbeitsbedingungen von Frauen in Sex- und Reproduktionsarbeit. Es wurde befürchtet, dass ein Verbot der Leihmutterschaft die Praxis in den Untergrund treiben würde. All diese Jahre basierte die Prostitutionsindustrie in Indien auf Schwarzmarkthandel, und obwohl sie teilweise liberalisiert wurde, kümmert es niemanden. Selbst in Ländern mit einer vergleichsweise besseren Regulierungsbehörde wie Deutschland und Holland hat die Legalisierung der Prostitution zu einem illegalen Markt geführt, der im Jahr 2007 vier- bis fünfmal so groß war wie der legale Markt (Klein 2017).

Wenn Indien die Regulierung, Arbeitsrechte und Gehälter für Arbeiter im informellen Sektor verbessert, wie zum Beispiel bei Hausarbeit und in Bekleidungsfabriken, werden weniger Frauen Optionen wie die Leihmutterschaft suchen, wo Frauen extremen Formen von Menschenrechtsverletzungen und Sterblichkeitsrisiken ausgesetzt sind. Es ist wichtig zu verstehen, dass Märkte wie die Leihmutterschaft schnell gewachsen sind, insbesondere an Orten, an denen sklavenähnliche Beschäftigungssektoren, Kinderhandel und -verkauf

[3] Gesetz zur Prostitution in Indien von 1956: Unterdrückung des unmoralischen Verkehrs mit Frauen und Mädchen, Verhinderung des unmoralischen Verkehrs.

bereits weit verbreitet und ungeregelt sind. Es wird geschätzt, dass jedes Jahr etwa 10.000 Kinder aus dem indischen Bundesstaat Jharkhand verschleppt werden, um als Hausangestellte oder Sexarbeiterinnen zu arbeiten. Der Menschenhandel für erzwungene Leihmutterschaft ist neu in diesem auf Frauenarbeit basierenden Markt (Roy 2015).

Als Wissenschaftler wie Shultz (1990) und Shalev (1989) sich für die Leihmutterschaft aussprachen und sogar die Kommerzialisierung der Leihmutterschaft befürworteten (Arneson 1992), war sie noch nicht in dem Maße globalisiert, wie sie es heute ist. Die Auswirkungen der Kommodifizierung des menschlichen Körpers, insbesondere der reproduktiven Körperteile von Frauen, durch Liberalisierung und Globalisierung sind in jüngster Zeit viel deutlicher zu erkennen. Die Manifestationen der Objektivierung in den Leihmutterschaftsvereinbarungen beinhalten Instrumentalität, Verleugnung der Subjektivität, Trägheit und Austauschbarkeit (Berkhout 2008), und es gibt Beweise für solche Formen der Objektivierung von Leihmüttern in Indien (Saravanan 2013; SAMA 2012; Pande 2010; Vora 2013; Deomampo 2013). Dementsprechend haben Wissenschaftler, Aktivisten, Anwälte, politische Entscheidungsträger und Ärzte weltweit die Leihmutterschaftspraktiken in Indien kritisiert. Das jüngste Verbot der kommerziellen Leihmutterschaftspraxis in Indien folgte den Empfehlungen all dieser Disziplinen innerhalb Indiens. Die Manifestation der Kommodifizierung, wie Genetisierung, Rassismus, Klassismus, Neokolonialismus, wird in den Auswahlkriterien, der Motivation der Teilnehmer, der Rhetorik, der Beziehung zum Kind, der Aufgabe, die die Wunscheltern und Leihmütter im Leihmutterschaftsprozess erfahren, in den Kap. 5 und 6 untersucht. Widdows (2009) schlägt vor, dass wir potenziell kommodifizierende Praktiken nicht unterstützen sollten, insbesondere wenn es ethisch dringende Gründe dafür gibt (wie bei der Organtransplantation), weil die Kommodifizierung der Körperteile in eine Kommodifizierung der Personen normalisiert wird. Eine Trennung von Teilen und Personen sollte vermieden werden, wo immer es unnötig ist; zum Beispiel bei der Auswahl von Teilen und Merkmalen in den IVF-Verfahren sollten Bedenken hinsichtlich der Kommodifizierung auf sozialer Ebene Vorrang vor den Präferenzen der Wunscheltern haben (Widdows 2009).

Eine feministische Perspektive muss Verpflichtungen zur menschlichen Rationalität zusammen mit individueller Autonomie beinhalten und den sozialen Kontext persönlicher Entscheidungen verstehen. Daher müssen Fragen der individuellen Reproduktionsfreiheit in Verbindung mit dem menschlichen Fortschritt gestellt werden, der für eine gerechte Gesellschaft erforderlich ist (Ryan 1990). Feminismus steht für individuelle Reproduktionsrechte, die mit Verantwortlichkeiten für eine gerechte und humane Gesellschaft einhergehen. Daher kann eine Fortpflanzungsfreiheit, die durch Verletzung der körperlichen Integrität von Frauen und Missachtung der gegenseitigen menschlichen Gemeinschaft erreicht wird, nicht als individuelles „Recht" betrachtet werden. Nach Raymond (1993) müssen Rechte Machtungleichgewicht, Gerechtigkeit, Selbstbestimmung und internationale Beziehungen ansprechen, die wiederum in der Würde des Einzelnen und der Integrität der Beziehungen zwischen Individuen und Gruppen in der Gesellschaft verankert sein sollten.

Stratifizierte Reproduktion

Shellee Colen definiert die stratifizierte Reproduktion als die physischen und sozialen Reproduktionsaufgaben, die „differenziert nach Ungleichheiten erfüllt werden, die auf Hierarchien von Klasse, Rasse, Ethnizität, Geschlecht, dem Platz in einer globalen Wirtschaft und dem Migrationsstatus basieren und die durch soziale, wirtschaftliche und politische Kräfte strukturiert sind" (Colen 1995: 380). Stratifizierte Reproduktion ist ein Konzept, das von Shellee Colen (1995) entwickelt wurde, um die Schichtung der Reproduktionsarbeit zu verstehen, die unterschiedlich erfahren wird, je nach den Ungleichheiten des Zugangs zu Ressourcen sowie sozioökonomischen und politischen Hierarchien. Colen forschte über westindische Kinderbetreuerinnen, die in New York beschäftigt waren. Die Frauen (meist farbig) hatten aufgrund ihrer niedrigeren Bildung geringere Jobmöglichkeiten; mit den steigenden Lebenshaltungskosten entschieden sie sich für die Migration in ein anderes Land, um sich um den Haushalt und die Kinderbetreuung anderer Menschen zu kümmern, während sie ihre eigenen Kinder zurückließen. Bis sie einen legalen Status erhielten, wurden sie als im Haushalt lebende Arbeiterinnen ohne Krankenversicherung und Urlaubsanspruch ausgebeutet. Die eigenen Kinder dieser Pflegemütter spürten eine Art von Verwirrung, Verlust und Verbitterung aufgrund der völligen Abwesenheit ihrer Mutter, einige wurden in Herbergen zurückgelassen. Durch den Überschuss an Frauen, die bereit waren, so eine Kinderbetreuung zu übernehmen, wurde ihre Reproduktionsarbeit entwertet und als unqualifiziert trivialisiert. Die Zeitungsanzeigen enthielten Überschriften wie „Miete eine Frau" und „Hausarbeit auf Kommando". Die Arbeitgeber benötigten ihre Dienste nur für die Kinderbetreuung, sie wollten nicht, dass sie zur Mutter werden, obwohl sie sich so fühlten, besonders weil sie ihre eigenen Kinder in einem anderen Land zurückgelassen hatten. Colens Forschung zeigt, dass die Stratifikation der Reproduktion zusammen mit der zunehmenden Kommodifizierung die Ungleichheiten von Rasse, Klasse, Geschlecht und Migration verstärkt und intensiviert hat (Colen 1995). Dies ist der Situation auf dem kommerziellen Leihmutterschaftsmarkt in Indien sehr ähnlich, wo Frauen aus Armutshaushalten mit geringeren Jobmöglichkeiten aufgrund ihrer niedrigeren Fähigkeiten ungerechte Verträge eingehen. Von ihnen wird erwartet, dass sie in Leihmutterschaftshäusern kontrolliert und überwacht leben und ausbeuterischen Klauseln zustimmen, damit ihre Kinder ein besseres Leben haben. Aufgrund der Armut gibt es einen Überschuss an Frauen, die bereit sind, Leihmutter zu werden. Laut offiziellen Zahlen leben derzeit 276 Mio. (22 %) Menschen der Gesamtbevölkerung in Indien unterhalb der Armutsgrenze (NSSO 2013). Das McKinsey Global Institute (MGI) entwickelte einen überarbeiteten analytischen Index, die „Empowerment-Linie". Es wird geschätzt, dass 680 Mio. (56 %) Menschen der Bevölkerung nicht die Mittel haben, um ihre grundlegenden Bedürfnisse zu erfüllen (Gupta et al. 2014).

Methodologischer Rahmen

Colens „Stratifizierte Reproduktion" als konzeptioneller Rahmen untersucht die Aufteilung der Reproduktionsarbeit, die möglicherweise unterschiedlich erfahren wird, je nach Ungleichheiten des Zugangs zu Ressourcen, die durch Hierarchien strukturiert sind. Dies sind Aspekte, die einen sozioökonomischen und politischen Status fördern oder beeinträchtigen. Das Konzept untersucht die Reproduktionsarbeit des Gebärens, Aufziehens und Sozialisierens von Kindern, je nach Ungleichheiten des Zugangs zu materiellen und sozialen Ressourcen, die durch Hierarchien von Klasse, Rasse, Ethnizität, Geschlecht, Ort und Migrationsstatusunterschiede strukturiert sind (Colen 1995). Durch die ungleiche Zuweisung von Ressourcen, die eine differenzielle Erfahrung, Wert und Belohnung bewirken, haben Privilegierte bei solcher Stratifizierung von Fortpflanzungspraktiken Vorrang, während sie für die Unterprivilegierten schwierig und sogar gefährlich sein kann.

Viele feministische Sozialwissenschaftlerinnen beziehen sich auf die stratifizierte Reproduktion (Ikemoto 2015). Einige haben sie teilweise als analytischen Ansatz angewendet, um zu untersuchen, wie soziale Reproduktionsaufgaben aufgrund von Klassen-, Rassen-, ethnischen und globalen Hierarchien variieren (Mohapatra 2012) oder um die Stratifikation der Reproduktion zu verstehen (Deomampo 2013). Es gibt keine empirischen Studien, die die assistierte Reproduktionstechnologie und stratifizierte Reproduktion als umfassenden methodologischen Rahmen untersucht haben. Kombiniert mit ethnographischer Forschung als analytischem Rahmen verknüpft die Forschung ein Phänomen wie Leihmutterschaft mit den alltäglichen Strukturen der Rassifizierung und mit historischer Ungleichheit. Die stratifizierte Reproduktion hilft dabei, die Intersektionalität von Geschlecht, Rasse, Klasse und anderen Formen von Ungleichheiten zu untersuchen. Sie ist jedoch darauf beschränkt, die Unterschiede in der Erfahrung und den Machtbeziehungen zu verstehen. Daher wendet diese Forschung eine reproduktive Gerechtigkeit an, um einen strategischen Weg zu finden. In diesem Buch ziehe ich Colens (1995) stratifizierte Reproduktion als Rahmen heran, um die reproduktive Gerechtigkeit des indischen Leihmutterschaftsbasars zu untersuchen. Ziel dieser Forschung war, wie stratifizierte Reproduktionsaufgaben des Gebärens und Aufziehens von Kindern unterschiedlich als Erfahrung, Wert und Belohnung verkörpert werden, je nach Ungleichheiten, um zu untersuchen, ob diese Verkörperung, die durch sozioökonomischen und politischen Status strukturiert ist, Ungleichheiten und Vorurteile aus einer Perspektive der reproduktiven Gerechtigkeit verstärkt, um strategische Wege unter Verwendung von Intersektionalität zur Erreichung von reproduktiver Gerechtigkeit in Leihmutterschaftspraktiken zu identifizieren. Intersektionalität als methodologischer Rahmen untersucht Interaktionen, die Ungleichheiten aufdecken. Als analytischer Rahmen ist sie aber darauf beschränkt, die Interaktionen zu beschreiben und greift zu kurz, um Strategien innerhalb dieser Interaktionen zu untersuchen. Da eine der historischen Formen von Ungleichheit und Ausbeutung die Kolonisierung ist, gibt es in diesem Buch auch ein Kapitel über postkoloniale Theorien.

Reproduktive Gerechtigkeit, transnationaler Feminismus und Intersektionalität

Der Rahmen der reproduktiven Gerechtigkeit ist ein relativ neuer und dennoch überzeugender Ansatz, um die komplexe Makro- und Mikroebene der Intersektionalität von assistierten Reproduktionstechnologien zu verstehen. Ein Rahmen für reproduktive Gerechtigkeit beinhaltet eine Analyse der sozioökonomischen, politischen und historischen Kontexte, in denen die Leihmutterschaft stattfindet. Reproduktive Gerechtigkeit ist ein auf sozialer Gerechtigkeit basierendes Rahmenwerk, das die reproduktive und sexuelle Gesundheit von Frauen mit ihren sozialen, kulturellen, wirtschaftlichen und politischen Bedingungen verknüpft und dabei die sich überschneidenden sozioökonomischen Faktoren, Rasse, Religion, Geographie, Nationalität, Sexualität und allgemeine Gesundheitsaspekte berücksichtigt, die das Leben von Frauen beeinflussen. Soziale Gerechtigkeit in Bezug auf Frieden, Armut, Menschenrechte, Vorurteile und Diskriminierung, Bildungsgerechtigkeit sowie Ungleichheiten im Bereich Gesundheit und Gesundheitsversorgung sind grundlegend, um eine reproduktive Gerechtigkeit zu erreichen (Chrisler 2013–14). Die Bewegung für eine reproduktive Gerechtigkeit wurde durch den globalen Feminismus und die transnationale feministische Bewegung beeinflusst (Morgan 2003; Mohanty 2003). Der globale Feminismus arbeitet daran, Frauen weltweit dabei zu unterstützen, systemische Probleme zu lösen, die sich aus dem Patriarchat ergeben und die Gesundheit und das Wohlbefinden von Frauen beeinträchtigen (Morgan 2003). Während reproduktive Rechte sich auch der Autorität widersetzen können, indem sie vorschreiben, was man mit seinem Körper tun oder nicht tun kann, ist reproduktive Gerechtigkeit ein positives Recht, das auf der Rolle der Behörden basiert, die Lebensqualität zu unterstützen (Bristow). Transnationaler Feminismus identifiziert die Schwierigkeiten bei der Spaltung von Frauen, insbesondere in einer globalisierten Welt, die von Medien, multinationalen Unternehmen und Migration beeinflusst wird (Mohanty 2003). Transnationaler Feminismus betont auch die Intersektionalität von Unterdrückung in Form von sozialer Klasse und Identität (Alter, Rasse, Ethnizität, sozioökonomische Klasse, sexuelle Orientierung, Geschlechtsidentität, Religion und Fähigkeit), die sich auf die Erfahrungen von Frauen auswirkt. Transnationale Bewegungen arbeiten daran, Frauen zu unterstützen, die Lösungen in ihrem kulturellen Kontext entwickeln, anstatt einen hierarchischen Ansatz von Frauen aus dem Globalen Norden zu übernehmen, die versuchen, Lösungen für den Globalen Süden zu entwickeln. Intersektionalität ist ein Konzept, das von Crenshaw (1991), einer prominenten Wissenschaftlerin der kritischen Rassentheorie, geprägt wurde, um sich überschneidende Formen von Unterdrückung, Herrschaft oder Diskriminierung zu verstehen. Ihr Konzept wird bei einer Vielzahl von feministischen Analysen, philosophischen und politikwissenschaftlichen Forschungen angewendet.

Dieser Ansatz konzentriert sich auf die Art und Weise, wie Beziehungen zwischen sozialen Strukturen und Unterdrückungssystemen kombiniert werden, um marginalisierend zu wirken. Intersektionalität befasst sich mit kontextspezifischen Anfragen wie der „Analyse der vielfältigen Möglichkeiten wie Rasse und Geschlecht mit Klasse auf dem Arbeitsmarkt interagieren" (Cho et al. 2013: 785).

Raymond (1993) hat im letzten Kapitel ihres *Buches Women as Wombs* auf das Thema „Gerechtigkeit" Bezug genommen und erklärt, dass die individuelle körperliche Würde von Frauen und die Integrität zwischen Individuen und Gruppen in der Gesellschaft wichtige Überlegungen bei der Bestimmung internationaler Menschenrechte sein sollten. Ähnliche Bezugnahmen auf körperliche Integrität und strukturelle Ungleichheiten wurden auch aus einer globalen Geschlechtergerechtigkeitsperspektive gemacht (Donchin 2010). Mit ihrem Ansatz der sozialen Gerechtigkeit lehnen Callahan und Roberts (1996) bezahlte Schwangerschaftsverträge ab, da sie zur Unterdrückung von Frauen, Armen und People of colour beitragen. Bailey (2011) kritisiert den liberalen Feminismus dafür, dass er westliche Freiheitsrahmen auf indische Vertragsmütter ausdehnt, und kritisiert feministisch-biomedizinische Ethnologen für ihre schwache Moral, die strukturellen Schäden und Ungerechtigkeiten zu wenig zu thematisieren. Das Manko ihrer Arbeit, wie Bailey selbst zugibt, ist, dass sie die Perspektiven radikaler Feministinnen nicht berücksichtigt hat. Im Kontext der Leihmutterschaftspraktiken in Indien schlägt sie vor, dass der Ausgangspunkt für die Theoretisierung von „reproduktiver Gerechtigkeit" das Verständnis der tiefen Ungerechtigkeiten sein sollte, die aus den Leihmutterschafts- oder Armutsdilemmata entstehen, die Frauen zur Leihmutterschaft zwingen. Ein Schlüsselprinzip des Modells der reproduktiven Gerechtigkeit besteht darin, die verletzlichen Menschen in den Mittelpunkt zu stellen; die Armen, People of colour, Menschen mit Behinderungen sowie Menschen mit einem Geschlechtsausdruck und einer Sexualität, die nicht der Norm entsprechen (Luna und Luker 2013). Es ist jedoch wichtig zu beachten, dass reproduktive Ausbeutung sowohl innerhalb als auch zwischen diesen verletzlichen Gruppen auftreten kann.

Die Asian Communities for Reproductive Justice (ACRJ) hat drei Rahmenwerke zur reproduktiven Gesundheit, zu Rechten und Gerechtigkeit entwickelt. Das Rahmenwerk für reproduktive Gerechtigkeit beinhaltet die Anerkennung der Geschichte der reproduktiven Unterdrückung in allen Gemeinschaften. Dieses Modell basiert auf der Organisation von Frauen/Mädchen zur Veränderung struktureller Machtungleichheiten. Es untersucht die Kontrolle und Ausbeutung von Frauenkörpern, Sexualität und Reproduktion, da sie als effektive Strategie zur Kontrolle von Frauen und Gemeinschaften, insbesondere von People of Colour, eingesetzt wurde, die sich durch multiple Unterdrückungen von Rasse, Klasse, Geschlecht, Sexualität, Fähigkeit, Alter und Einwanderungsstatus manifestiert. „Die Kontrolle über den Körper einer Frau kontrolliert ihr Leben, ihre Möglichkeiten und ihr Potenzial" (ACRJ 2005: 2). Dieses Modell basiert auf dem Menschenrechtsrahmen, der von der ACRJ zusammen mit dem SisterSong Collective veröffentlicht wurde, mit dem Ziel, „reproduktive Gerechtigkeit" in den Mainstream der „reproduktiven Rechte" und „sozialen Gerechtigkeitsbewegungen" zu bringen. Ein Schritt in diese Richtung wäre die Untersuchung, wo Reproduktionstechnologien die

„humanitäre" Schwelle der feministischen Ideologien von Gleichheit, Freiheit und Gerechtigkeit überschreiten. Diese konzeptionellen Rahmenwerke werden in den Kap. 4 und 5 erneut besprochen, um strategische Wege der humanitären assistierten Konzeption auf der Grundlage der empirischen Ergebnisse zu identifizieren.

Literatur

ACRJ. 2005. A new vision for advancing our movement for reproductive health, reproductive rights and reproductive justice. Oakland, CA: Asian Communities for Reproductive Justice, Website.

Agamben, G. 1998. Homo sacer: Sovereign power and bare life. Translated by D. Heller-Roazen. Stanford: Stanford University Press.

Alcoff, L. 2006. *Visible identities: Race, gender, and the self.* New York: Oxford University Press.

Anderson, Elizabeth S. 1990. Is women's labor a commodity? *Philosophy & Public Affairs* 19 (1): 71–92.

Anderson, Elizabeth S. 2000. Why commercial surrogate motherhood unethically commodifies women and children: Reply to McLachlan and Swales. *Health Care Analysis* 8: 19–26.

Andrews, Lori. B. 1986. The stork market: The law of the new reproduction …the baby selling laws. *Columbia Journal of Law and Social Problems* 20: 1–53.

Andrews, Lori. 1989. *Between strangers: Surrogate mothers, expectant fathers, and brave new babies.* New York: Harper & Row.

Appadurai, A. 1986. *The social life of things: Commodities in cultural perspective.* Cambridge: Cambridge University Press.

Arlamovsky, Maria. 2016. *Future baby (documentary).* NGF-Nikolaus Geyrhalter Filmproduktion.

Arneson, Richard J. 1992. Commodification and commercial surrogacy. *Philosophy and Public Affairs* 21 (2): 132–16.

Atwood, Margaret. 1985. *The handmaid's tale.* Toronto: McClelland & Stewart.

Bailey, Alison. 2011. Reconceiving surrogacy: Toward a reproductive justice account of Indian surrogacy. *Hypatia* 26: 715–741.

Baker, Brenda M. 1996. A case for permitting altruistic surrogacy. *Hypatia* 11: 34–48.

Banerjee, Amrita. 2011. Re-conceiving "borders": A feminist pragmatic phenomenology for post-colonial feminist ethics and politics. A dissertation Presented to the Department of Philosophy and the Graduate School of the University of Oregon.

Becker, G. 2000. *The elusive embryo: How women and men approach new reproductive technologies.* Berkeley: University of California Press.

Bentham, Jeremy. 1982. *Introduction to the principles of morals and legislation.* London: Methuen.

Berend, Zsuzsa. 2010. Surrogate losses: Understandings of pregnancy loss and assisted reproduction among contract mothers. *Medical Anthropology Quarterly* 24: 240–262.

Berkhout, Suze G. 2008. Buns in an oven: Objectification, surrogacy and women's autonomy. *Social Theory and Practice* 34: 95–117.

Bharadwaj, A. 2016. *Conceptions: Infertility and procreative technologies in India.* New York, Oxford: Berghahn.

Blyth, E. 1994. I wanted to be interesting. I wanted to be able to say I've done something interesting with my life: Interviews with SMs in Britain. *Journal of Reproductive and Infant Psychology* 12 (3): 189–198.

Bordo, S. 1993. *Unbearable weight: Feminism, western culture and the body*. Berkeley: University of California Press.

Brähler, E., and Y. Stöbel-Richter. 2002. Soziologische, epidemiologische und politische Aspekte der Reproduktionsmedizin. In *Vom Stammbaum zur Stammzelle. Reproduktionsmedizin, Pränataldiagnostik und menschlicher Rohstoff (S. 97–110)*, ed. E. Brähler, Y. Stöbel-Richter und U. Hauffe. Gießen: Psychosozial-Verlag.

Callahan, Joan C., and Dorothy E. Roberts. 1996. A feminist social justice approach to reproduction-assisting technologies: A case study on the limits of liberal theory. *Faculty Scholarship*, Paper 1155.

Carmeli, Yoram S., and Daphna Birenbaum-Carmeli. 1994. The predicament of masculinity: Towards understanding the male's experience of infertility treatment. *Sex Roles* 30 (9–10): 663–677.

Cho, Sumi, Kimberlé Williams Crenshaw, and Leslie McCall. 2013. Toward a field of intersectionality studies: Theory, applications, and praxis. *Signs* 38 (4): 785–810.

Chrisler, Joan C. 2013. Introduction: A global approach to reproductive justice psychosocial and legal aspects and implications. *William & Mary Journal of Women and the Law* 20: 1–25.

Colen, S. 1995. Like a mother to them: Stratified reproduction and West Indian childcare workers and employers in New York. In *Conceiving the new world order: The global politics of reproduction*, ed. F. Ginsburg and R. Rapp, 78–102. Berkeley: University of California Press.

Corea, Gena. 1985. *The mother machine: Reproductive technologies from artificial insemination to artificial wombs*. New York: Harper and Row.

Cornell, Drucilla. 1998. *At the heart of freedom: Feminism, sex, and equality*. Princeton: Princeton University Press.

Crenshaw, Kimberle. 1991. Mapping the margins: Intersectionality, identity politics, and violence against women of color. *Stanford Law Review* 43 (6): 1241–1299.

DasGupta, Sayantani, and Shamita Das DasGupta. 2014. *Globalization and transnational surrogacy in India: Outsourcing life*. Lanham: Lexington Books.

Dawe, Gavin S., W. Tan Xiao, and Xiao Zhi-Cheng. 2007. Cell migration from baby to mother. *Cell Adhesion and Migration* 1: 19–27.

Deomampo, Daisy. 2013. Gendered geographies of reproductive tourism. *Gender & Society* 27: 514–537.

Dickenson, Donna. 2007. *Property in the body: Feminist perspectives*. Cambridge: Cambridge University Press.

Donchin, A. 1996. Feminist critiques of new fertility technologies: Implications for social policy. *The Journal of Medicine and Philosophy* 21 (5): 475–498.

Donchin, A. 2010. Reproductive tourism and the quest for global gender justice. *Bioethics* 24 (7): 323–332.

Douglas, M. 1970. *Natural symbols: Explorations in cosmology*. London: Routledge.

Dube, L. 1998. On the construction of gender: Hindu girls in patrilineal India. In *Socialization, education and Women: Explorations in gender identity*, ed. K. Chanana, 168–192. New Delhi: Orient Longman.

Dworkin, Andrea. 1983. *Right-wing women*. New York: Perigee Books.

Ehrich, K., and C. Williams. 2010. A 'healthy baby': The double imperative of preimplantation genetic diagnosis. *Health* 14: 41–56.

Finley, Nancy J. 1989. Theories of family labor as applied to gender differences in caregiving for elderly parents. *Journal of Marriage and Family* 51 (1): 79–86.

Foucault, M. 1997. *Ethics, subjectivity and truth: The essential works of Foucault*, ed. Paul Rabinow. Translated by Robert Hurley and others.

Franklin, S., and C. Roberts. 2006. *Born and made: An ethnography of preimplantation genetic diagnosis*. New Jersey, Oxfordshire: Princeton University Press.
Fulfer, Katy. 2017. Cross-border reproductive travel, neocolonialism, and Canadian policy. *International Journal of Feminist Approaches to Bioethics* 10 (1): 225–247.
Ginsburg, F., and R. Rapp. 1995. *Conceiving the new world order: The global politics of reproduction*. Berkeley: University of California Press.
Greil, A.L. 1991. *Not yet pregnant: Infertile couples in contemporary America*. New Brunswick: Rutgers University Press.
Greil, A.L., K. Slauson-Blevins, and J. McQuillan. 2010. The experience of infertility: A review of recent literature. *Sociology of Health & Illness* 32: 140–162.
Greil, A.L., J. McQuillan, M. Lowry, and K.M. Shreffler. 2011a. Infertility treatment and fertility-specific distress: A longitudinal analysis of a population-based sample of U.S. women. *Social Science and Medicine* 73 (1): 87–94.
Greil, Arthur, Julia McQuillan, and Kathleen Slauson-Blevins. 2011b. The social construction of infertility. *Sociology Compass* 5 (8): 736–746.
Gupta, J.A. 2000. *New reproductive technologies, women's health and autonomy: Freedom or dependency*. New Delhi: Thousand Oaks.
Gupta, R., S. Sankhe, R. Dobbs, J. Woetzel, A. Madgavkar, and A. Hasyagar. 2014. *From poverty to empowerment: India's imperative for jobs, growth and effective basic services*. Mumbai: McKinsey Global Institute.
Gutmann, M.C. 2007. *Fixing men: Sex, birth control, and AIDS in Mexico*. Berkeley: University of California Press.
Harrison, Laura. 2016. *Brown bodies, white babies: The politics of cross-racial surrogacy*. New York: New York University Press.
Hassan, N. 2010. Milk markets: Technology, the lactating body, and new forms of consumption. *WSQ: Women's Studies Quarterly* 38 (3): 209–228.
Held, Virginia. 1987. Non-contractual society: A feminist view. In *Science, morality, and feminist theory*, ed. M.P. Hanen and K. Nielsen. Calgary: University of Calgary Press.
Hill, John Lawrence. 1990. The case for enforcement of the surrogate contract. *Politics and the Life Sciences* 8 (2): 147–160.
Hochschild, A. R. 2004. The commodity frontier. In *Self, social structure and beliefs: Essays in sociology*, ed. J. Alexander, G. Marx, and C. Williams. Berkeley: University of California.
Hochschild, Arlie. 2011. Emotional life on the market frontier. *The Annual Review of Sociology* 37: 21–33.
ICPD Programme of Action. 1994. *Cairo, Egypt: International Conference on Population and Development*. United Nations Population Funds.
Ikemoto, Lisa C. 2015. Egg freezing, stratified reproduction and the logic of not. *Journal of Law and the Biosciences* 1 (4): 112–117.
ILO. 2012. *Statistical update on employment in the informal economy ILO*. Department of Statistics. http://laborsta.ilo.org/applv8/data/INFORMAL_ECONOMY/2012-06-Statistical%20update%20-%20v2.pdf. Zugegriffen: 15 Aug. 2017.
Inhorn, Marcia C. 2002. Sexuality, masculinity, and infertility in Egypt: Potent troubles in the marital and medical encounters. *The Journal of Men's Studies* 10: 343–359.
Inhorn, Marcia C. 2009. Right to assisted reproductive technology: Overcoming infertility in low-resource countries. *International Journal of Gynecology and Obstetrics* 106: 172–174.
Inhorn, M., and P. Patrizio. 2012. The global landscape of cross-border reproductive care: Twenty key findings for the new millennium. *Current Opinion in Obstetrics and Gynecology* 24: 158–163.

Inhorn, Marcia C., and Frank van Balen. 2002. *Infertility around the globe: New thinking on childlessness, gender, and reproductive technologies*. Berkeley: University of California Press.

Jaggar, A.M., and P.R. Struhl. 1978. *Feminist frameworks: Alternative theoretical accounts of the relations between women and men*. New York: McGraw-Hill.

Johnson, Katherine M., and Jasmine Fledderjohann. 2012. Revisiting "her" infertility: Medicalized embodiment, self-identification and distress. *Social Science and Medicine* 75 (5): 883–891.

Katz, Avi. 1986. Contract motherhood and the baby-selling laws. *Columbia Journal of Law and Social Problems* 20: 1–53.

Khetarpal, Abha, and Satendra Singh. 2012. Infertility: Why can't we classify this inability as disability? *Australasian Medical Journal* 5 (6): 334–339.

Kimbrell, A. 1993. *The human body shop the engineering and marketing of life*.

Kishwar, M. 1993. Abortion of female fetuses: Is legislation the answer? *Reproductive Health Matters* 1 (2): 113–115.

Klein, Renate. 2017. *Surrogacy: A human rights violation*. Melbourne: Spinifex Press.

Krones, T., and G. Richter. 2004. Preimplantation genetic diagnosis (PGD): European perspectives and the German situation. *Journal of Medicine and Philosophy* 29: 623–640.

Kuchroo, Sakshi. 2016. Banning commercial surrogacy is the only way forward: Professor Mohan Rao of Jawaharlal Nehru University talks about the pros and cons of the surrogacy bill. *Governance Now* 7 (16): 38–39.

Lamont, M., S. Pendergrass, and M. Pachucki. 2015. Symbolic boundaries. *International Encyclopedia of the Social & Behavioral Sciences* 23: 850–55.

Letherby, Gayle. 2002. Challenging dominant discourses: Identity and change and the experience of 'infertility' and 'involuntary childlessness'. *Journal of Gender Studies* 11 (3).

Littleton, Christine A. 1987. Reconstructing sexual equality. *California Law Review* 1279. http://scholarship.law.berkeley.edu/californialawreview/vol75/iss4/2. Zugegriffen: 15 Aug. 2017.

Luna, Zakiya, and Kristin Luker. 2013. Reproductive justice. *Annual Review of Law and Social Science* 9: 327–352.

MacKinnon, Catharine A. 2011. Trafficking, prostitution, and inequality. *Harvard Civil Rights-Civil Liberties Law Review* 46: 271–309.

Majumdar, Anindita. 2014. The rhetoric of choice: The feminist debates on reproductive choice in the commercial surrogacy arrangement in India. *Gender, Technology and Development* 18 (2): 275–301.

Mauss, M. 1985. A category of the human mind: The notion of the person; the notion of the self. *The category of the person* 1–25.

Merleau-Ponty, M. 1995 (1945). *Phenomenology of perception*. Translated by Colin Smith. New York: Routledge.

Miall, Charlene E. 1986. The stigma of involuntary childlessness. *Social Problems* 33 (4): 268–282.

Mies, M. 1988. From the individual to the dividual: In the supermarket of "reproductive alternatives". *Reproductive and Genetic Engineering* 1 (3): 225–237.

Mill, J.H. 1989. Chapter on socialism. In *On liberty and other writings*, ed. Stefan Collini. Cambridge: Cambridge University Press.

Mishra, K., and A. Dubey. 2014. Indian women's perspectives on reproduction and childlessness: Narrative analysis. *International Journal of Humanities and Social Science* 4.

Mistry, R., O. Galal, and M. Lu. 2009. Women's autonomy and pregnancy care in rural India: A contextual analysis. *Social Science and Medicine* 69 (6): 926–933.

Mohanty, Chandra Talpade. 2003. Under western eyes revisited: Feminist solidarity through anticapitalist struggles. *Signs* 28 (2): 499–535.

Mohapatra, Seema. 2012. Achieving reproductive justice in the international surrogacy market. *Annals of Health Law* 21 (1): 191–200.
Morgan, R. (1996). *Sisterhood is global*. New York: Feminist Press.
Morgan, Robin. 2003. *Sisterhood is forever: The women's anthology for a new millennium*. New York: Washington Square Press.
Nahar, P., and A. Richters. 2011. Suffering of childless women in Bangladesh: The intersection of social identities of gender and class. *Anthropology and Medicine* 18 (3): 327–338.
NDTV. 2015. We the people—The surrogacy debate; of motherhood or money? *YouTube*. https://www.youtube.com/watch?v=7OlBHVKZzjg. Zugegriffen: 14. Aug. 2017.
NSSO. 2012. *Informal sector and conditions of employment in India NSS 66th ROUND* (July 2009–June 2010). National Sample Survey Office National Statistical Organisation Ministry of Statistics & Programme Implementation Government of India.
NSSO. 2013. *Key indicators of employment and unemployment in India*. New Delhi: The National Sample Survey Office (NSSO), Ministry of Statistics and Programme Implementation.
Padmanabhan, Anil. 2016. Formalizing India's informal economy. *Live Mint*. http://www.livemint.com/Opinion/4kxau3CejBat9uAIEakIKK/Formalizing-Indias-informal-economy.html. Zugegriffen: 15 Aug. 2017.
Pande, A. 2010. Commercial surrogacy in India: Manufacturing a perfect mother-worker. *Signs* 35: 969–992.
Pande, A. 2014. *Wombs in labor: Transnational commercial surrogacy in India*. New York: Columbia University Press.
Pateman, Carole. 1988. *The sexual contract*. Stanford: Stanford University Press.
Petchesky, Rosalind Pollack. 1995. From population control to reproductive rights: Feminist fault lines. *Reproductive Health Matters* 3 (6): 152–161.
Pfeffer, N. 2011. Eggs-ploiting women: A critical feminist analysis of the different principles in transplant and fertility tourism. *Reproductive Biomedicine Online* 23 (5): 634–641.
Philip, C.M. 2017. *Aadhar helps railways trace parents of trafficked kids*. Bangaluru: The Times of India, 8th November.
Pujari, S., and S. Unisa. 2014. Failing fatherhood: A study of childless men in rural Andhra Pradesh. *Sociological Bulletin* 63: 21–40.
Radin, M.J. 1995. What, if anything, is wrong with baby selling? *Pacific Law Journal*.
Rapp, Rayna. 1999. *Testing women, testing the fetus: The social impact of amniocentesis in America*, 368. New York: Routledge.
Raymond, Janice G. 1990. Reproductive gifts and gift giving: The altruistic woman. *Hastings Center Report* 20 (6): 7–11.
Raymond, J.G. 1993. *Women as wombs: Reproductive technologies and the battle over women's freedom*. San Francisco: Harper.
Reddy, Sunita, and Tulsi Patel. 2015. There are many eggs in my body: Medical markets and commodified bodies in India. *Global Bioethics* 26 (3–4): 218–231.
Riessman, C. 2000. Stigma and everyday resistance practices, childless women in South India. *Gender Society* 14: 111–135.
Roberts, E.F. 1998. "Native" narratives of connectedness: Surrogate motherhood and technology. In *Cyborg babies: From techno-sex to techno-tots*, ed. R. Davis-Floyd and J. Dumit, 193–211. New York: Routledge.
Roberts, Dorothy E. 1996. Race and the new reproduction. *Faculty Scholarship*. Paper 1154.
Robertson, John A. 1983. Procreative liberty and the control of conception, pregnancy, and childbirth. *Virginia Law Review* 69 (3): 405–464.
Robertson, John A. 1986. Embryos, families, and procreative liberty: The legal structure of the new reproduction. *Southern California Law Review* 59: 939–1041.

Rose, Nikolas. 2001. The politics of life itself. *Theory, Culture and Society* 18 (6): 1–30.
Rotabi, K.S., N.F. Bromfield, and P. Fronek. 2015. International private law to regulate commercial global surrogacy practices: Just what are social work's practical policy recommendations? *International Social Work*. https://doi.org/10.1177/0020872814564706.
Rothenberg, K.H. 1996. Feminism, law, and bioethics. *Kennedy Institute of Ethics Journal* 6 (1): 69–84.
Rothman, Barbara Katz. 1992. Reproductive technologies and surrogacy: A feminist perspective. *Creighton Law Review* 25: 1599–1616.
Roy, S. 2015. *Trafficked tribal girls forced to conceive, deliver babies for sale*. New Delhi: Hindustan Times: 25th Feb.
Rudrappa, S., and C. Collins. 2015. Altruistic agencies and compassionate consumers: Moral framing of transnational surrogacy. *Gender & Society* 29: 937–959.
Ryan, Maura A. 1990. The argument for unlimited procreative liberty: A feminist critique. *Hastings Center Report* 20: 6–12.
SAMA. 2012. *Birthing a market: A study on commercial surrogacy*. New Delhi: SAMA-resource group for women and health.
Sandelowski, M. 1991. Compelled to try: The never-enough quality of conceptive technology. *Medical Anthropology Quarterly* 5: 29–47.
Sandelowski, Margarete, Diane Holditch-Davis, and Betty G. Harris. 1990. Living the life: Explanations of infertility. *Sociology of Health & Illness* 12 (2): 195–215.
Saravanan, S. 2010. Transnational surrogacy and objectification of gestational mothers. *Economic and Political Weekly* 45: 26–29.
Saravanan, S., and R.R. Ranadive. 2010. *Mother anonymous (Documentary)*. India: Frame of Mind Communications Pvt. Ltd. Mumbai and Asia and Europe in a Global Context, University of Heidelberg, Germany.
Saravanan, S. 2013. An ethnomethodological approach to examine exploitation in the context of capacity, trust and experience of commercial surrogacy in India. *Philosophy, Ethics and Humanities in Medicine* 8: 10.
Saravanan, S. 2015. Global justice, capabilities approach and commercial surrogacy in India. *Medicine, Health Care and Philosophy* 18: 295–307.
Saravanan, S. 2016. 'Humanitarian' thresholds of the fundamental feminist ideologies: Evidence from surrogacy arrangements in India. *Analize: Journal of Gender and Feminist Studies* 6: 66–88.
Saravanan, S. 2017. When doctors rock the cradle. *Governance Now* 8: 56–58.
Sayeed, U. 1999. Childlessness in Andhra Pradesh, India: Treatment seeking and consequences. *Reproductive Health Matters* 7 (13): 54–64.
Scheman, Naomi. 1983. Individualism and the objects of psychology. *Discovering Reality* 161: 225–244.
Scheper-Hughes, Nancy. 2000. The global traffic in human organs. *Current Anthropology* 41 (2): 191–224.
Scheper-Hughes, N., and M. Lock. 1987. The mindful body: A prolegomenon to future work in medical anthropology. *Medical Anthropology Quarterly* 1: 6–41.
Schick, M., S. Rösner, B. Toth, T. Strowitzki, and T. Wischmann. 2016. Exploring involuntary childlessness in men—A qualitative study assessing quality of life, role aspects and control beliefs in men's perception of the fertility treatment process. *Human Fertility* 19 (1): 32–42.
Schroeder, P. 1988. Infertility and the world outside. *Fertility and Sterility* 49: 765–767.
Senarath, U., and N.S. Gunawardena. 2009. Women's autonomy in decision making for health care in South Asia. *Asia-Pacific Journal of Public Health* 21 (2): 137–143.
Shalev, Carmel. 1989. *Birth power: The case for surrogacy*. New Haven: Yale University Press.

Shalev, C. 1998. Halakha and patriarchal motherhood – An anatomy of the new Israeli Surrogacy Law. 32. *Israeli Law Review*: 51.

Shanley, Mary Lyndon. 1993. "Surrogate mothering" and women's freedom: A critique of contracts for human reproduction. *Signs* 18 (3): 618–639.

Sharp, L.A. 2000. The commodification of the body and its parts. *Annual Review of Anthropology* 1: 287–328.

Shultz, Marjorie M. 1990. Reproductive technology and intention-based parenthood: An opportunity for gender neutrality. *Wisconsin Law Review* 297–398.

Sloan, C., B. Gough, and M. Conner. 2010. Healthy masculinities? How ostensibly healthy men talk about lifestyle, health and gender. *Psychology and Health* 25: 783–803.

Stöbel-Richter, Y., M.E. Beutel, C. Finck, and E. Brähler. 2005. The 'wish to have a child', childlessness and infertility in Germany. *Human Reproduction* 20: 2850–2857.

Subedi, Madhusudan. 2015. Contractual transaction: How renting a uterus makes the human body a commodity in Nepal. *Dhaulagiri Journal of Sociology and Anthropology* 9: 1–25.

Swazey, J.P. 1992. *Spare parts: Organ replacement in American Society*. Oxford: Oxford University Press.

Teman, Elly. 2009. Embodying contract motherhood: Pregnancy as a dyadic body-project. *Body & Society* 15: 47–69.

Teman, Elly. 2010. *Birthing a mother: The surrogate body and the pregnant self*. Berkeley: University of California Press.

Thompson, Hazel. 2013. Horrors of India's brothels documented. *British Broad Casting*. http://www.bbc.com/news/world-asia-india-24530198. Zugegriffen: 15 Aug. 2017.

Tieu, Mathew M. 2009. Altruistic surrogacy: The necessary objectification of contract mothers. *Journal of Medical Ethics* 35: 171–175.

Tong, Rosemarie. 2009. *Feminist thought: A more comprehensive introduction*. Colarado: Westview Press.

Truong, T.D. 2001. Human trafficking and organised crime. *ISS Working Paper Series/General Series* 339:1–30.

UNFPA. 2004. *Investing in people: National progress in implementing the ICPD programme of action 1994–2004*. United Nation Population Fund New York.

Unisa, S. 1999. Childlessness in Andhra Pradesh, India: Treatment-seeking and consequences. *Reproductive Health Matters* 7: 54–64.

Van Balen, F., and H.M.W. Bos. 2009. The social and cultural consequences of being childless in poor-resource areas. *Facts, Views & Vision in ObGyn* 1 (2): 106–121.

Van Niekerk, Anton and Liezl Van Zyl. 1995. The Ethics of surrogacy: Women's reproductive labour. *Journal of Medical Ethics* 21: 345–349.

Vora, Kalindi. 2009. Indian transnational surrogacy and the commodification of vital energy. *Subjectivities*. 28 (1): 266–278.

Vora, Kalindi. 2013. Potential, risk and return in transnational Indian gestational surrogacy. *Current Anthropology* 54: S97–S106.

Vora, Kalindi. 2010. Medicine, markets and the pregnant body: Indian commercial surrogacy and reproductive labor in a transnational frame. *Scholar & FeministOnline* 9(1/2).

Wendell, Susan. 1987. A (qualified) defense of liberal feminism. *Hypatia* 2 (2): 65–93.

Whiteford, L.M., and L. Gonzalez. 1995. Stigma: The hidden burden of infertility. *Social Science and Medicine* 40: 27–36.

Whittaker, Andrea M. 2011. Reproduction opportunists in the new global sex trade: PGD and non-medical sex selection. *Reproductive BioMedicine Online* 23: 609–617.

Wichterich, C. 2000. *The globalized woman: Reports from a future of inequality*. North Melbourne: Spinifex Press.

Widdows, Heather. 2009. Border disputes across bodies: Exploitation in trafficking for prostitution and egg sale for stem cell research. *International Journal of Feminist Approaches to Bioethics* 2 (1): 5–24.

Widge, A. 2002. Sociocultural attitudes towards infertility and assisted reproduction in India. *Current Practices and Controversies in Assisted Reproduction* 60–74.

Williams, Wendy Webster. 1982. The equality crisis: Some reflections on culture, courts, and feminism. *Women's Rights Law Report* 7: 175.

Wirtberg, I., A. Möller, L. Hogström, S.E. Tronstad, and A. Lalos. 2007. Life 20 years after unsuccessful infertility treatment. *Human Reproduction* 22: 598–604.

Wischmann, T., and P. Thorn. 2013. (Male) infertility: What does it mean to men? New evidence from quantitative and qualitative studies. *Reproductive Biomedicine Online* 27: 236–243.

Young, Iris Marion. 2005. On female body experience "throwing like a girl" and other essays. *Feminism & Psychology*. https://doi.org/10.1093/0195161920.003.0001.

Zilberberg, J. 2007. Sex selection and restricting abortion and sex determination. *Bioethics* 21: 517–519.

Teil II

Indische Leihmutterschafts-Biomärkte: Eine Einführung

Indien in der Globalscape der Ungleichheiten verorten

4

Zusammenfassung

Indien war jahrelang ein beliebtes grenzüberschreitendes Ziel für die assistierte Reproduktion (ART) und wurde dabei von der indischen Regierung unterstützt. Im Hintergrund einer zunehmenden Beliebtheit standen eine ineffektive Regierungsführung, nicht registrierte Kliniken und ein wachsender Markt, verankert in den sozioökonomischen Ungleichheiten Indiens. Dieses Kapitel untersucht die Ungleichheiten, die ineffektive Regierungsführung, unklare Leihmutterschaftsregelungen und unethische Praktiken, die Länder wie Indien zu einer idealen Umgebung für globale Ungerechtigkeiten beim Prozess der kommerziellen Leihmutterschaft gemacht haben. Frauen mit begrenzten Ansprüchen in Bezug auf Bildung und Beschäftigungsmöglichkeiten sind ungerechte Leihmutterschaftsverträge eingegangen, die eine dreifache Entfremdung beinhalten – von ihren eigenen Körpern, der restlichen Welt und den Babys, die sie geboren haben. Dieses Kapitel beginnt mit den Hintergründen sozioökonomischer und gesundheitlicher Ungleichheiten in Indien, wo die meisten Leihmütter Grundschul- oder Oberschulabbrecherinnen sind. Es beschäftigt sich anschließend mit den Ungleichheiten innerhalb der Leihmutterschaftsbiomärkte und beschreibt die ungerechte Verteilung von Vorteilen, Entfremdung, die Verletzung guter medizinischer Praktiken und die Kommodifizierung von Kindern und Frauenkörpern. Ich habe mich auch mit der liberalen Praxis auseinandergesetzt, die die Leihmutterschaft wie jede andere Form der Arbeit betrachtet.

Schlüsselwörter

Sozioökonomische Ungleichheiten · Müttergesundheit · Leihmutterschaft als Arbeit · Leihmutterheime · Segmentierte Reproduktion

S. Suryanarayanan, *Ein transnationaler feministischer Blick auf die Biomärkte für Leihmutterschaft in Indien*, https://doi.org/10.1007/978-981-97-7944-4_4

Indien ist ein beliebtes globales Gesundheitsziel, das medizinische Versorgung, Ausrüstung und Einrichtungen zu vergleichsweise niedrigen Kosten anbietet. Ein Teilbereich des Medizintourismus betrifft die reproduktive Gesundheitsversorgung, einschließlich Behandlungen wie die assistierten Reproduktionstechnologien (ARTs) und die Leihmutterschaft. Die offizielle Registrierung von In-vitro-Fertilisationskliniken (IVF) in Indien ist unzureichend: Viele Kliniken bleiben unregistriert. Laut einem aktuellen Bericht des Indian Council of Medical Research (ICMR) gibt es in Indien 385 registrierte IVF-Kliniken. Die National Commission for Women schätzt die Anzahl jedoch auf 3000 Kliniken, die Leihmutterschaft anbieten (ICMR 2015; Kannan 2009). Indien fördert solche Behandlungen innerhalb eines finanziellen Rahmens. Die Prioritäten des Staates sind nicht so sehr auf den öffentlichen Sektor ausgerichtet wie auf die Förderung der Interessen der Industrie. Diese ermöglicht es, dass der Medizintourismus zu einer Stätte für Unternehmensgewinne wird. Die indische Regierung förderte die ART-Märkte, manchmal unter dem Begriff Medizintourismus, und bot „Anreize wie niedrige Zinssätze für Kredite zur Errichtung von Krankenhäusern und subventionierte Preise für den Kauf von Medikamenten, den Import von Ausrüstung und den Kauf von Klinikgrundstücken" (Sarojini et al. 2011: 3). Dies führte zu einem Anstieg von Ausländern. Im Jahr 2004 waren es allein 150.000 Menschen, die Indien ausschließlich wegen einer ART-Behandlung besuchten, was ihnen in ihrem Heimatland verweigert werden könnte (Sarojini et al. 2011).

Im Allgemeinen kann jeder für eine Behandlung in indische Krankenhäuser gehen, da keine Identitätskarten erforderlich sind, obwohl sich dies mit der Einführung der Aadhar-Karte ändern könnte. Ein Bürger kann auch die Staatsgrenzen überschreiten, um eine medizinische Behandlung in Anspruch zu nehmen. Daher können nicht ansässige Inder (NRIs), die das Land betreten, problemlos jedes Krankenhaus für ihre Behandlung aufsuchen, und oft tun sie dies auch für die Leihmutterschaft. Vor ein paar Jahren hat Indien medizinische Visa für diejenigen eingeführt, die das Land für eine medizinische Behandlung besuchen. Die tatsächliche Anzahl der Menschen, die nach Indien kommen, um sich medizinisch behandeln zu lassen, ist unklar. Während meiner Studie habe ich beobachtet, dass die meisten Wunscheltern, die nach Indien kamen, um eine Leihmutter zu beauftragen, auf Anraten der Kliniken mit Touristenvisa einreisten, daher wurden sie nicht als Medizintouristen erfasst. Die Daten wurden noch komplizierter, weil nicht die Leihmütter, sondern die Wunschmütter in den Kliniken als schwanger registriert wurden. Es wurde den Wunscheltern leichtgemacht, mithilfe der Kliniken Dokumente vorzuweisen, aus denen ihre Elternschaft hervorgeht. Der Anteil der Ausländer, die an Leihmutterschaften in Indien beteiligt waren, wird auf etwa 60–80 % geschätzt (Frontline 2016).

Eine der beliebtesten Kliniken in Westindien behauptete, 2013 die Geburt von 500 Babys verzeichnet zu haben, von denen zwei Drittel für Wunscheltern aus dem Ausland waren. Es wird weiterhin geschätzt, dass im Jahr 2016 mehr als 1100 Babys durch Leihmutterschaft geboren wurden (Bhalla und Thapiyal 2013; NDTV 2015, 2016). Nach einer neueren Schätzung machte das Leihmutterschaftsgeschäft in Indien einen jährlichen Umsatz von 2,3 Mrd. US$ aus (Perappadan 2014). Die Menschen aus dem

Ausland, die in Indien eine Leihmutterschaft beauftragten, werden auf ein Drittel bis zur Hälfte der Gesamtsuchenden geschätzt (Bhalla und Thapiyal 2013; Desai 2012). Bis zum Verbot der Leihmutterschaft im September 2016 wurden Paare aus dem Ausland mit Fruchtbarkeitsproblemen speziell wegen der liberalen und ungeregelten Bedingungen, der niedrigen Kosten und der einfachen Verfügbarkeit von Frauen, die bereit waren, Leihmütter zu werden, und der eingeschränkten Rechte der Leihmütter in Indien im Vergleich zu denen in den USA oder Kanada nach Indien gelockt. Dies macht Leihmütter doppelt vulnerabel: wegen ihrer geringeren Fähigkeiten (sozioökonomisch, Bildungskapazität) und weil sie Frauen sind. Darüber hinaus hat das ART-Gesetz jegliche rechtliche Handlungsfähigkeit, die sie im Rahmen des Leihmutterschaftsprozesses hätten genießen können, im Keim erstickt; sie haben keine Kontrolle über ihren Körper (medizinische Eingriffe, Isolation in Leihmutterheimen und Kontrolle über ihre Aktivitäten in diesen Heimen), die geborenen Babys, die Art der Aufgabe und Beziehung zu den Wunscheltern. Nur weil sie keine andere Wahl haben, bedeutet es nicht, dass dies eine gerechtfertigte und würdevolle Form menschlicher Arbeit ist, die Regierungen in Ländern wie Indien fördern sollten. Frauen als Leihmütter in Indien waren der Albtraum von Corea und Atwood, der von der Regierung unterstützt wurde. Glücklicherweise hat die indische Regierung diese dreifache Entfremdung der Frauen inzwischen erkannt und die Kommerzialisierung von Frauenkörpern mit dem Verbot der kommerziellen Leihmutterschaft gestoppt.

Sozioökonomische Ungleichheiten und Leihmutterschaft in Indien

Indien erlebte einen Boom als Ziel für Leihmutterschaftsdienste, obwohl das Land im globalen Vergleich einen relativ niedrigen Rang in Bezug auf menschliche Entwicklung und Geschlechtergleichheit einnimmt. Indien rangiert weltweit etwa auf Platz 135 bei den Indikatoren für menschliche Entwicklung (HDI), und auch andere Länder, die häufig Leihmutterschaftsdienste anbieten, haben relativ niedrige HDI-Ränge (z. B. Nepal 145, die Ukraine 83, die Republik Georgien 79 und Mexiko 71). Die Armut in Indien hat im Laufe der Zeit aufgrund steigender öffentlicher Ausgaben und Programme zur Armutsbekämpfung abgenommen. Allerdings leben laut offiziellen Zahlen derzeit 267 Mio. (22 %) Menschen der Gesamtbevölkerung in Indien unterhalb der Armutsgrenze (NSSO 2013). Das McKinsey Global Institute (MGI) hat einen überarbeiteten analytischen Index, die „Empowerment-Linie“, entwickelt. Es wird geschätzt, dass 680 Mio. (56 %) Menschen die Mittel fehlen, um ihre grundlegenden Bedürfnisse zu erfüllen (Gupta et al. 2014). Indien hat vor einigen Jahren auch ein Wohlfahrtsprogramm mit einer Barauszahlung für die Armen gestartet. Gupta und andere berichteten, dass nur etwa die Hälfte des gesamten öffentlichen Geldes, das für Grunddienstleistungen ausgegeben wurde, tatsächlich die Begünstigten erreichte, wobei ein großer Teil davon durch Ineffizienz oder Korruption verloren ging (Gupta et al. 2014). Ohne einen politischen Willen zu

Reformen würde die Ineffektivität der Regierungsführung zukünftige Auswirkungen der öffentlichen Ausgaben einschränken und zu einem sehr langsamen Rückgang der Armut in Indien führen.

Im Vergleich zu den USA, Großbritannien, Kanada und Australien sind in Indien die ärmeren Frauen als Leihmütter tätig. Das ist der Hauptgrund, warum die Leihmutterschaft dort günstiger war. In den USA belaufen sich die Kosten über eine Agentur auf mindestens 200.000 USD$, während sie in Indien etwa 50.000 USD$ einschließlich Reise- und Lebenshaltungskosten betragen würde (U.S. Social Security Administration, SSA). Andere Quellen sagen, dass in Kanada eine altruistische Leihmutterschaft fast genauso viel kostet (80.000 CAD) wie die Gesamtkosten einer Leihmutterschaft in Indien (Fertility Consultants Canada 2014). Es gibt auch einen Unterschied beim Anteil der Zahlung, die Leihmütter in Indien im Vergleich zu ihren Kolleginnen im Ausland erhielten. Zum Beispiel kann eine Leihmutter in den Vereinigten Staaten bis zu 35 % der Gesamtkosten der Leihmutterschaft erhalten, während in Indien einer Leihmutter nur 15–25 % der Gesamtkosten gezahlt wurden (Saravanan 2013). Selbst die am besten zahlende Klinik, die Frauen dazu verpflichtete, in „Leihmutterheimen" zu bleiben, zahlt nur bis zu 30 % der Gesamtkosten (Saravanan 2015).

In dem Dokumentarfilm *Made in India* zahlten die Wunscheltern etwa 7000 US$ dafür, dass die Leihmutter das Baby austrägt, aber es wurden ihr nur 2000 USD$ gezahlt. Dr. Allahabadia sagt in dem Dokumentarfilm, er habe keine Ahnung von den Details im Vertrag zwischen der medizinischen Tourismusagentur und den Eltern. Die Frage ist doch, ob er sich jemals darum gekümmert hat, dies herauszufinden? So wurden die Wunscheltern übermäßig belastet und den Leihmüttern wurde nicht der volle Betrag gezahlt, der in ihrem Namen vereinbart wurde. Der Arzt war nicht informiert, desinteressiert oder tat naiv, war aber dennoch Teil dieses Deals. In meiner Studie, ohne die Vermittlung eines internationalen Agenten, war die Situation ähnlich. Auch hier war es ein großer Unterschied, welcher Betrag von den Wunscheltern verlangt wurde, und was tatsächlich an die Leihmutter gezahlt wurde. Den Leihmüttern wurde ausdrücklich gesagt, sie sollten nicht über Geld mit mir sprechen. Die Wunscheltern wurden übervorteilt und bei den Gebühren ausgebeutet. Sie wurden nicht über die möglichen zusätzlichen Kosten informiert, zum Beispiel für Kaiserschnitte; für eine intensive Neugeborenenpflege in Krankenhäusern; zur Erstellung offizieller Dokumente sowie für Leihmütter, die weiterhin in den Leihmutterheimen blieben (Saravanan 2015). Zusätzliche Kosten wurden auch unter dem Vorwand angefordert, Leihmütter für das Stillen zu bezahlen. Bekanntermaßen waren alle Geburten unweigerlich Kaiserschnitte und nicht alle Leihmütter willigten gerne ein, nach der Geburt in den Leihmutterheimen zu bleiben oder Muttermilch zu liefern. Es ist auch bekannt, dass Wunscheltern für jedes zusätzliche Kind doppelt belastet wurden (siehe Kap. 5 und 6). Zusätzlich summieren sich Reisekosten, Hotelgebühren, Boni für Leihmütter fast zu dem, was die Wunscheltern in Kanada ausgeben würden. In Indien wurde ihnen allerdings garantiert, dass sie das Baby ohne rechtliche Probleme bekommen würden.

Eine Wunschmutter aus den USA fasst die Motivation zusammen: „In New York ist der Vertrag nicht bindend, also über den ganzen Papierkram hinaus, wenn die Leihmutter entschieden hat, dass sie das Baby behalten möchte, ist der Vertrag ungültig. Sie hat alle Rechte“[1] (The VJ Movement 2009). Also, unabhängig von der Kostendifferenz, wenn die Leihmütter in Indien mit mehr Rechten ausgestattet wären, wären diese Wunschmütter nicht von Kanada hierhergekommen. Zusätzlich mussten Leihmütter in Indien ihre Rechte über ihren eigenen Körper für die Leihmutterschaftsperiode abtreten; sie hatten kein Mitspracherecht bei den medizinischen Eingriffen, wie selektive Abtreibungen und die Anzahl der zu übertragenden Embryonen, sie mussten in Schlafsälen wohnen, sich an die Regeln innerhalb des Hauses halten, was sie im Fernsehen anschauen, welche Art von Musik sie hören, sie durften nicht spazieren gehen, ihnen war jede Form von Bewegung untersagt, da sie anstrengend sein und Fehlgeburten verursachen konnte. Sie mussten stillen und Nannys für die Kinder sein und sie mussten sie schließlich ohne Seufzer für etwas Bonusgeld aufgeben. Aufgrund ihrer geringen Verhandlungsmacht gingen Leihmütter in Indien oft ungerechte Leihmutterschaftsverträge ein (Saravanan 2015).

Die meisten der Frauen, die als Leihmütter in Indien dienten, taten dies, um ihrer Familie sofortige grundlegende menschliche Bedürfnisse zu bieten, um „über die Runden zu kommen“, indem sie ausreichend Nahrung bereitstellten. Andere wiederum lebten am Rande der Armut und wollten für die Ausbildung ihrer Kinder sorgen, ein Haus kaufen und vermeiden, weiter in die Armut abzurutschen. Einige Frauen wurden Leihmütter, um Schulden zurückzuzahlen, oder finanzielle Krisen zu bewältigen, die aufgrund von Krankheit oder Behinderung innerhalb der Familie entstanden waren (Saravanan 2015). Die Leihmütter in Indien stammten aus dem unteren sozioökonomischen Viertel, daher ist es wichtig, einen Blick auf den Kontext dieser Ungleichheiten zu werfen und dies global zu betrachten. Obwohl die allgemeinen Ungleichheiten in Indien im Laufe der Zeit abnehmen, bleiben große Unterschiede bestehen.

Obwohl auch die Unterernährung langsam abnimmt, sind fast die Hälfte der Kinder unter drei Jahren in Indien unterernährt (NFHS 2007). In den Jahren 2005–2006 litten mehr als die Hälfte der Frauen in Indien im Alter von 15–49 Jahren an Anämie (55,3 %), ein Anstieg von 3 Prozentpunkten gegenüber 1998–1999 (NFHS 2007). Die Müttersterblichkeitsrate in Indien beträgt 167/100.000 Lebendgeburten, was im Vergleich zu einer Rate von 12 in Industrieregionen der Welt hoch ist. Das lebenslange Risiko eines mütterlichen Todes beträgt 1 zu 370 in Indien und in den Industrieländern 1 zu 4900 (SRS 2011–2013). Laut den Ärzten unterziehen sich Frauen einer Gesundheitsuntersuchung, bevor sie den Leihmutterschaftsprozess beginnen. Was jedoch in der Realität praktiziert wird, erklärte Dr. Kadam in dem Dokumentarfilm *Made in India* ganz sachlich: „Ich

[1] Zufällig war ich im Leihmutterheim während der Babyparty, als die Dokumentarfilmcrew den Film drehte.

brauche nur ihre Gebärmutter“ (Haimowitz und Sinha 2010). Dementsprechend wird die Gebärmutter vorbereitet, um das implantierte Baby zu halten, und andere Faktoren werden manipuliert; Frauen mit niedrigem Hämoglobin zum Beispiel werden mit Medikamenten vollgepumpt. Eine Annahme ist, dass solche ernährungsbedingten oder gesundheitlichen Probleme verhindert werden können, wenn Leihmüttern die besten medizinischen Dienstleistungen zur Verfügung gestellt werden. Eine Wunschmutter versicherte, dass Leihmütter in Indien Ernährungsberater haben, sie haben Krankenschwestern, die sie alle zwei Wochen beobachten, sie bekommen ständig Ultraschalluntersuchungen, daher geht der Angstfaktor mit dem Ausmaß der Gesundheitsversorgung zurück (Today 2008). Dennoch gab es Todesfälle von Leihmüttern in Indien und auch in den USA. Mehrere Leihmütter leiden unter einer starken Morbidität. Eine Leihmutter erzählte mir: „Bei einer Leihmutter war es sehr kritisch und wir beteten alle, dass ihr nichts passieren sollte, und schließlich überlebte sie, aber ihre Gebärmutter musste entfernt werden.“ Laut dem neuesten WHO-Bericht sterben in Indien fast fünf Frauen pro Stunde an Komplikationen, die während der Geburt entstanden sind, wobei starker Blutverlust durch Blutungen ein wichtiger Faktor ist.

Während es in Indien in den letzten zehn Jahren aufgrund des Sarva-Shiksha-Abhiyan- und Mittagsmahlzeitenprogramms erhebliche Verbesserungen bei den Alphabetisierungsraten (65–74 % zwischen 2001 und 2011) und der Schulanmeldung gegeben hat, zeigen die Haushaltsdaten der Volkszählung 2011, dass in einem von zehn Haushalten immer noch kein einziges gebildetes Mitglied vorhanden ist (Volkszählung von Indien 2010). Trotz einer hohen Einschulungsrate in der Grundschule brechen eine größere Anzahl von Mädchen und Jungen die Schule ab, bevor sie die Sekundarschulbildung abschließen (52 und 53 % für Mädchen und Jungen) (MHRD 2014). Auf verschiedene Ebenen aufgeschlüsselt, brechen viele Mädchen in der Primarschule (27 %), in der Grundschule (40,6 %) und in der weiterführenden Schule (49,3 %) ab (Volkszählung von Indien 2010). Auch wenn es zwischen Jungen und Mädchen möglicherweise nur geringe Unterschiede in den Schulmöglichkeiten gibt, können die Möglichkeiten für höhere Bildung und Beschäftigung für Frauen weit geringer sein als für Männer (Sen 2001). Im Allgemeinen ist bekannt, dass Bildung Frauen stärkt (Navaneetham und Dharmalingam 2002). Eine höhere Bildung bei Frauen korreliert positiv mit dem Zugang zu Gesundheitsdiensten, erhöhter mütterlicher Autonomie, Kinder- und Gesundheitsindikatoren (Vikram et al. 2012). Ebenso ist bekannt, dass eine höhere Bildung bei Leihmüttern zu mehr Handlungsfähigkeit innerhalb des Leihmutterschaftsprozesses führt (Pande 2010). Die meisten Leihmütter, die ich interviewt habe, hatten nur bis zur Mittelschule gelernt. Der Arzt in dieser Klinik hatte in einem Fernsehinterview gesagt, dass er Absolventinnen als Leihmütter hat, aber ich habe weder Absolventinnen als Leihmütter getroffen noch von solchen gehört.

Viele dieser Mädchen und Jungen, die die Schule abbrechen, werden früh verheiratet. Daten zeigen, dass Frauen ohne Bildung sechsmal häufiger verheiratet sind als solche mit zehn oder mehr Jahren Schulbildung. Laut den Daten der NFHS (National Family Health Survey) sind 47 % der Mädchen vor der gesetzlichen Volljährigkeit

(18 Jahre) verheiratet, was zu frühen Geburten führt (IIPS und Macro International 2007). Eines von sechs Mädchen (16 %) bekommt ihr erstes Kind bereit in seiner jüngsten reproduktiven Altersgruppe (15–19 Jahre) (IIPS und Macro International 2007). Das durchschnittliche Heiratsalter in Indien beträgt 17 Jahre und das durchschnittliche Alter bei der Geburt 19 Jahre. Nur 57 % der indischen Bevölkerung sind auf dem Arbeitsmarkt vertreten (Gupta et al. 2014). Geschlechterungleichheiten in Indien zeigen sich in der niedrigen Erwerbsbeteiligung von Frauen (32 %), die laut Aufzeichnungen stagniert (NSSO 2013), und dem sinkenden Geschlechterverhältnis (0–6 Altersgruppe) von 962 im Jahr 1981 auf 914 Mädchen pro 1000 Jungen im Jahr 2011 (Volkszählung von Indien 2010). Es gibt mehrere Gründe, die Ökonomen vorgebracht haben: einer davon sind Ungleichheiten in den Haushalten; die Wahrnehmung, dass Frauen nicht arbeiten müssen, bis sie finanziell dazu gezwungen sind und schließlich, dass sie im Haushalt helfen und daher möglicherweise nicht einer bezahlten Beschäftigung nachgehen. Es gibt auch Eigentumsungleichheiten, bei denen Frauen Eigentum und Vermögenswerte, wie Häuser oder Land, asymmetrisch teilen. Obwohl die rechtlichen Vorschriften für die Erbschaft von Eigentum durch Reformen geändert wurden, bleibt das Eigentum zugunsten männlicher Kinder gewichtet. Dies könnte eng mit dem Konzept der Mitgift verbunden sein. Selbst im südlichen Teil Indiens, der sich durch eine sozioökonomische Entwicklung auszeichnet, hat der Wert von Frauen in der Familie und im weiteren sozialen Kontext in den letzten 1000 Jahren tatsächlich nachgelassen. Ermutigend ist aber die Praxis der Mitgift, was allerdings zu Gewalt gegen Frauen in Indien führt (Mukund 1999: EPW; Rastogi und Therly 2006). Es gibt Einschränkungen durch Mitgiftverbotsgesetze sowie eine soziale Neigung und Sanktion zur Aufrechterhaltung des Patriarchats (Khanna 2015; Nithya 2013). Frauen wurden dazu gedrängt, sich dafür zu entscheiden, Leihmütter zu werden, um die Mitgiftkredite ihrer Schwägerin abzuzahlen oder Geld für die Mitgift ihrer Tochter zu sparen (RTD 2015). Wissenschaftler könnten argumentieren, dass Frauen Respekt und Handlungsfähigkeit als Leihmutter erhalten. Ist das nicht ein Respekt, den jede Frau als Bürgerin Indiens und als Mitglied einer Familie oder Gemeinschaft, sowieso verdient? Stattdessen werden Frauen gezwungen, ihre Körperteile zu verkaufen, um eine der am stärksten degenerierenden sozialen Praktiken im Land aufrechtzuerhalten, den Brautpreis. Frauen sagten, ich mache die Leihmutterschaft „um meiner Familie willen", „um meiner Kinder willen", „um meines Mannes willen" und, weil „meine Schwiegermutter glücklich ist" sowie, trotz „Ausbeutung", „Trennung von ihrer Familie", „körperlicher Schmerzen" „psychologischer Auswirkungen", „Trennungsschmerzen" (Pande 2010; Saravanan 2015). „Ich hätte diesen Schritt nie unternommen, wenn ich nicht arm wäre" (siehe Kap. 5 und 6). Ich habe noch nie eine Leihmutter sagen hören, dass sie sich freute, für eine weitere Leihmutterschaft wieder in das Leihmutterheim zurückzukehren. Ihre Ehemänner kündigen ihre Jobs und bleiben unter dem Vorwand zu Hause, sich um die Kinder zu kümmern. Die Frauen wiederholten die Leihmutterschaft, bis ihr familiäres finanzielles Ziel erreicht war (siehe Kap. 5).

Geburtsungleichheiten, die Jungen gegenüber Mädchen bevorzugen, werden mit modernen medizinischen Technologien leicht verfügbar. Eine solche Technologie, die zunehmend zur Auslese von Kindern im Uterus für (un)erwünschte Eigenschaften verwendet wird, sind selektive Abtreibungen durch pränatale genetische Diagnostik (PND). Ihre Kommerzialisierung weltweit zeigt sich in der zunehmenden Anzahl von privaten Agenturen, die grenzüberschreitende regionale Dienstleistungen in Asien, Europa, dem Nahen Osten, Südamerika und Nordafrika anbieten, wobei die USA eines der beliebtesten Zielländer sind. Der globale Markt für nichtinvasive pränatale Tests (NIPT), der 2012 auf 0,22 Mrd. US$ geschätzt wurde, wird voraussichtlich bis 2019 auf 3,62 Mrd. US$ anwachsen (Allyse et al. 2015). Obwohl diese Technologien zur Behandlung von im Uterus gefundenen medizinischen Leiden verwendet wurden, werden sie hauptsächlich dazu verwendet, zu entscheiden, ob Schwangerschaften fortgesetzt werden sollen oder nicht (Kahn et al. 2000). Die geschlechtsspezifische Abtreibung ist in bestimmten Teilen der Welt eine gängige Praxis und führte zu 44 Mio. weniger Mädchengeburten in China, 37 Mio. in Indien und insgesamt zu mehr als 100 Mio. weltweit (Sen 1992). In einer Studie von 2011 schätzte ein Forscher der University of Toronto, dass es in Indien in den letzten zehn Jahren zwischen 3,1 und 6 Mio. Abtreibungen weiblicher Föten gegeben hat, hauptsächlich unter wohlhabenden, gebildeten Indern (andere Schätzungen gehen davon aus, dass die Zahl bei 12 Mio. liegen könnte). Tatsächlich ist das Verhältnis von Mädchen zu Jungen im Alter von 0–6 Jahren das niedrigste seit Beginn der Aufzeichnung dieser Daten im Jahr 1961 (Volkszählung von Indien 2010). In einigen Regionen Indiens, in denen die selektive Abtreibung ebenfalls weit verbreitet ist, ist der Mangel an Frauen so akut geworden, dass er zu einer blühenden Braut-Handelsindustrie geführt hat, in der weibliche Kinder aus einem Dorf entführt werden, um durch Heirat in einem anderen verkauft zu werden. Selektive Abtreibungen sind nicht nur individuelle Entscheidungen, sondern tief in familiären, gesellschaftlichen, Wohlfahrtsregimen, medizinischen und rechtlichen Kontexten verwurzelt, die die Lebensplanung, Geschlechtspräferenz und die Wahrnehmung von Behinderungen beeinflussen und von ihnen beeinflusst werden. Dadurch entstehen umfassende soziale Vorurteile. Dieses Phänomen ist auch nicht auf bestimmte Gebiete der Welt beschränkt. So ist die Geschlechtspräferenz nicht nur ein Problem in Asien oder unter asiatischen Gemeinschaften im Ausland (SBS 2015). Vor mehreren Jahren wurden auch in den südosteuropäischen Ländern Albanien, Kosovo, Mazedonien und Montenegro verzerrte Geschlechterverhältnisse gemeldet, wo es eine Wiederbelebung der Präferenz für einen Sohn zu geben scheint (Guilmoto 2010). Die grenzüberschreitende Bewegung zur Nutzung von Reproduktionstechnologien führt von den westeuropäischen Ländern, in denen diese Praxis verboten ist, in freizügigere Länder Europas. Daher ist die fortschreitende Reproduktionstechnologie ein globales Phänomen mit wachsendem Zugang, wovon keine Nation verschont bleibt. In vielen Dokumentationen über Leihmutterschaft in Indien werden die Wunscheltern im Vorfeld der Geburt ihrer Kinder gezeigt, die das Geschlecht des Kindes angegeben haben, obwohl dies in Indien verboten ist (Journeyman Pictures 2014). Vor diesem Hintergrund wuchs die kommerzielle Leihmutterschaft in Indien stetig und verstärkte einige der bestehenden Ungleichheiten und sozialen Vorurteile. Die wachsende Nachfrage nach einer

Leihmutterschaft unter einer ineffektiven Regierung und bestehende Ungleichheiten haben Indien zu einem idealen Ziel für globale Ungerechtigkeit beim Prozess der kommerziellen Leihmutterschaft gemacht.

Ungleichheiten auf dem indischen Leihmutterschaftsbasar

Leihmütter in Indien haben im Vergleich zu den Industrienationen des Globalen Nordens (UK, USA, Kanada) deutlich weniger Rechte an dem Kind. Leihmütter in den USA erhalten Sozialhilfe, Versicherungsschutz für Mehrlingsschwangerschaften, Mutterschaftsleistungen, eine Lebensversicherung, psychologische Unterstützung, Entschädigung für alle Ausgaben und den Arbeitsplatzverlust sowie eine Anwaltsvertretung neben vielen anderen Rechten und Vorteilen, während all dies indischen Leihmüttern nicht gewährt wird. Sowohl Leihmütter als auch Wunscheltern können sich gegenseitig auswählen und die Art des Vertrags, den sie unterzeichnen (offen oder geschlossen), während in Indien das Muster von der IVF-Klinik für beide Parteien ausgewählt und auferlegt wird (Blyth 1994). In Indien beteiligten sich Wunscheltern an der Auswahl der Leihmütter, aber nicht umgekehrt. In den USA sind die Leihmütter mit Vorteilen abgedeckt, einschließlich einer Schonfrist nach der Geburt, um das Baby abzugeben, einer Klausel mit Optionen zum Rückzug vor der Geburt und den Optionen für die Wahl einer fortlaufenden Beziehung mit dem Kind und den Wunscheltern (Busby und Vun 2010). Stattdessen werden die Leihmütter in Indien ausgenutzt, indem ihnen keine Kopie ihres Vertrags zugestanden wird. Dadurch wird auch die Möglichkeit eingeschränkt, jemals einen Fall vor Gericht zu bringen (Saravanan 2013; Puricelli 2014). Sie sind nicht versichert, und die medizinische Unterstützung endet mit der Übergabe des Babys. Die Leihmütter müssen bei Vertragsabschluss alle Rechte an dem Kind abtreten, und müssen die volle Verantwortung für alle Komplikationen übernehmen, die während der Schwangerschaft oder Geburt auftreten können. Sie werden auch nicht für ihren Arbeitsplatzverlust entschädigt. Die Frauen erhielten darüber hinaus vor dem Verbot der kommerziellen Leihmutterschaft keine Vergütung für eine unerwartete Fehlgeburt, selbst wenn diese als Folge einer medizinisch induzierten selektiven Abtreibung im Uterus auftrat (Saravanan 2013). Weder die Leihmütter noch die Wunscheltern in Indien haben das Recht, die Art des Vertrags, der Aufgabe oder ihrer bevorzugten gegenseitigen Beziehung zu wählen.

Während in Indien das Hauptkriterium für die Auswahl von Leihmüttern ihre Armut ist, sind solche Fälle in Amerika angeblich ausgeschlossen (Saravanan 2013). Leihmütter in Indien werden in hostelähnlichen Leihmutterheimen festgehalten, von der Zeit der Embryonenübertragung bis zur Geburt. Von ihnen wird auch erwartet, dass sie sich nach der Geburt um das Baby kümmern. Sie werden überfüttert und werden in ihren Bewegungen und Treffen mit ihrer Familie während ihres Aufenthalts im Heim eingeschränkt. Eine der grundlegenden Menschenrechtsverletzungen ist ihre Unfähigkeit, am öffentlichen Leben teilzunehmen und sich nicht im Sinne ihrer

Reproduktionsaufgabe zu betätigen. Diese Praktiken in Indien verstoßen gegen grundlegende Menschenrechte sowie gegen die Würde und Freiheit, wie in den Artikeln 1,[2] 2,[3] 9,[4] und 14[5] der Allgemeinen Erklärung der Menschenrechte und der Allgemeinen Erklärung über Bioethik und Menschenrechte 2005[6] (UNESCO 2006; UN 1948). Das soll nicht heißen, dass es in den USA, Kanada oder dem Vereinigten Königreich absolut keine Geschlechterdiskriminierung gibt, aber die Leihmütter sind im Vergleich zu den Frauen in Indien medizinisch und rechtlich besser abgesichert.

Ich habe einige meiner Studienergebnisse veröffentlicht, die zeigen, dass Frauen vor dem Verbot der kommerziellen Leihmutterschaft in Indien keine rechtliche oder psychologische Unterstützung bekamen. Sie erhielten einen vergleichsweise geringen Anteil an den Gesamtkosten der Leihmutterschaft, unterlagen ungerechten Zahlungsmustern, ohne zusätzliche Zahlung für Fehlgeburten, waren nicht durch eine medizinische oder Lebensversicherung abgesichert. In einigen Kliniken war es Pflicht, während der Schwangerschaft in den Leihmutterheimen fernab von den Familien zu bleiben (Saravanan 2013, 2015). Leihmütter mussten alle Rechte an dem Kind abtreten, wenn sie den Vertrag eingingen, gemäß dem ART-(Assisted Reproductive Technology-)Gesetz von 2008. Obwohl gesetzlich in Indien nur drei Embryonen in den Uterus der Leihmutter eingepflanzt werden dürfen, sind bis zu fünf Embryonen bekannt, die eingepflanzt werden, mit einer hohen Wahrscheinlichkeit von Mehrlingsschwangerschaften. Im Falle dieser Mehrlingsschwangerschaften (Drillinge) schlägt der Arzt eine „selektive Reduktion" eines oder mehrerer Föten im Uterus vor. Dieses Verfahren kann auch zu Fehlgeburten und/oder Frühgeburten oder Infektionen führen. Die Meinung der Leihmutter über die Anzahl der einzupflanzenden Embryonen wird weder berücksichtigt noch hat sie irgendeine Entscheidungsbefugnis über die selektiven Abtreibungen im Uterus. Die Leihmütter müssen alle Rechte an medizinischen Eingriffen abtreten. Eine weitere Ungleichheit, die es in Industrieländern nicht gibt, ist die obligatorische Regel für die Frauen, während ihrer

---

[2] Die Allgemeine Erklärung der Menschenrechte, Artikel 1, besagt: „Alle Menschen sind frei und gleich an Würde und Rechten geboren. Sie sind mit Vernunft und Gewissen begabt und sollen einander im Geist der Brüderlichkeit begegnen" (UNESCO 2006).

[3] Die Allgemeine Erklärung der Menschenrechte, Artikel 2, besagt: „Jeder hat Anspruch auf alle in dieser Erklärung verkündeten Rechte und Freiheiten, ohne irgendeinen Unterschied, etwa nach Rasse, Farbe, Geschlecht, Sprache, Religion, politischer oder sonstiger Überzeugung, nationaler oder sozialer Herkunft, Eigentum, Geburt oder sonstigem Stand" (UNESCO 2006).

[4] Die Allgemeine Erklärung der Menschenrechte, Artikel 9, besagt: „Niemand darf willkürlich festgenommen, in Haft gehalten oder des Landes verwiesen werden" (UNESCO 2006).

[5] Die Allgemeine Erklärung der Menschenrechte, Artikel 14, besagt: „Jeder hat das Recht auf Freizügigkeit und freie Wahl des Wohnsitzes innerhalb der Grenzen eines jeden Staates".

[6] Die Allgemeine Erklärung über Bioethik und Menschenrechte 2005 erkennt an, dass technologische Fortschritte in der Medizin ethisch vertretbar sein sollten und „die Würde des Menschen und den universellen Respekt vor und die Beachtung der Menschenrechte und Grundfreiheiten" gebührend respektieren sollten (UNESCO 2006: 3).

Schwangerschaft in Schlafsaalheimen, auch Leihmutterheime genannt, zu bleiben. Mehr darüber finden Sie in Kap. 3. Die psychologischen Auswirkungen einer solchen Isolation wurden nicht untersucht. Eine Leihmutter bat um Erlaubnis, nach Hause zu gehen, weil ihre Mutter krank war, und die Krankenschwester hatte sie gefragt: „Wann kommst du zurück? Du musst in zwei oder drei Tagen zurückkommen, wenn es deiner Mutter besser geht“ (SAMA und Sharma 2010). „Sie lassen uns nicht einmal für fünf Minuten allein, sie vertrauen uns nicht. Was ist, wenn wir nach Hause laufen?“ (SAMA und Sharma 2010). Eine Leihmutter in einem Heim in Mumbai sagte: „Meine Familie kommt mich besuchen, aber es sind schon drei Monate vergangen und ich bin nicht nach Hause gegangen“ (SAMA und Sharma 2010). Der Vermittler spielt eine Rolle bei der Überwachung der Leihmutter und ihrer Beziehung zum Kind. Er wendet Überzeugungsarbeit an, droht mit Geldverlust und mit einer Klage, wenn die Leihmutter doch mütterliche Liebe für ihr Kind entwickeln sollte. Für Dr. Nayana Patel ist ihr Fruchtbarkeitszentrum ein One-Stop-Shop „von der Embryonenübertragung bis zur Übergabe des Babys, wir bieten alles an einem Ort an“ (Time 2015).

Leihmutterheime

Die Beschränkungen, die Leihmüttern in Indien auferlegt werden, um in Leihmutterheimen zu bleiben, verletzen ihre grundlegenden Menschenrechte, am öffentlichen Leben teilzunehmen und nichtreproduktive Vorhaben während der Schwangerschaft auszuüben. Das steht im Gegensatz zur Freiheit. In einer solchen Einrichtung gibt es eine medizinische und soziale Kontrolle über die Ernährung, das sexuelle Verhalten, die Mobilität und sogar die tägliche Hausarbeit. Es bestehen ethische Bedenken, die sich aus der Pflicht zur Schaffung solcher Heime ergeben, wenn Frauen die in diesen Heimen eingesperrt sind, nicht an ihrem persönlichen und auch nicht am öffentlichen Leben vollständig teilnehmen können. Sie werden eingeschränkt, an nichtreproduktiven Vorhaben wie der Ausbildung, dem Beruf und sozialen Funktionen teilzunehmen; daher wird die „institutionelle Leihmutter“ wie ein „Mittel zum Zweck“ behandelt. Einige Wissenschaftler betonen, dass das Leben in solchen Heimen die Vernetzung und Bindung erleichtert (Pande 2010; Rudrappa 2012). Allerdings verschleiert ein zu starker Fokus auf die nichtprogressive Subjektivität und Mikroebenen-Autonomien, die Frauen im Prozess der Leihmutterschaft ausüben, das größere Bild struktureller Ungleichheiten und Ungerechtigkeiten. Vor dem Verbot der kommerziellen Leihmutterschaft wurden einige Teilnehmerinnen danach selbst zu Konsumentinnen oder Leihmutteragentinnen und auch zu Ausbeuterinnen, die Frauen in verzweifelten Situationen zu diesem Prozess zwangen. Meine Studie ergab, dass Frauen, die bereits an Arzneimittelversuchen, Gametenspenden und sogar Prostitution beteiligt waren, leicht für den Prozess der Leihmutterschaft rekrutiert werden konnten, da sie auf den Biomärkten bereits in den Prozess des Körperverkaufs involviert waren. Familien, die an diesen Aktivitäten beteiligt sind, wissen, dass Frauenkörperteile mehr monetäre Renditen bringen und Leihmutterschaft die lukrativste

Option für schnelles Geldverdienen war. Unfruchtbare, arme Frauen waren von diesen Biomaterialmärkten ausgeschlossen, obwohl einige zum Eizellenverkauf gezwungen wurden. Dies war eine Chance für fruchtbare junge Frauen, der Familie ihre Hingabe zu beweisen, und tatsächlich sind die meisten Frauen bereitwillige Teilnehmerinnen der Leihmutterschaft. Diejenigen, die zuerst durch die Leihmutterschaft auf diesen Markt eingeführt werden, werden allmählich auch in Gametenspenden und Arzneimittelversuche einbezogen. Arzneimittelversuchszentren sind primäre Orte, an denen die Rekrutierung potenzieller Leihmütter stattfindet. Leihmutteragenten durchkämmen diese Orte sowie einkommensschwache Wohngebiete, um Frauen in prekären Verhältnissen zu rekrutieren.

Daher ist die Position der Verbraucher und Dienstleister in diesem neokolonialen Reproduktionsmarkt geschichtet, aber austauschbar. Zu den Verbrauchern des reproduktiven Biomaterials auf den Leihmutterschaftsmärkten gehören Ärzte, Vermittlungsagenten sowie Hotels, Pendeldienste, Unterkünfte und Lebensmittel-(Tiffin-Box-)Anbieter sowie andere damit verbundene kleinere Geschäftsaktivitäten. Die größten Profiteure sind jedoch die Besitzer der Fruchtbarkeitskliniken. Es sind gewinnorientierte Institutionen, die darauf abzielen, die Bioverfügbarkeit von Leihmüttern zu erhöhen und ihre medizinischen Dienstleistungen im Vergleich zu anderen Dienstleistern auf einem wettbewerbsorientierten Markt zu optimieren. Die von ihnen angebotenen Dienstleistungen basierten weitgehend auf den Vorlieben der Wunscheltern.

Normalisierung der Leihmutterschaft als Arbeit

Sowohl Pande (2010) als auch Rudrappa (2012) betrachten Leihmutterschaft als Arbeit. Für sie ist sie eine Erweiterung einer Tätigkeit wie die Fabrikarbeit. Rudrappa behauptet, „angesichts ihrer Beschäftigungsmöglichkeiten und ihrer relativen Enteignung glaubten sie, dass Bangalores Reproduktionsindustrie ihnen mehr Kontrolle über ihr emotionales, finanzielles und sexuelles Leben ermöglichte. Im Vergleich zur Bekleidungsarbeit war Leihmutterschaft einfach“ (Rudrappa 2012: 27). Mediziner in Indien ziehen Vergleiche zwischen Leihmutterschaft und Hausmädchenarbeit (NDTV 2015, 2016). Es ist allgemein bekannt, dass die Arbeit in Bekleidungsfabriken sich nah an der Sklaverei bewegt, sie ist legalisiert und es gibt keine Bemühungen, diese Arbeitsbedingungen zu verbessern. Die unmenschlichen Arbeitsbedingungen gehen ungehindert weiter, Lieferungen werden exportiert und Regierungen importieren solche Produkte. Die Menschen kaufen weiterhin billige Kleidung, die auf den Märkten im Ausland verkauft wird. Dieser unmenschliche Markt geht auch in Bangladesch, Sri Lanka und Indien ungehindert weiter (Gunatilaka 2010; Stanwick und Stanwick 2015; Saha 2014). In Studien wurden hohe Inzidenzen von Verletzungen am Arbeitsplatz, niedrige Lohnraten, Missbrauch durch Geschlechterdiskriminierung, eine minderwertige Luftqualität und mangelnde Sicherheitsfaktoren beobachtet. Die Leihmutterschaftsindustrie in Indien ist ein weitgehend auf Ungleichheit basierender, nachfragegetriebener Markt, der die Bedürfnisse der wohlhabenden Länder des Globalen Nordens und diejenigen innerhalb Indiens bediente. Die Umsetzung in diesem Sektor war schwach aufgrund der ineffektiven Regierungsführung und der Macht der medizinischen Gemeinschaft. Selbst als die Leihmutterschaft in Indien noch erlaubt war, wurden noch Stammesfrauen in die Leihmutterschaft verschleppt. Indische Frauen wurden für die Leihmutterschaft nach Nepal transportiert. Einige Leihmütter sind gestorben, andere haben eine ernsthafte Morbidität erlitten. Diese Fälle wurden vertuscht. Rechtskräftig verurteilt wurden aber die betroffenen Kliniken, Ärzte und Vermittlungsagenturen, weil solche Operationen nicht für illegal erklärt wurden.

Häufig wurde gefragt, ob das Verbot der Leihmutterschaft in Indien dazu führen würde, dass die Praxis im Untergrund und in schlimmerer Form weitergeht. Die Erfahrung zeigt genau das Gegenteil. Geschlechtsbestimmung und selektive Abtreibungen waren in Indien weit verbreitet, als es kein Gesetz gegen diese Praxis gab. Ihr Verbot hat jedoch über einen Zeitraum hinweg einen positiven Einfluss gehabt. Eine Analyse der Auswirkungen des Pre-Conception and Pre-Natal Diagnostic Techniques (PCPNDT) Act, 2011, kam mithilfe einer Behandlungs-Wirkungs-Analyse zu dem Schluss, dass die Umsetzung des Gesetzes einen signifikanten Einfluss auf die Verhinderung einer extremen Verschlechterung des Geschlechterungleichgewichts hatte. Durch das Gesetz konnten mindestens 106.000 Mädchen mehr in Indien geboren werden (Nandi und Deolalikar 2013). Trotz starker Kritik der Liberalen an ihrem Radikalismus haben Feministinnen in Indien geschlechtsselektive Abtreibungen als eine Form von „Femizid" und „Gewalt gegen Frauen" heftig abgelehnt (Patel 1989; George 2006; Sharma 2001). Der Oberste Gerichtshof von Indien hat seit 2001 strenge Vorschriften für die Verwendung und den Verkauf von Ultraschallgeräten erlassen. Wenn Ärzte dieser Straftat für schuldig befunden werden, müssen sie eine Geldstrafe zahlen und ihre medizinische Lizenz wird entzogen. Nach zwanzig Jahren der Umsetzung des Prenatal Diagnostic Technology (PNDT) Act, 2004, hat sich gezeigt, dass das Gesetz weitgehend wirksam bei der Kontrolle der weiteren Eliminierung von Mädchen war. Nur die mächtigsten Ärzte sind zuversichtlich, das Gesetz umgehen zu können und führen weiterhin Geschlechtsbestimmungen durch (Saravanan 2017). Raymond (1993) stellt fest, dass das gesetzliche Verbot ein nützliches Instrument zur Kontrolle bestimmter Menschenrechtsverletzungen sein kann.

Die Leihmutterschaft wurde als bessere Arbeitsmöglichkeit als der Bekleidungsexportmarkt angesehen (Rudrappa 2012). Die Arbeitsbedingungen von Leihmüttern und Hausangestellten sind ähnlich, beide sind ungeschützt, informell, ohne Lebens-/Krankenversicherung, mit überarbeiteten und unterbezahlten Menschen, und unter der Zwangsarbeit leiden. Da viele Leihmütter entweder als Hausangestellte oder in Bekleidungsfabriken arbeiteten und in beiden Berufen ausgebeutet werden, sollten diese von Frauen dominierten informellen Sektoren verbessert werden. Arbeiterinnen in Bekleidungsfabriken und Hausangestellte sollten in den offiziellen Arbeitsmarkt mit verbesserten

Arbeitsbedingungen, erhöhter Vergütung und sozialer Absicherung wie einer Rentenkasse integriert werden. Dies wäre eine langfristige Möglichkeit für Frauen, anstatt die schädliche Praxis der Leihmutterschaft zu fördern, die physische und psychische Auswirkungen auf Frauen hat. Die Formalisierung und eine verbesserte soziale Absicherung der informellen Arbeit würde Veränderungen im Leben der Frauen bewirken, die Leihmütter werden wollen. Das Wort *„kaam"*, das oft von Leihmüttern in Indien verwendet wird, wird grob fehlinterpretiert, wenn Leihmütter die Leihmutterschaft als „Arbeit" bezeichnen. Auf die Frage nach ihren Motiven neigen sie dazu zu sagen *„hum achha kaam kar rahe hain"*. Eine virtuelle Übersetzung des Wortes „kaam" bedeutet „Tat" sowie „Arbeit", während das, was Leihmütter mit „achha kaam" meinen, als „gute Tat" oder „edler Dienst" gleichgesetzt werden kann. Das hat mit ihren altruistischen Motiven zu tun, nicht mit ihrer Bezugnahme auf Leihmutterschaft als Arbeit. Im indischen kulturellen Kontext wird Prostitution oder Untreue als schlechtes *„karma"* angesehen. Dieses können sie klären, indem sie sagen, dass der IVF-Prozess nicht den Beischlaf mit jemandem beinhaltet und am Ende einem Paar ein Kind schenkt, daher ist es „achha kaam". Sie sagen nicht, dass Leihmutterschaft eine Berufsoption sein sollte, die alle Frauen als Karriere in Betracht ziehen sollten, eine Beschäftigung, die die Regierung für alle Frauen fördern sollte. Sie sagen auch nicht, dass sie dies jemals als zukünftige Option für ihre Töchter vorschlagen würden. Eine Leihmutter in meiner Studie sagte: „Ich mache das (Leihmutterschaft) für meine Kinder. Ich durchlebe diese Qual, damit meine Kinder eine bessere Zukunft haben, damit sie eine gute Schule besuchen können, eine gute Ausbildung haben und nichts Ähnliches in ihrem Leben tun müssen. Sie sollen in der Lage sein, mit einer anderen Arbeit genug zu verdienen." Daher ist dies nur eine Berufsoption, die sie Frauen vorschlagen würden, die dringend Geld benötigen. Pande (2010) interpretiert die Verwendung des Wortes *„majboori"* durch die Leihmutter als „eine Notwendigkeit" und dass sie ihre Entscheidung, Leihmutter zu werden, herunterspielten. Nach meinem Verständnis des Wortes „majboori" meinten Leihmütter die „Hilflosigkeit" der Armut, die sie zur Leihmutterschaft motivierte. Mit dem Wort „majboori" drücken Leihmütter ihre Verletzlichkeit aus.

Die Normalisierung von klassistischen Vorurteilen zeigt sich auch bei anderen Formen der Arbeitsteilung. Es ist normal, dass die Wohlhabenden weltweit Hilfsarbeit an sozioökonomisch benachteiligte Menschen auslagern. Hausarbeit und Kinderbetreuung für Dienstmädchen und Kindermädchen ist weit verbreitet (Das et al. 2015). In diesem Sinne wird die Auslagerung von Leihmutterschaft an arme Frauen und ihre Ausbeutung in Indien nicht anders betrachtet. Bekannte Muster werden daher leicht in andere Formen reproduktiver Arbeit wie Leihmutterschaft übertragen. Ein praktizierender IVF-Arzt in Mumbai, Aniruddha Malpani, sagte: „Ausbeutung ist in Indien normal; Ärzte beuten ihre Patienten aus; Anwälte beuten ihre Mandanten aus, jeder beutet jede andere Person aus, na und?" (Saravanan 2010). Sowohl Pande (2014) als auch Rudrappa (2012) stimmen zu, dass Leihmutterschaft in Indien ausbeuterisch ist. Sie nehmen aber auch wahr, dass Frauen bei diesem Prozess ermächtigt werden. Die Leihmütter in Dokumentarfilmen, bei Forschungsarbeiten und in meiner Studie sagen, dass sie einen solch großen Schritt nie unternommen hätten, wenn sie nicht in bitterer Armut gelebt hätten (Haimowitz und Sinha 2010). Wenn sie also die Wahl hätten, würden diese Frauen niemals Leihmütter sein wollen, und falls sie eine bessere Bezahlung und Absicherung bei ihren anderen Jobs hätten, hätten sie sich nicht für die Leihmutterschaft entschieden. Dr. Nayana Patel erklärte: „Es ist wie eine Dienstmagd, die nicht möchte, dass ihre Tochter eine Dienstmagd wird, oder ein Arbeiter, der sagt, ich möchte nicht, dass mein Sohn ein Arbeiter wird" (James 2013). Ähnlich behaupten einige Wissenschaftler, die Risiken bei der Leihmutterschaft seien vergleichbar mit jeder anderen Art von Arbeit, alle Formen der normalisierenden Sprache, die in dieser Branche verwendet wird. Einige der wichtigsten Exportindustrien, die Produkte im Globalen Norden verkaufen (Bekleidung, Lederwaren, Textilien, Schuhe, Teppiche und Elektronik), basieren auf extrem ausbeuterischen Arbeitsbedingungen in Asien und Afrika. Genau wie bei der Leihmutterschaft wird auch diese Branche weitgehend von den mächtigen Produzenten und Einzelhändlern beherrscht, während die am unteren Ende der Kette in der Regel am wenigsten von dieser Anordnung profitieren. Dennoch betrachtet Dr. Nayana Patel es als Handlungsfähigkeit und besteht darauf: „Sie (die Leihmütter) treffen eine freiwillige Entscheidung, sich dafür zu entscheiden und etwas Geld zu verdienen. Wie können Sie ihnen das Recht verweigern? Die Behauptung, dass sie ausgebeutet werden, ist nicht wahr" (NDTV 2015).

Laut Pande (2010) ist die billige, fügsame, selbstlose Leihmutter nicht fertig verfügbar, sondern sie wurde von der Klinik so ausgebildet, dass sie diese Eigenschaften erfüllte, um den globalen Märkten zu entsprechen. In meiner Studie wurde den Frauen auch zuerst erklärt, dass sie ihre Gebärmutter vermieten und nichts mit dem Baby zu tun haben, da die Gameten jemand anderem gehören, sie müssen nur das Baby austragen und es für eine Vergütung übergeben. Trägheit und Unterwürfigkeit sind die Eigenschaften, die eine IVF-Klinik bei einer Leihmutter suchte. Frauen wurden höflich aus medizinischen Gründen abgelehnt, wenn sie aggressive Eigenschaften zeigten. Leihmütter mussten sich medizinischen Verfahren unterziehen, einer vorher festgelegten Entschädigung zustimmen, vorgegebene Wohnarrangements akzeptieren und wurden erwartet, alle Termine wahrzunehmen und sich innerhalb der Leihmutterheime auf eine bestimmte Weise zu verhalten. Erst als ich sie nach ihrer Aufgabe oder außerhalb der Klinikatmosphäre traf, teilten sie ihre gesamte Erfahrung mit mir. Die medizinischen Praktiker erwarteten, dass Leihmütter gesund, sauber, verständnisvoll und sich ihrer Verantwortung bewusst sind. Die Zustimmung der Familienmitglieder der Leihmütter, insbesondere des Ehemannes, war ihnen wichtig, da sie nicht wollten, dass Familienmitglieder kommen und mit ihnen streiten, weil sie Frauen in ihrer Familie als Leihmütter rekrutiert haben. Das ART-Gesetz in Indien verlangte auch, dass die Ehemänner der Leihmütter unterschreiben und ihre Zustimmung zur Leihmutterschaft erklären. Dies zeigt die soziale Position von Frauen, die nicht einmal in Entscheidungen bezüglich ihrer eigenen Gesundheitsversorgung einbezogen werden.

Amrita Pande (2010) sagt, Leihmütter sind Arbeiterinnen, keine Gebärmütter, basierend auf dem Ausdruck „schmutzige Arbeit", der von Leihmüttern und von Frauen verwendet wird, die sich gegen diese Stigmatisierung wehren. Allerdings steht Pandes Ansicht im Gegensatz zu ihrem Buch mit dem Titel *Wombs in Labor*, das die Arbeit der Frauen von der Gebärmutter trennt (Pande 2014). Was die Handlungsfähigkeit der Frauen betrifft, weist Pande (2010) zu Recht darauf hin, dass es, wenn überhaupt, nur wenig Widerstand gibt und dieser nicht kollektiv, sondern individuell ist. Leihmutterschaft wird auf familiärer Ebene gehalten und Widerstand zielt nicht darauf ab, die Macht zu stürzen, sich zu emanzipieren oder das System zu ändern. Im Gegensatz zu Pandes (2010) Ergebnissen, wo die meisten Leihmütter die Leihmutterschaft vor ihrer Gemeinschaft und Familie geheim hielten, hatten die meisten Leihmütter in meiner Studie ihre Verwandten irgendwann während der Schwangerschaft oder kurz danach informiert. Einige Frauen in meiner Studie traten zusammen mit anderen Frauen aus der erweiterten Familie in das Leihmutterheim ein.

In Bezug auf ihre Beziehungen zu dem/den Kind(ern) sagten Leihmütter in der von SAMA produzierten Dokumentation: „Das Kind ist mein *godh*[7] (Gebärmutter), also gehört es mir, aber ich habe es in deine Hand gegeben. Ich werde nur zu Gott beten, um sie zu schützen“ (SAMA und Sharma 2010). Aber Dr. Nayana Patels Verständnis beschränkt sich auf die Sicht der Wunscheltern „Wer gibt sein eigenes Kind an eine andere Person zur Pflege für 9 Monate?“ (RT Documentary 2015). Die Leihmutter fügte hinzu: „Wo immer mein Kind ist, schütze es, meinem Kind sollte kein Schaden zustoßen. Immer wenn ich vor Gott bete, sage ich Gott, ich habe drei Kinder, schütze alle drei Kinder; ich habe sie nie getroffen oder gesehen, aber wenn ich von Herzen segne, wird mein Kind den Segen empfangen.“ Sie äußerten den Wunsch, in Kontakt bleiben und das Baby sehen zu können. In Bezug auf die Wunscheltern, die sie als Retter betrachteten, sagten Leihmütter: „(Die Eltern) deren Kind es war, haben mir sehr geholfen. Sie boten an, alle meine Bedürfnisse zu erfüllen, Bedarf an einem Haus, Geld.“ Das Gefühl der Hierarchie war sehr präsent, „Ich habe die Wunscheltern nur einmal getroffen und sie sagten mir, ich solle jeden Tag zwei Stunden lang Bhajans hören. Sie wollten einen guten Einfluss auf das Kind. Zumindest waren meine Wunscheltern Inder, aber die Ausländer können nicht in der gleichen Sprache kommunizieren, so dass die Leihmütter sie nicht verstehen“ (SAMA und Sharma 2010).

Es wird angenommen, dass Frauen in Indien durch Leihmutterschaft viel mehr Geld verdienten, als sie jemals in ihren jetzigen Jobs verdienen könnten; sie erhielten auch unvorstellbare Unterstützung für Wohnen und Gesundheitsversorgung während ihrer Schwangerschaft (Dale-Moore 2015). Solche Argumente legen nahe, dass Frauen besser dran sind, wenn sie sich an der Leihmutterschaft beteiligen würden, als arbeitslos zu sein oder in schlechter bezahlten Positionen zu arbeiten und dass sich die Gesundheit der Frauen allein durch die Praxis der Leihmutterschaft verbessert hat.

---

[7] Die wörtliche Übersetzung des Wortes „godh“ wäre „Schoß“, aber in diesem Kontext meinen Leihmütter „Gebärmutter“.

Vorbereitung auf die Bezahlung

Eines der Argumente, die vor dem Verbot der kommerziellen Leihmutterschaft vorgebracht wurden, ist, dass Frauen für ihre Reproduktionsarbeit und nicht für das Kind bezahlt werden (Robertson 1994). Die Liberalen unterstützten die kommerzielle Leihmutterschaft und schlugen vor, dass nicht das Kind oder der Fötus, sondern die Schwangerschaftsdienste der Frau entschädigt werden sollten. Tatsächlich wurden sie für die Reproduktionsarbeit bezahlt, die zur Größe, Gewicht, Fähigkeit und Geschlecht des Kindes führte. Ein Mediziner sagte: „Sie wissen, dass ihre Bezahlung erst nach der Untersuchung erfolgt. Wenn die Untersuchung nicht gut ist, wird ihre Bezahlung verzögert. Es ist nicht nur ein Anreiz für sie, sondern sie wissen, dass sie arbeiten müssen, sonst werden sie nicht bezahlt" (SAMA und Sharma 2010). „Wir bekommen 10.000 Rs. extra, wenn das Baby 3 kg und 100 g wiegt, und wenn das Baby mehr wiegt, dann wird etwas mehr zusätzliches Geld gegeben. Sie wiegen uns jede zweite Woche." Worauf eine andere Leihmutter scherzte: „Wenn wir zum Wiegen gehen, sollten wir einige Steine um unseren Hals tragen." Dementsprechend sagten sie: „Es gibt keinen Mangel an Essen, sie geben dir, was auch immer du willst, Eier, eine Packung voller Vitaminkekse muss gegessen werden. Aber wir können nicht so viel essen. Wir schlafen nicht, wir sind die ganze Nacht wach, wir essen und schlafen nur. Aber man kann nur schlafen, wenn man müde ist, wenn wir nicht müde sind, wie können wir schlafen? Als wir unsere Kinder hatten, haben wir gegessen und dann im Haus gearbeitet, so haben wir uns nie unruhig gefühlt. Aber hier essen wir nur und sitzen herum, so können wir nicht schlafen und unser Essen wird nicht verdaut." Eine andere Leihmutter sagte: „Ich wog 43 kg, hier hat die Dame mein Gewicht auf 70 kg erhöht, ich wurde gesund, nachdem ich hierhergekommen bin" (SAMA und Sharma 2010).

Leihmutterschaft als Hobby, eine banale Aktivität der Reichen

Dass die Leihmutterschaft auch durch banale Gründe motiviert ist, ist keine Vermutung mehr. In meiner Studie mit wenigen Teilnehmern (13) erzählte mir eine Leihmutter, Shama, in einer Klinik in Ahmedabad, dass ihre indische Wunschmutter sehr viel Angst vor der Schwangerschaft und Geburt hatte, daher hatte die Wunschmutter sie eingestellt. Shama erklärte mir: „Er (der Wunschvater) ist ein wichtiger Geschäftsmann, sie verdienen viel Geld, also haben sie keine Zeit für das (Schwangerschaft)". „Viele versuchen zuerst eine Behandlung bei sich selbst und wenn es nicht funktioniert, kommen sie zur Leihmutterschaft, aber das ist nicht richtig." Es war empörend, dass die Wunschmutter Shama fragte: „Hast du keine Angst, ich habe Angst", worauf Shama antwortete: „Ich habe zwei Kinder, ich habe keine Angst." Shama erzählte mir immer wieder davon und lachte. Schließlich schlug sie sich leicht auf den Kopf und sagte: „Ich wusste nicht, dass es auch solche Menschen auf dieser Welt gibt, die Leihmütter einstellen, weil sie Angst haben, ein Kind zu bekommen und ich frage mich, warum sie mich ausgewählt haben. Es gab so viele Frauen in der Rekrutierungsmappe und warum musste sie gerade mich auswählen?" Sie hatte Mitleid mit dem Mann, „was kann der Ehemann tun, wenn die Frau sagt ‚nein, ich habe Angst'". Mehr über Shamas Geschichte finden Sie in Kap. 5. Ich möchte betonen, dass ich die Angst vor der Schwangerschaft, die einige Frauen erleben können, nicht trivialisiere, aber diese Angst in Kombination mit Genetisierung, Reichtum zur Auslagerung dieser Schwangerschaft, die Märkte, die dies ermöglichen, und die Ausbeutung ärmerer Frauen machen diesen Prozess unmenschlich.

Wie die Außenministerin Indiens, Sushma Swaraj, richtig bemerkte, haben indische Kinoprominente einen bequemen Weg gefunden, Kinder zu bekommen, obwohl sie bereits eigene Kinder haben. Sie sagte: „Das Verfahren, das als Notwendigkeit begann, ist zu einer Art Hobby geworden. Wir haben viele Beispiele von Prominenten, die ihre eigenen Kinder haben, trotzdem haben sie sich für ein Leihkind entschieden." Fälle von Leihmutterschaft wie Shamas sind der Öffentlichkeit oder den Medien kaum bekannt, aber wenn Prominente dasselbe tun, neigen die Menschen dazu, ihr Beispiel zu normalisieren und folgen leicht diesem Beispiel. Der beliebte Hindi-Filmstar, Shahrukh Khan, hatte trotz zwei biologischer Teenagerkinder beschlossen, ein drittes Kind durch Leihmutterschaft zu bekommen. Ähnlich wie Aamir Khan, der neben seinen biologischen Teenagerkindern ebenfalls ein weiteres Kind durch Leihmutterschaft haben wollte. Während die Reichen und Berühmten einen Anstieg der Leihmutterschaftspraxis fördern, sind die Adoptionsraten in Indien gesunken. IVF-Experten und medizinische Organisationen wie die ICMR glauben, dass die Adoption durch die Option einer Leihmutterschaft unattraktiver geworden ist (Sharma 2016). Dies zeigt sich in der abnehmenden Zahl von Adoptionen in Indien, von 5964 Adoptionen in den Jahren 2010–11 und auf 3210 in den Jahren 2016–17 (CARA 2017). Der ideologische Trend zu „Ich habe das Recht, ein Baby zu haben, und zwar mit meinem eigenen Genom" kann gefährlich sein, insbesondere angesichts des Ausmaßes der Kommodifizierung in dieser Branche.

Filmstars wie Shahrukh Khan, Aamir Khan, Tusshar Kapoor und Sohail Khan hatten jeweils einen Jungen durch Leihmutterschaft bekommen. Ist das nur ein Zufall oder wurde bei dem Leihmutterschaftsprozess eine geschlechtsselektive Technologie verwendet, angesichts der starken patriarchalischen Präsenz in Indien? Die Menschen haben begonnen, IVF und Leihmutterschaft zu nutzen, um das Geschlecht und andere Eigenschaften des Kindes wählen zu können. Nehmen Sie andere Beispiele aus der Filmbranche; ein weiterer Prominenter, Karan Johar, in Indien war in den Nachrichten, weil er die Leihmutterschaft genutzt hatte, um Zwillinge zu bekommen; ein Mädchen und einen Junge, eine perfekt ausgeglichene Familie. Elite und einflussreiche Personen können das Geschlecht der Embryonen und Gameten vor der IVF aussuchen, ganz nach ihren Launen und Bedürfnissen.

Schlussfolgerung

Corea (1985) lehnte die Leihmutterschaft entschieden ab, da sie Spaltungen unter Frauen schafft und hat dieses Phänomen als „segmentierte Reproduktion“ bezeichnet, die Frauen in Kindeszeugerinnen, Kindesträgerinnen und Kindeserzieherinnen unterteilt. Sie kritisiert diese Segmentierung, als ob es sich um eine Produktionsweise von genetisch überlegenen Frauen handeln würde, die Embryonen zeugen, körperlich starke Frauen, die die Babys austragen, und sanftmütige Frauen, die die Säuglinge bis ins Erwachsenenalter aufziehen. Colens (1995) Konzept der stratifizierten Reproduktion ähnelt Coreas Referenz, da es die Reproduktionsarbeit des Austragens, Aufziehens und Sozialisierens von Kindern untersucht, die je nach Ungleichheiten im Zugang zu materiellen und sozialen Ressourcen, die durch Hierarchien von Klasse, Rasse, Ethnizität, Geschlecht, Ort und Migrationsstatus strukturiert sind, unterschiedlich erlebt, bewertet und belohnt werden können, Aspekte, die den sozioökonomischen und politischen Status fördern oder beeinträchtigen. Im heutigen Kontext eines Leihmutterschaftsbasars ist dieses Konzept nicht vollständig ausreichend, da es die Rolle von Ärzten und Leihmutteragenten nicht berücksichtigt und den politischen Körper ausschließt. In den folgenden Kapiteln wird die Rolle der Wunscheltern (die Kindeszeuger), der Leihmütter (die Kindesträgerin) und der Kinderaufzieherin (die Leihmütter für eine kurze Zeit und die Wunscheltern) untersucht, die in dieser Studie in zwei IVF-Zentren an zwei Orten in Westindien interviewt wurden. Dieses Kapitel hat bereits gezeigt, dass die Teilnehmer unterschiedliche Erfahrungen gemacht haben, unterschiedlich bewertet wurden und für die Reproduktionsarbeit aufgrund sozioökonomischer Hierarchien unterschiedlich belohnt wurden. Dies wird im folgenden Kapitel ausführlicher erläutert. Die historischen Ausbeutungs- und Diskriminierungsmuster dieses Postkolonialismus werden ebenso wie die Erfahrungen der Wunscheltern in Kap. 6 diskutiert.

Literatur

Allyse, M., M.A. Minear, E. Berson, S. Sridhar, M. Rote, A. Hung, and S. Chandrasekharan. 2015. Non-invasive prenatal testing: A review of international implementation and challenges. *International Journal of Women's Health* 16 (7): 113–126.

Bhalla, Nita, and Mansi Thapiyal. 2013. *India seeks to regulate its booming 'rent-a-womb' industry. Reuters*. http://www.reuters.com/article/us-india-surrogates-idUSBRE98T07F20130930. Zugegriffen: 14. Aug. 2017.

Blyth, E. 1994. I wanted to be interesting. I wanted to be able to say 'I've done something interesting with my life': Interviews with Surrogate Mothers in Britain. *Journal of Reproductive and Infant Psychology* 12 (3): 189–198.

Busby, K., and D. Vun. 2010. Revisiting the Handmaid's tale: Feminist theory meets empirical research on surrogate mothers. *Canadian Journal of Family Law* 26 (1): 13–93.

CARA. 2017. *Adoption statistics*. Central Adoption Resource Authority, Ministry of Women & Child Development, Government of India. http://cara.nic.in/resource/adoption_Stattistics.html. Zugegriffen: 14. Aug. 2017.

Census of India. 2010. *Population data*. India: Registrar General, Government of New Delhi.
Colen, S. 1995. 'Like a mother to them': Stratified reproduction and West Indian childcare workers and employers in New York. In *Conceiving the new world order: The global politics of reproduction*, ed. Faye Ginsburg, and Rayna Rapp, 78–102. Berkeley: University of California Press.
Corea, Gena. 1985. *The mother machine*. Reproductive technologies from artificial insemination to artificial wombs. New York: Harper and Row.
Dale-Moore, Rosa. 2015. A Consideration of International Surrogacy Under Act-Utilitarian Ethics. *Sound Decisions: An Undergraduate Bioethics* 1 (1). Available at: https://soundideas.pugetsound.edu/sounddecisions/vol1/iss1/1.
Das, Sonali, Sonali Jain-Chandra, Kalpana Kochhar, and Naresh Kumar. 2015. *Women workers in India: Why so few among so many?* International Monetary Fund (IMF) Working Paper, WP/15/55, 1–31.
Desai, Kishwar. 2012. India's surrogate mothers are risking their lives: They urgently need protection. *The Guardian*. https://www.theguardian.com/commentisfree/2012/jun/05/india-surrogates-impoverished-die. Zugegriffen: 15. Aug. 2017.
Fertility Consultants Canada. 2014. What is surrogacy and how much surrogate mother cost in Canada? *Fertility Consultants Canada*. https://fertilityconsultantscanada.wordpress.com/2014/04/11/what-is-surrogacy-and-how-muchsurrogate-mother-cost-in-canada/. Zugegriffen: 9. Febr. 2015.
Frontline. 2016. *Surrogacy a hot topic*. Interview: Dr. Sowmya Swaminathan. *Frontline India*. http://www.frontline.in/social-issues/surrogacy-a-hot-topic/article9140558.ece. Zugegriffen: 15. Aug. 2017.
George, S.M. 2006. Millions of missing girls: From fetal sexing to high technology sex selection in India. *Prenatal Diagnosis* 26: 604–609.
Guilmoto, C.Z. 2010. Longer-term disruptions to demographic structures in China and India resulting from skewed sex ratios at birth. *Asian Population Studies* 6: 3–24.
Gunatilaka, R. 2010. *Sri Lanka's working poor*. Colombo: ILO.
Gupta, R., S. Sankhe, R. Dobbs, J. Woetzel, A. Madgavkar, and A. Hasyagar. 2014. *From poverty to empowerment: India's imperative for jobs, growth and effective basic services*. Mumbai: McKinsey Global Institute.
Haimowitz, Rebecca, and Vaishali Sinha. 2010. Made in India. DVD.
ICMR. 2015. List of enrolled assisted reproductive technology (ART) clinics under national registry of ART clinics and banks in India. *Indian Council of Medical Research*. http://www.icmr.nic.in/icmrnews/art/List%20of%20Enrolled%20ART%20Clinis-5%203%202013.pdf. Zugegriffen: 6 Apr. 2015.
IIPS and Macro International. 2007. *National family health survey 3 (2005–2006) India*, vol. I. Mumbai: National Fact Sheet. International Institute for Population Sciences (IIPS).
James, Mac. 2013. *Surrogates have positive experience*. *YouTube*. www.youtube.com/watch?v=fXnqmKUu6rY. Zugegriffen: 14. Aug. 2017.
Journeyman Pictures. 2014. Commercial surrogacy exploiting women of the developing world. *Bittu TV*. http://channel-v.bittutv.com/?watch=Rj3EodH7lcY. Zugegriffen: 14. Aug. 2017.
Kahn, J.G., B.J. Becker, L. MacIsaa, J.K. Amory, J. Neuhaus, I. Olkin, and M.D. Creinin. 2000. The efficacy of medical abortion: A meta-analysis. *Contraception* 61 (1): 29–40.
Kannan, S. 2009. *Regulators eye India's surrogacy sector*. *BBC World*. http://news.bbc.co.uk/2/hi/business/7935768.htm. Zugegriffen: 14. Aug. 2017.
Khanna, Leela. 2015. The state and domestic violence: The limitations of India's dowry prohibition laws. *Senior Projects Spring* Paper 150.

MHRD. 2014. Department of School Education & Literacy Department of Higher Education Ministry of Human Resource Development Government of India, Annual Report. Government of India, New Delhi.

Mukund, Kanakalatha. 1999. Women's property rights in South India: A review. *The Economic and Political Weekly* 34 (22): 1352–1358.

Nandi, Arindam, and Anil B. Deolalikar. 2013. Does a legal ban on sex-selective abortions improve child sex ratios? Evidence from a policy change in India. *Journal of Development Economics* 103: 216–228.

Navaneetham, Kannan, and Arunachalam Dharmalingam. 2002. Utilization of maternal health care services in Southern India. *Social Science and Medicine* 55 (10): 1849–1869.

NDTV. 2015. We the people—The surrogacy debate; of motherhood or money? *YouTube*. www.youtube.com/watch?v=7OlBHVKZzjg. Zugegriffen: 14. Aug. 2017.

NDTV. 2016. Women selling bodies to earn livelihood: Minister Anupriya Patel on surrogacy bill. *New Delhi TV*. http://www.ndtv.com/india-news/women-selling-bodies-to-earn-livelihood-minister-on-surrogacy-bill-1453387. Zugegriffen: 15. Aug. 2017.

NFHS. 2007. *National Family Health Survey 3 (2005–2006) India*: vol. I. Mumbai: National Fact Sheet. International Institute for Population Sciences (IIPS).

Nithya, N.R. 2013. Institutionalization of dowry in India: Social custom or modern Malaise? *International Journal of Science and Research (IJSR)* 2 (9): 46–50.

NSSO. 2013. *Key indicators of employment and unemployment in India*. New Delhi: The National Sample Survey Office (NSSO), Ministry of Statistics and Programme Implementation.

Pande, A. 2010. Commercial surrogacy in India: Manufacturing a perfect mother-worker. *Signs* 35: 969–992.

Pande, A. 2014. *Wombs in labor: Transnational commercial surrogacy in India*. New York: Columbia University Press.

Patel, Vibhuti. 1989. Sex-determination and sex pre-selection tests in India: Recent techniques in femicide. *Reproductive and Genetic Engineering* 2: 111–119.

Perappadan, B.S. 2014. Activists call for stringent regulations for surrogacy. *The Hindu*. http://www.thehindu.com/todays-paper/tp-national/tp-otherstates/activists-call-for-stringent-regulations-for-surrogacy/article6348214.ece. Zugegriffen: 15. Aug. 2017.

Puricelli, M. 2014. Conference: A policy dialogue about surrogacy in India. *India: Gender Matters*. http://csrindia.org/blog/2014/09/18/surrogacy-in-india/. Sep 18.

Qadeer, I. 2009. Social and ethical basis of legislation on surrogacy: Need for debate. *Indian Journal of Medical Ethics* 6 (1): 28–31.

Rastogi, M., and P. Therly. 2006. Dowry and its link to violence against women in India: Feminist psychological perspectives. *Trauma Violence and Abuse* 7 (1): 66–77.

Raymond, J.G. 1993. *Women as wombs: Reproductive technologies and the battle over women's freedom*. San Francisco: Harper.

Robertson, John A. 1994. *Children of choice: Freedom and the new reproductive technologies*. Princeton: Princeton University Press.

Russia Today Documentary. 2015. Wombs for rent in India. *YouTube*. https://www.youtube.com/watch?v=PSXZSdMmRdg. Zugegriffen: 14. Aug. 2017.

Rudrappa, Sharmila. 2012. India's reproductive assembly line. *Contexts* 11 (2): 22–27.

SAMA, and S. Sharma. 2010. *Can we see the baby bump*. India: Surfilms.

Saha, Sudeshna. 2014. Women employees in garment industries—A case study conducted in selected garment industries of Peenya Industrial Area, Bangalore. *International Journal of Management Research and business Strategy* 3 (3): 128–140.

Saravanan, S. 2010. Transnational surrogacy and objectification of gestational mothers. *Economic and Political Weekly* 45: 26–29.

Saravanan, S. 2013. An ethnomethodological approach to examine exploitation in the context of capacity, trust and experience of commercial surrogacy in India. *Philosophy, Ethics and Humanities in Medicine* 8: 10.

Saravanan, S. 2015. Global justice, capabilities approach and commercial surrogacy in India. *Medicine, Health Care and Philosophy* 18: 295–307.

Saravanan, S. 2017. When doctors rock the cradle. *Governance Now* 8: 56–58.

Sarojini, N., V. Marwah, and A. Shenoi. 2011. Globalisation of birth markets: A case study of assisted reproductive technologies in India. *Global Health* 7: 27.

SBS. 2015. Could gender-selective abortions be happening in Australia? *Special Broadcasting Service*, Australia. http://www.sbs.com.au/news/article/2015/08/17/could-gender-selective-abortions-be-happening-australia. Zugegriffen: 14. Aug. 2017.

Sen, A. 1992. *Inequality re-examined*. Oxford: Clarendon Press.

Sen, A. 2001. Many faces of gender inequality. *Frontline* 18 (22): 35–39.

Sharma, Dinesh C. 2001. Indian government must enforce ban on gender diagnostic test. *The Lancet* 357: 1599.

Sharma, Neetu Chandra. 2016. *'It's what the rich and famous do': Indian celebrities fuel a rise in surrogate births, while child adoption rate drops*. Britain: Mail Online India.

SRS. 2013. *Maternal mortality ratio (MMR) (per 100000 live births). Sample Registration Survey*. New Delhi, India: Registrar General and Census Commission.

Stanwick, Peter, and Sarah Stanwick. 2015. The garment industry in Bangladesh: A human rights challenge auburn university department of management. *Journal of Business & Economic Policy* 2 (4): 40–44.

The VJ Movement. 2009. Rent-a-womb: Outsourcing Surrogacy in India. *YouTube*. https://www.youtube.com/watch?v=GBHs6OI6xIs&t=1s. Zugegriffen: 14. Aug. 2017.

Time. 2015. Outsourcing surrogacy. *Red Border Films*. *YouTube*. https://www.youtube.com/watch?v=N9FPiNc6-dI. Zugegriffen: 14. Aug. 2017.

Today. 2008. More and more couples finding surrogates in India. 28th February. https://www.today.com/news/more-more-couples-finding-surrogates-india-wbna23252624.

UN General Assembly. 1948. Universal declaration of human rights 217 A (III). http://www.refworld.org/docid/3ae6b3712c.html. Zugegriffen: 19. Mai 2016.

UNESCO. 2006. *Universal declaration on bioethics and human rights*. United Nations Educational, Scientific and Cultural Organisation. http://unesdoc.unesco.org/images/0014/001461/146180E.pdf. Zugegriffen: 17. Mai 2016.

Vikram, Kriti, Reeve Vanneman, and Sonalde Desai. 2012. Linkages between maternal education and childhood immunization in India. *Social Science and Medicine* 75 (2): 331–339.

5 Leihmutterschafts-Biomärkte in Indien: Geschichtete Reproduktion und Intersektionalität

Zusammenfassung

Feministinnen haben festgestellt, dass bestimmte Machtverhältnisse bei der stratifizierten Reproduktion einige Menschen dazu befähigen, sich zu ernähren und fortzupflanzen, während sie andere entmachten (Colen in Conceiving the new world order: the global politics of reproduction. University of California Press, Berkeley, S. 78–102, 1995; Ginsburg und Rapp in Conceiving the new world order: the global politics of reproduction. University of California Press, Berkeley, 1995; Rapp in Soc Res 78:693–718, 2011). Die transnationale Leihmutterschaft in Indien spiegelt viele Ungleichheiten wider; Unterschiede in Geschlecht, Rasse, Klasse und Ort stellen die Reproduktionsprojekte einiger Frauen über andere (DasGupta und DasGupta in Globalization and transnational surrogacy in India: outsourcing life. Lexington Books, Lanham, 2014; Gupta in Eur J Women Stud 13:23–38, 2006, Gupta in IJFAB: Int J Fem Approach Bioeth 5:25–51, 2012; Pande in Reprod Biomed Online 23:618–625, 2011). Dieses Kapitel untersucht die Erfahrungen von Leihmüttern aus einer feministischen Perspektive, indem es Colens (Conceiving the new world order: the global politics of reproduction. University of California Press, Berkeley, S. 78–102, 1995) stratifizierte Reproduktion als Rahmen verwendet, um zu verstehen, wie die Reproduktionsaufgaben des Gebärens und Aufziehens von Kindern unterschiedlich erlebt, bewertet und belohnt werden, je nach Ungleichheiten. Es wird ebenfalls betrachtet, ob diese Ungleichheiten, die durch den sozioökonomischen und politischen Status strukturiert sind, zu reproduktiver/sozialer Ungerechtigkeit und Menschenrechtsverletzungen führen. Auf der Grundlage meiner Feldarbeit wird in diesem Kapitel sowohl der sozioökonomische Hintergrund als auch die Motivation der Leihmütter und die Rolle der Ärzte beschrieben, aber auch die verkörperte Erfahrung der Leihmutterschaft von Leihmüttern und Wunscheltern in Bezug auf die im vorherigen Kapitel aufgeworfenen Ungleichheiten.

S. Suryanarayanan, *Ein transnationaler feministischer Blick auf die Biomärkte für Leihmutterschaft in Indien*, https://doi.org/10.1007/978-981-97-7944-4_5

Schlüsselwörter

Stratifizierte Reproduktion · Ethnologie der Leihmutterschaftspraxis · Schwangere Verkörperung · Schnittmenge von Armut-Geschlecht-Rasse

Unter Verwendung der Ethnomethodologie habe ich versucht, die Phänomene zu identifizieren, wie sie von den Akteuren in einer Situation wahrgenommen werden, und dabei ihren Interpretationen Bedeutung beigemessen. Dafür habe ich halbstrukturierte Interviews mit insgesamt 13 Leihmüttern[1] sowie mit vier Wunscheltern und zwei Ärzten aus zwei Kliniken in Westindien (eine mit einem Leihmutterheim und eine ohne Leihmutterheim) zwischen August 2009 und April 2010 durchgeführt. Die Aasha-Klinik (mit Leihmutterheim) in einer kleinen Stadt in Gujarat stellte mir Nargisa, Dimpy und Sumita vor und erlaubte mir den Eintritt in den Schlafsaal des Heimes. Nach meinen Interviews und intensiven Interaktionen mit den Leihmüttern führte ich eine teilnehmende Beobachtung mit fünf Leihmüttern (Nargisa, Dimpy, Ujwala, Sarala und Gargi) und zwei Wunscheltern (Caroline, einer Kanadierin und John, einem Deutschen) durch. Alle Leihmütter gaben mir ihre Kontaktdaten, damit ich mit ihnen in Kontakt bleiben und sie außerhalb der Klinik treffen konnte. Danach wurde ich in den Prozess der Leihmutterschaft zwischen den Leihmüttern und den Wunscheltern in der Klinik einbezogen. Ich wurde Übersetzerin im Prozess der Kindermädchenauswahl, als die Wunscheltern Kindermädchen rekrutierten, um sie mit in ihr jeweiliges Land zu nehmen. Auch als Sprecherin für die Leihmütter, wenn sie Anfragen an die Wunscheltern stellen wollten, stellte ich mich zur Verfügung. Die Anzahl meiner Fallstudien ist im Vergleich zu anderen Studien geringer, da die von mir verwendete Methodik ein intensiver, zeitaufwändiger Prozess war. Ich habe auch eine dritte Methode angewendet; ich bat fünf der Leihmütter, die ich interviewt habe, die Höhepunkte ihrer eigenen Leihmutterschaftserfahrung aufzuschreiben. Da einige der Leihmütter nicht sicher schreiben konnten, hatte ich Sarala (eine ehemalige Leihmutter) als meine Forschungsassistentin eingestellt, um alles aufzuschreiben, was sie erzählten. Die andere Klinik in Ahmedabad, einer größeren Stadt in Gujarat (ohne Leihmutterheim), stellte mir Gargi und Shama vor. Shama wollte mir ihre Kontaktdaten nicht geben; ich erfuhr später durch Gargi, dass die Klinik strenge Anweisungen gegeben hatte, mir ihre Kontaktdaten und Vergütung nicht mitzuteilen. Nach einem Interview mit einem Paar und einem kurzen Interview mit Gargi erfuhr ich, dass es eine große Diskrepanz zwischen dem gab, was Dr. Bhargav von den Wunscheltern als Leihmuttergebühren genommen hatte, und dem, was tatsächlich an sie gezahlt wurde. Eine solche Zahlungsdiskrepanz war auch in der Aasha-Klinik vorherrschend. Die Aasha-Klinik berechnete den Wunscheltern unter allen möglichen

[1] Nargisa, Dimpy, Ujwala, Sarala, Gargi, Sumita, Uma, Shama, Urmila, Maya, Sheetal, Sapna, Mamta.

Vorwänden übermäßig hohe Kosten für Kaiserschnittgeburten, Schlafsaalkosten sowie das Bonusgeld, das sie als Kindermädchenkosten berechneten, obwohl in der Praxis die Leihmütter solche Dienstleistungen nach der Geburt des Kindes, einschließlich Stillen, erbrachten. Dr. Nisha in der Aasha-Klinik hatte es zur Pflicht gemacht, dass alle Bargeldtransaktionen zwischen den Wunscheltern und den Leihmüttern grundsätzlich nur über die Klinik abgewickelt werden würden. Alle in diesem Kapitel gegebenen Zitate stammen aus meiner Studie, die ich zwischen 2009 und 2012 durchgeführt habe, Alle Namen sind Pseudonyme, um die Vertraulichkeit der Teilnehmer zu wahren; wo immer ich aus anderen Studien zitiert habe, habe ich entsprechend darauf hingewiesen. Sarala war Dimpys Schwägerin, ebenfalls eine Leihmutter; Gargi ist die Leihmutter, die ich in der zweiten Klinik in Ahmedabad interviewt und mit der ich interagiert habe. Ich habe mich intensiv mit all diesen Müttern ausgetauscht und stehe immer noch mit ihnen in Kontakt. Auf Gargis Erfahrung habe ich in Kap. 6 Bezug genommen, da sie wesentlich dazu beigetragen hat, wie sich die Wünsche und die Ausbeutung der Wunscheltern direkt auf ihre Erfahrung, ihr Wertgefühl und ihre Belohnung ausgewirkt haben. Vier Wunscheltern wurden halbstrukturiert interviewt, jeweils zwei aus Europa (John und Mary) und Nordamerika (Caroline und Shyamala). Es wird im Kontext des Postkolonialismus sowie im Zusammenhang mit Colens (1995) Vorstellung von stratifizierter Reproduktion, wie sie in Kap. 6 beschrieben wird, diskutiert.

Die halbstrukturierten Interviews wurden auf Hindi durchgeführt, da alle Leihmütter Hindi oder eine Mischung aus Hindi und Gujarati sprachen. Ich beherrsche beide Sprachen gut.[2] Ich habe die Interviews aufgezeichnet und sie ins Englische übersetzt und transkribiert. Der Analyseprozess umfasste: eine Transkription (nicht nur der wörtlichen Aussagen, die auf Band aufgezeichnet wurden, sondern auch der nonverbalen Gesten, die während der Gespräche gemacht wurden), Klammern und phänomenologische Reduktion, Anhören des Bandes und wiederholtes Lesen der Transkription, um den Kontext kleinerer Bedeutungseinheiten für das Ableiten aufkommender Themen und das Abgrenzen von Bedeutungseinheiten, die für die Forschungsfrage und den methodologischen Rahmen relevant sind, zu liefern. Diese wurden dann zu Themen von Emotionen und Erfahrungen zusammengefasst, wie Wissen, Vertrauen, Zwang, Angst, Gefühle von Misstrauen und Abhängigkeit, die auf die Unterschiede in der Verkörperung von Erfahrung, Wert und Belohnung, basierend auf Ungleichheiten, reflektieren. Zu den Themen, die in den halbstrukturierten Interviews behandelt wurden, gehörten sozioökonomische Hintergründe, Motivationen, Erfahrungen mit Regeln, das Leben im Leihmutterheim, Einbindung, finanzielle Geschäfte, Verzicht und Nachverzicht. Für die teilnehmende Beobachtung wurden Tagebuchnotizen gemacht. Vor meiner Ankunft in Indien habe ich von der leitenden Ärztin der Klinik, Dr. Nisha, eine schriftliche Einwilligung per E-Mail eingeholt. Ich habe auch eine schriftliche Einwilligung von den

[2] Ich bin in Mumbai aufgewachsen und habe in einer Gujarati-Kolonie gelebt; daher habe ich in der Schule Englisch und Hindi gelernt sowie Gujarati von meinen Nachbarn.

Forschungsteilnehmern eingeholt. Die verwendeten Einwilligungsformulare wurden von professionellen Übersetzern vor Ort in einfacher verständlicher Sprache in Hindi und Gujarati verfasst und übersetzt. Alle Leihmütter konnten lesen und waren mehr als bereit, teilzunehmen. Es gab keinen formalen Prozess einer ethischen Freigabe an der Universität Heidelberg, Deutschland, zum Zeitpunkt der Forschung. Dieser wurde nachträglich erteilt.[3]

Sozioökonomischer Hintergrund und Motivation der Leihmütter

Alle Leihmütter, die ich interviewt habe, hatten zu Hause mit schweren wirtschaftlichen Schwierigkeiten zu kämpfen; zwei Frauen hatten jeweils ein krankes Familienmitglied, eine hatte ein Kind mit schweren Behinderungen und ein Ehemann hatte eine Herzkrankheit, die umgehend medizinisch behandelt werden musste. Es gab drei Frauen, die es aufgrund ihres geringen Einkommens schwer hatten, über die Runden zu kommen. Der Ehemann einer Frau war alkoholabhängig und gab den größten Teil seines Einkommens für diese Gewohnheit aus. Vier der Frauen wollten Geld für die Ausbildung ihrer Kinder sparen. Zwei Frauen benötigten Geld, um ihr *„kachha"* (instabiles, temporär gebautes) Haus wieder aufzubauen. Eine Frau wollte ein Haus kaufen, da der größte Teil des Familieneinkommens für die Miete ausgegeben wurde. Alle, die Mädchen hatten, wollten Geld für die Mitgift ihrer Tochter sammeln. Nur eine Leihmutter wollte das Geld, um ihre drei Töchter auszubilden. Es ist bekannt, dass die Bildungsfähigkeit die Verhandlungsfähigkeit der Leihmutter im Leihmutterschaftsprozess erhöht (Pande 2010). Alle Leihmütter in meiner Studie konnten lesen und schreiben, aber keine hatte eine höhere Bildung über die Sekundarstufe hinaus; zwei hatten bis zur zwölften Klasse abgeschlossen, sechs bis zur zehnten und fünf hatten die Grundschule abgeschlossen. Fünf Leihmütter waren Hausangestellte und drei Hausfrauen, eine war Büroangestellte und eine Pflegekraft, zwei waren Landarbeiterinnen und eine andere arbeitete im Landwirtschaftsbetrieb der Familie. Ihr Familieneinkommen lag zwischen 3000 und 6000 Rs. pro Monat (50–100 €). Die Vergütung, die sie durch die Leihmutterschaft erhielten, entspricht dem Fünffachen ihres Jahresgehalts. Wie eine Leihmutter sagte: „Es ist kein Vermögen für uns. Was wir als monatliches Gehalt verdienen, wird für den täglichen Bedarf ausgegeben, aber hier bekommen wir eine Pauschalsumme" (SAMA und Sharma 2010).

[3] Für diese spezielle Forschung diskutierten ein Forschungsteam vom Südasien-Institut und dem Karl Jaspers Zentrum für Transkulturelle Forschung, Heidelberg, sowie einige eingeladene internationale Forschungsexperten. Sie überprüften die vorgeschlagene Studie sowohl akademisch, strukturell als auch ethisch, im Rahmen des Workshops „Making India a Global Healthcare Destination: Historical and Anthropological Enquiries on Cross-border Healthcare". Dieser wurde vom Exzellenzcluster „Asien und Europa", Heidelberg, und dem Französischen Institut von Pondicherry (IFP), in Heidelberg vom 14–15. Juni 2009 mitorganisiert.

Die Leihmütter erhielten keine Kopie ihres unterzeichneten Vertrags. Dadurch hatten sie keine Möglichkeit, im Falle eines Vertragsbruchs Klage einzureichen. Sie kannten die Einzelheiten des Gesetzes zur assistierten Reproduktionstechnologie sowie ihre Rechte und Pflichten nicht, waren sich jedoch bewusst, dass sie ohne Vertragskopie ausgenutzt wurden. Darüber hinaus konnten sie auch aufgrund ihres sozioökonomischen Hintergrunds möglicherweise finanziell keinen Rechtsfall bestreiten. Frauen, die zum zweiten Mal Leihmütter wurden, hatten den Vorteil einer höheren Vergütung, die jedoch auf dem Verhältnis basierte, das sie mit der Klinik hatten. Dementsprechend würde die Klinik es sogar ablehnen, wenn die Wunscheltern bereit wären, alle ihre finanziellen Probleme zu lösen, da sie die Vorteile bei Frauen sehen, die die Leihmutterschaft wiederholen und dadurch mehr Geld verdienen wollen. Dies war für die Klinik eine gewinnbringende Praxis und hat wenig mit der Beseitigung von Armut und der Hilfe für die unfruchtbaren Menschen der Welt zu tun. Die zweite Leihmutterschaft war ein interessantes Phänomen. Die Männer hatten dabei im Allgemeinen ihre Arbeit für eine Weile aufgegeben und es wurde auch davon ausgegangen, dass die Frauen die Leihmutterschaft wiederholen würden. Erst nachdem die Frau drei Leihmutterschaften abgeschlossen hatte, würde der Ehemann wieder anfangen, Arbeit zu suchen. Eine Ausnahme hiervon ist Nargisa; nach ihrer enttäuschenden Erfahrung sagte sie ihrem Ehemann, dass sie den Leihmutterschaftsprozess nicht wiederholen könne. Er stimmte zu und wurde wieder Gemüseverkäufer. Sie kauften das Haus, in dem sie bereits lebten, und sind mit ihrem Leben zufrieden.

Rudrappa (2015) argumentiert, dass die Leihmütter nicht aus armen Familien stammen, da sie 10.000 Rs. (<150 €) verdienen. Wenn man sich in diesem Einkommensviertel befindet, leben die Familien nicht in extremer Armut. Sie befinden sich aber am Rande der Armut und jedes unerwartete Ereignis wie Krankheit, Heirat oder Tod könnte sie in absolute Armut stürzen, insbesondere in einem Land ohne Sozialversicherungssystem wie Indien. Daher haben tatsächlich die meisten Frauen an der Leihmutterschaft teilgenommen, um ihre Familien davor zu bewahren. Nargisas Ehemann war ein Obstverkäufer und konnte nur 100 Rs. pro Tag verdienen. Die Lebenshaltungskosten waren gestiegen und dieses Geld schien gerade genug zu sein, um die täglichen Ausgaben zu decken. Eine Krankenschwester, die in der Nähe ihres Hauses wohnte, sah die Armut und fragte, ob Nargisa an einer Leihmutterschaft interessiert wäre. Nargisa verdiente 400.000 Rs. für die Leihmutterschaft und kaufte das Haus in einer Squatter-Siedlung, in dem sie lebte. Sie war zuversichtlich, dass sie mit diesem Einkommen weiterhin ihren Lebensunterhalt verdienen könnten, aber sie wollte eine gewisse Stabilität. Der Kauf eines Hauses bewahrte sie vor einer Mietzahlung, die 500–1000 Rs. pro Monat betrug. Sumita, ebenfalls die Frau eines Gemüsehändlers, wurde ebenfalls Leihmutter, um ein Haus zu kaufen, und ein zweites Mal, um etwas Geld für ihre Kinder zu sparen. Eine der Leihmütter war Sarala, eine Pflegekraft, die 900 Rs. pro Monat verdiente. Das Einkommen ihres Ehemannes war unregelmäßig. Sie war bereits an Arzneimittelversuchen und anderen Formen von Biomärkten beteiligt und daher über die Leihmutterschaft informiert. Sie schätzte dieses schnelle Geld, um den Status ihrer Familie zu verbessern. Da ihr Ehemann gegen die Idee war, bezog sie ihre Schwägerin (Dimpy) in diesen Prozess ein, um ihn davon zu überzeugen, dass sie nicht allein im Leihmutterheim sein würde. Dimpy und ihr Ehemann waren Tageslohnarbeiter und ließen sich zur Leihmutterschaft überreden, um ein Stück Ackerland für sich zu kaufen. Daher sind die globale Nachfrage/das Verlangen nach Leihmutterschaft, das Angebot/die Notwendigkeit von Geld in Indien, die Kaufkraft der Wunscheltern, die Gewinnmotive der Ärzte sowie die stetig steigenden Möglichkeiten technologischer Entwicklungen einige der wichtigen Verbindungen in diesem Biomarkt.

Auswahlverfahren

Höfliches und unterwürfiges Verhalten war ein wichtiges Kriterium bei der Auswahl von Leihmüttern. Frauen, die Anzeichen von durchsetzungsfähigem Verhalten zeigten, wurden von der Klinik aus medizinischen Gründen höflich abgelehnt. Die Ärzte erwarteten von potenziellen Leihmüttern, dass sie gesund, sauber, verständnisvoll und sich ihrer Verantwortung bewusst sind. Die lange Warteliste von Frauen, die bereit waren, an der Leihmutterschaft teilzunehmen, machte sie austauschbar. Die Wunscheltern wählten ihre Leihmütter nach persönlichen Treffen in der Klinik aus. Für Wunscheltern, die die Landessprache nicht sprachen, stellte die Klinik Krankenschwestern als Übersetzerinnen zur Verfügung, die beide Sprachen sprechen konnten. Die Wunscheltern sagten, sie hätten ihre Leihmutter anhand ihres gesunden Aussehens, ihrer Bereitschaft, das Baby aufzugeben, ihrer Familiensituation, der Berufstätigkeit des Ehemannes, der medizinischen Vorgeschichte und der Familiensterblichkeitsgeschichte ausgewählt.

Die Wunscheltern hatten auch religiöse Vorlieben bei der Auswahl der Leihmütter. Laut der Ärzte bestanden 30 % der Paare darauf, dass die Leihmutter derselben Religion angehören sollte wie sie selbst, was ihre religiöse Präferenz zeigt, die sowohl als persönliche Voreingenommenheit und/oder potenzielle Diskriminierung interpretiert werden kann. Artikel 2 der Allgemeinen Erklärung der Menschenrechte besagt: „Jeder hat Anspruch auf alle in dieser Erklärung verkündeten Rechte und Freiheiten, ohne irgendeinen Unterschied, etwa nach Rasse, Hautfarbe, Geschlecht, Sprache, Religion, politischer oder sonstiger Überzeugung, nationaler oder sozialer Herkunft, Vermögen, Geburt oder sonstigem Stand" (UN-Generalversammlung 1948). Nach diesem Auswahlverfahren wird die Leihmutter gebeten, einen Vertrag zu unterzeichnen, gefolgt vom Embryotransferprozess. Falls die Leihmutter nach einer Runde der Embryonenübertragung nicht schwanger werden würde, müsste sie das gleiche Verfahren mit einem anderen Paar durchlaufen, da die Klinik es den Leihmüttern nicht erlaubte, den Prozess mit demselben Paar zu wiederholen.

Rolle der medizinischen Fachkräfte

Von den Leihmüttern in dieser Klinik wurde erwartet, dass sie sich nach der Geburt um das Kind kümmern. Dr. Nisha vertraute den Leihmüttern als den besten Betreuern der Babys, und sie wurden für ihre Dienste mit einem Bonus bezahlt. Einige Wunscheltern wollten, dass die Leihmütter die Babys stillen, während andere das direkte Stillen nicht wollten. Deshalb wurden die Leihmütter gebeten, die Milch abzupumpen. Die Leihmütter selbst waren glücklich, dies für die Babys zu tun. Das war für sie die einzige Gelegenheit, mit den Kindern zu interagieren, bevor sie sich für immer von ihnen trennen. Sie beschrieben es folgendermaßen: „Wir schätzten diese Tage, denn wir alle wissen, sobald diese Kinder weg sind, werden sie nie zurückkommen." Sie machten während dieser Zeit Fotos von den Babys und haben sie aufbewahrt. Als ich die Leihmütter traf, holten sie nach der Vorstellung als erstes diese Kinderfotos. Sie hatten Mitgefühl mit den Frauen, die nicht in der Lage waren oder gehindert wurden, mit den Babys zu interagieren. Zur Übergabe der Kinder wurden die Leihmütter und die Wunscheltern feierlich in das Büro des Arztes gerufen und übergaben in Anwesenheit von Dr. Nisha die Kinder an die Wunscheltern. Von den Leihmüttern wurde erwartet, dass sie bei dieser Überlassung rationale Individuen sind, die ihre Körper und Emotionen unter Kontrolle haben. Eine Leihmutter wurde von einer Krankenschwester getadelt: „Warum weinst du jetzt; wusstest du nicht, dass das passieren würde, als du diesen Prozess begonnen hast." Caroline (eine Wunschmutter aus Kanada) sagte: „Es ist die Verantwortung der Klinik, die Leihmutter und die Eltern auf die Ankunft des Kindes und die Trennung vorzubereiten, was nicht in dem Maße geschieht, wie es sein sollte. Die Kliniken sollten Eltern und Leihmütter beraten und feststellen, welche Art von Beziehung jeder Einzelfall haben wird. Sie können nicht die gleichen Regeln für jede Leihmutter und Eltern und Patientengruppe vorschreiben. Das erinnert mich an die Adoption in meinem Land (Kanada), die entweder offen oder geschlossen ist in Bezug auf die Beziehung zur Geburtsmutter. Einige wollen die Offenheit und einige nicht; es ist sehr unterschiedlich. Das Klinikpersonal kann dabei helfen, respektvolle Beziehungen zu fördern."

Laut dem Arzt ist die Bindung zwischen der Leihmutter und dem Kind „nichts als eine falsche Vorstellung. Die Leihmutter lernt von Anfang an, dass das Kind nicht ihr, sondern rechtmäßig den Wunscheltern gehört. Daher ist das Gefühl der Leihmutter gegenüber dem Kind von Anfang an trivial". Laut Caroline „versuchen die Ärzte von Anfang an, der Leihmutter bewusst zu machen, dass das Baby abgegeben werden muss, da der Embryo den biologischen Eltern (oder Spendern) gehört". Bezüglich der psychologischen Beratung sagte der Arzt: „Es entwickeln sich niemals Gefühle bei den Leihmüttern für das Kind, daher stellt sich die Frage der Lösung von Gefühlen nicht. Der Platz der Gefühle für das Kind wird bei der Leihmutter durch das Geld eingenommen. Im gesamten Prozess gibt sie dem Geldfaktor mehr Bedeutung, während die Gefühle für das Kind gering sind. Es könnte gegen Ende einige Gefühle geben, aber da die Erinnerung mit der Zeit verblasst, verblassen auch diese. Bis schließlich ihre Gefühle für das Kind nicht mehr existieren." Bezüglich der Gefühle des Kindes war Dr. Nishas Meinung: „Erinnerst du dich daran, was oder wen du gesehen hast, als du in dieser Welt zum ersten Mal die Augen geöffnet hast? Wenn du ehrlich antwortest, wird es natürlich nein sein. Daher entwickelt sich niemals beim Kind ein Gefühl für die Leihmutter."

Das Zahlungsschema innerhalb des Leihmutterschaftsprozesses wurde von den medizinischen Fachkräften kontrolliert. Die Leihmütter wurden erst bezahlt, wenn sie das

Baby übergeben und alle Anforderungen des Leihmutterschaftsprozesses erfüllt hatten. Die medizinischen Fachkräfte stellten sicher, dass das Baby den Wunscheltern nur nach vollständiger Bezahlung übergeben wurde. Alle Zahlungen, die die Wunscheltern an die Leihmütter leisteten, mussten über die Klinik abgewickelt werden. Die Leihmütter erhielten einen monatlichen Betrag von 2500 Rs. (Saravanan 2013). Die ersten Pauschalzahlungen von 25.000 Rs. wurden nach Abschluss von vier Monaten und wieder nach acht Monaten Schwangerschaft geleistet. Die Hauptzahlung von 177.500 Rs. bekam die Leihmutter, nachdem sie das Baby übergeben hatte. Wenn es zu irgendeinem Zeitpunkt eine Fehlgeburt oder eine Totgeburt gab, wurden den Leihmüttern keine zusätzlichen Beträge gezahlt. Dr. Nisha bat die Wunscheltern um eine zusätzliche Zahlung an die Leihmütter für Still- und Neugeborenenpflegedienste oder einfach als Bonus. Diese Summe war nicht festgelegt und hing von der finanziellen Leistungsfähigkeit der Wunscheltern ab. Der Leihmutterschaftsagent wurde bei erfolgreicher Aufgabe mit 10.000 Rs. bezahlt. Laut Dr. Nisha waren die Leihmütter im Allgemeinen nicht zufrieden mit der Vergütung, „Achtzig Prozent der Leihmütter sind nicht glücklich mit dem Geld, das sie erhalten. Im Vergleich zu ihrer Arbeit (als Leihmutter) ist diese Summe relativ gering, aber der wirtschaftliche Hintergrund, aus dem sie kommt, ist so, dass es für sie das größte Geschenk im Leben zu sein scheint“. Die Paare gaben etwa 20.000 € (1.200.000 Rs.) für den Leihmutterschaftsprozess aus. Das wurde laut Mary, einer Wunschmutter aus Deutschland, im Falle von Zwillingen verdoppelt. Die Zahlung für die Leihmütter blieb jedoch gleich, außer dass etwas Geld als Bonus gezahlt wurde. Der offizielle Betrag, der den Leihmüttern gezahlt wurde, betrug 250.000 Rs. (3.430 €); dies variierte jedoch von Fall zu Fall durch die zusätzlichen Gebühren für das Stillen, die Pflege des Babys und einen Bonus für zusätzliche Kinder. Die Wunscheltern leisteten diese zusätzliche Zahlung nach ihren Möglichkeiten. Im Fall von Ujwala war die höchste Zahlung, die an eine Leihmutter geleistet wurde, 500.000 Rs. (7.143 €). Caroline wollte mehr bezahlen, aber der Arzt riet ihr davon ab und sagte: „Dies könnte einen Bedarf schaffen und unnötig Erwartungen von anderen Leihmüttern wecken.“

Leihmütter: Verkörperte Erfahrung, Wert und Belohnung der Reproduktionsarbeit

Anfangs gab mir Dr. Nisha bereitwillig die Erlaubnis, aus Deutschland eine postdoktorale Studie durchzuführen, aber als sie mich persönlich traf, zögerte sie wahrscheinlich, weil ich beabsichtigte, eine lange Zeit in Indien zu bleiben, um detaillierte Informationen über das Leben der Befragten zu erhalten. Widerwillig bat sie Dr. Harnish,[4] ihren Assistenten (auch ihr Ehemann), mir zu helfen. Ich kam morgens früh an, musste aber

[4] Dr. Harnish selbst war Orthopäde, aber Dr. Nishas Geschäft florierte, weil die Aasha-Klinik zu einem weltweit beliebten Ziel für Leihmutterschaft geworden war. Daher entschied er sich, ihr zu helfen, anstatt seinen eigenen Beruf auszuüben.

warten, bis die meisten Patienten gegangen waren, um den Leihmüttern vorgestellt zu werden. An den meisten Tagen kehrte ich ohne Interview in meine Unterkunft zurück. Zunächst wurde ich selektiv Leihmüttern (Nargisa, Dimpy und Sumita) vorgestellt und traf später per Schneeballsystem und durch die Wunscheltern mehrere andere Frauen (Sarala, Ujwala Urmila, Maya, Sheetal). Ich sage selektiv, weil ich bemerkte, dass ich nur Frauen vorgestellt wurde, die scheinbar unterwürfig und sanftmütig waren und für Dr. Nisha voller Lob waren, sie als Halbgott ansahen. Durch meine umfangreiche Erfahrung in der Forschungsdurchführung von sensiblen Themen in Indien, wie Gewalt gegen Frauen, Arbeitsbedingungen in Bekleidungsfabriken und reproduktive Gesundheit, war es nicht schwierig, zwischen den Zeilen zu lesen und ihre Enttäuschung zwischen den Ausdrücken der Bewunderung zu entdecken. Jeder Zweifel, den ich bis dahin hatte, wurde geklärt, als ich mit meiner Forschung weitermachte.

Nargisa

Schließlich rief mich Dr. Harnish in sein Zimmer, nachdem alle Besucher gegangen waren und sagte mir, er würde eine Leihmutter anrufen. Nach einer Weile kam ein junges Mädchen (19 Jahre alt) langsam zusammen mit einer Krankenschwester in den Raum. Die Krankenschwester sagte ihr, sie solle auf alles antworten, was ich sie frage, und sie setzte sich auf den Platz neben mir. Sie hatte die intravenöse Spritze noch an ihrer Hand befestigt. Das war Nargisa, sie hatte vor erst vor zwei Tagen per Kaiserschnitt Zwillinge zur Welt gebracht, ein Mädchen und einen Jungen für ein NRI-Paar (nicht ansässiges indisches Paar). „Bei Zwillingen gab es keine Chance auf eine normale Geburt", sagte sie mir. Aber ich sollte später erfahren, dass jede Leihmutterschaftsgeburt in dieser Klinik ein Kaiserschnitt war. Während des Gesprächs erzählte sie mir auch, dass die Wunscheltern aus Tamil Nadu stammten, aber in Australien lebten, woraufhin ich ihr mitteilte, dass Tamil auch meine Muttersprache ist. Ich wollte nicht viel von ihrer Zeit in Anspruch nehmen, da sie gerade entbunden hatte. Ich fragte nach dem Aufenthaltsort der Kinder, sie sagte mir, sie seien bei den Wunscheltern in einem Hotel. Dann fragte ich, warum sie noch nicht nach Hause zurückgekehrt wäre. Sie sagte: „Es hängt vom Pass, der Visumfreigabe ab. Ich kann erst nach Hause gehen, wenn sie (die Wunscheltern) gehen, weil ich die Babys noch stille." Sie fuhr fort: „Da die Kinder sich infizieren könnten, ziehen sie es vor, sie bei sich in einem nahegelegenen Hotel zu behalten, der Ehemann kommt zweimal am Tag, um meine Milch abzuholen." Dann fragte ich, ob sie eine Beziehung zu den Wunscheltern aufrechterhalten möchte, worauf sie sagte: „Sie haben es mir so gesagt, ich habe ihnen meine Adresse und Telefonnummer gegeben und ich habe ihnen gesagt, sie sollen mir nichts schicken, sondern nur jedes Jahr Fotos von den Kindern. Ich möchte sehen, wie sie aufwachsen."

Innerhalb der Klinik gab es im obersten Stockwerk einige Schlafsäle und einige private Zimmer. Den Leihmüttern war es nicht erlaubt, die Treppen zu benutzen. Sie konnten sich nur mit dem Aufzug und mithilfe der Krankenschwester, die den Aufzug mit einer Code-Nummer bediente, zwischen den Stockwerken bewegen, „weil es die Kinder anderer Leute sind, müssen wir besonders vorsichtig sein". Ihre Familie bestand aus ihrem Ehemann und ihrem vierjährigen Sohn. Nargisas Ehemann war ein Obstverkäufer, der nur 100 Rs. pro Tag verdienen konnte. Sie erklärte, dass dieses Geld wegen der steigenden Lebenshaltungskosten kaum für die täglichen Ausgaben reichte. Sie war zuversichtlich, dass sie mit diesem Einkommen weiterhin ihren Lebensunterhalt verdienen könnten, aber sie wollte eine gewisse Stabilität. Der Kauf eines Hauses könnte sie von der Miete befreien, die 500–1000 Rs. monatlich betrug. Der Betrag, den man ihr für die Leihmutterschaft zusagte, war 3 Lakh, aber sie sagte: „Madam verlangt nach der Geburt mehr, wenn man unsere Armut bedenkt." Sie fügte hinzu: „Es ist eine gesegnete Tat *‚punya ka kaam‘,* weil ich etwas Geld bekomme, um ein Haus zu kaufen und jemand ein Baby bekommt, das er will." Einige Wissenschaftler haben ausführlich darüber geschrieben, dass Leihmütter die Leihmutterschaft als „Arbeit" betrachten (Pande 2010, Rudrappa). Ich möchte jedoch darauf hinweisen, dass in den indischen Umgangssprachen das Wort *kaam* auch verwendet wird, um Bemühung, Tat oder Handlung auszudrücken. Indem sie *„punya aka kaam"* sagt, meint die Leihmutter eigentlich „fromme Tat" oder „gutes Karma".

Als sie das erste Mal in die Klinik kam, wurde ihr das Verfahren der Leihmutterschaft erklärt und sowohl sie als auch ihr Ehemann mussten einen Blut- und Urintest durchführen. Nargisa musste mehrere Monate im Leihmutterheim bleiben. Sie wohnte sehr nahe an der Klinik, daher bat sie den Arzt, sie nach Hause gehen zu lassen, unter dem Vorwand, dass ihre Schwiegereltern Probleme wegen ihrer Abwesenheit machten, und sie durfte nach Hause gehen. Sie überzeugte den Arzt, dass ihre Gemeinschaft konservativ sei und sie stigmatisieren würde, wenn sie lange Zeit von zu Hause weg wäre; daher durfte sie zwischen dem zweiten und vierten Monat nach Hause gehen. Als ihre Schwangerschaft sichtbar wurde, kam sie zurück ins Krankenhaus, um eine soziale Stigmatisierung wegen der Leihmutterschaft zu vermeiden. Sie sagt, sie sei eine der wenigen Personen gewesen, die nach Hause gehen durften, wegen ihrer ruhigen und unterwürfigen Natur. Jeden Sonntag durften ihr Ehemann und ihr Sohn sie besuchen. Während ihrer gesamten Schwangerschaft war sie im ersten Stock und kam nur für die Untersuchungen herunter. Während unseres Treffens hatten wir ein sehr grundlegendes Gespräch darüber, was sie motivierte, eine Leihmutter zu sein, wo sie davon gehört hatte und wie ihre Erfahrung mit der Leihmutterschaft war. Aber ich traf sie zufällig im Leihmutterheim wieder, was unsere bloße Bekanntschaft in eine langfristige Beziehung verwandelte. Wir haben immer noch Kontakt miteinander und ich rufe sie ab und zu an. Bei diesem ersten Treffen erzählte sie nur positive Dinge über ihre Erfahrung und hoffte, dass das Paar mit ihr in Kontakt bleiben würde.

Als ich zehn Tage später in die Klinik kam, um Dimpy zu treffen (siehe Fallstudie unten), traf ich zufällig Nargisa. Sie stand im Flur, die Spritze noch an ihrer Hand und schien verzweifelt zu sein. Ich hielt an, um mit ihr zu sprechen, und sie fragte mich: „Können Sie mir bitte einen Gefallen tun? Da Sie Tamil sprechen, können Sie mit dem Wunschvater sprechen, wenn er heute kommt, um meine Milch abzuholen. Können Sie ihn bitten, mich nach Hause gehen zu lassen? Ich will kein zusätzliches Geld, ich will nur nach Hause zurückkehren, ich habe es satt, hierzubleiben, besonders wenn die Kinder nicht bei mir sind. Zumindest könnte ich zu meinem Sohn zurückkehren. Ich kann es dem Arzt nicht sagen, ich habe Angst. Können Sie bitte direkt mit dem (Wunsch)Vater sprechen, vielleicht hört er auf Sie?" Sie war auch besorgt wegen der Verwendung einer Milchpumpe. Sie fragte mich, ob es dabei Nebenwirkungen gäbe. Ich wartete ein paar Stunden und als der Wunschvater auftauchte, nahm ich ihn in den Flur mit und erzählte ihm von Nargisas Bitte, worauf er antwortete: „Lassen Sie mich sehen, ich werde mein Bestes tun, um sie gehen zu lassen." Aber Nargisa war frustriert, als sie versprachen, sie nach Hause gehen zu lassen. Aus irgendeinem medizinischen Vorwand musste sie noch vier weitere Wochen dort bleiben. Obwohl ich wenig Hoffnung bei dieser Person hatte, bat ich ihn (den Wunschvater), ob er bereit wäre, mir seine Erfahrung mitzuteilen. Worauf er antwortete: „Nein, es ist umstritten, und es ist illegal in Australien, also will ich keine Probleme bekommen, Sie wissen, was ich meine."

An Nargisa wurden schließlich 400.000 Rs. gezahlt. Den Leihmüttern wird gesagt, dass dies ein Bonusbetrag ist, aber es ist tatsächlich das Geld, das für das Stillen und ein Teil der doppelten Zahlung, die die Wunscheltern für Zwillinge leisten, bezahlt wird. Ich ging ein paar Wochen später zu ihrem Haus. Sie holte mich am Bahnhof ab und sagte mir, ich solle ein Kopftuch tragen und so tun, als wäre ich die Freundin ihres Ehemannes, weil sie nicht eine Freundin haben konnte, die offensichtlich nicht aus der Gegend stammt. Trotz dieser insgesamt konservativen Umgebung sah ich eine ganz andere Nargisa, sie war nicht das sanftmütige junge Mädchen, das ich in der Klinik getroffen hatte, sie war die älteste Schwiegertochter in der Familie und hatte die Mutterrolle für ihre jüngeren verheirateten Schwägerinnen. An diesem Tag gab es einen Streit zwischen ihrer Schwägerin und ihrem Ehemann und sie spielte eine wichtige Rolle bei der Lösung des Konflikts.

An einem anderen Tag, als ich bei ihr zu Hause war, sagte sie mir: „Weißt du, Sheela Ben, meine Haare haben in den letzten Wochen angefangen auszufallen." Sie machte eine Pause und fuhr dann fort: „Ich glaube, die Kinder haben angefangen zu zahnen, wir glauben, dass die Mutter ihre Haare verliert, wenn unsere Babys zahnen." Letztes Jahr traf ich sie wieder und fragte sie, ob sie die Leihmutterschaft wiederholen würde, worauf sie antwortete: „Nie wieder, *usme bahut magajmaari hain* (es ist zu kompliziert)." Ich hatte gehört, wie die Ärztin in einem Fernsehinterview darüber sprach, dass sie den Leihmüttern mit Schulbüchern aus ihrem eigens eingerichteten Leihmutter-Trust-Fonds hilft. Als ich Nargisa fragte, sagte sie: „Ich gehe nie dorthin, sie (die Ärztin) gibt billige Dinge weg, die wir uns leicht selbst in den Geschäften kaufen können, warum sollten wir dorthin gehen, um diese Bücher zu bekommen. Frauen, die extrem arm sind, gehen vielleicht hin. Vielleicht wäre es nützlicher, wenn sie Schuluniformen bezahlen würde."

Ich habe sie danach mehrmals getroffen und in den letzten sieben Jahren Telefonate mit ihr geführt. Als ich Nargisa in der Klinik interviewte, beschrieb sie das Leihmutterhaus als „wie mein eigenes Haus", aber erst als ich sie außerhalb der Klinikumgebung traf, erzählte sie mir offen, wie egoistisch sie die Klinik und die Wunscheltern bei den

Regeln empfand, die ihnen, hinsichtlich ihrer Bewegung innerhalb des Leihmutterhauses und der Nahrung, die sie aßen, auferlegt wurden. In ihrem eigenen Fall waren das auch die Bitte, bezüglich des Stillens und ihre Anfrage, nach Hause zu gehen. Über die Wunscheltern sagte sie: „Es sind sieben Jahre vergangen, aber sie haben mich nicht einmal angerufen; *Ehsaan Faramosh* (undankbar).“ In den vergangenen sieben Jahren gab es verschiedene Angebote, ihr Telefon auszutauschen und ihre SIM-Karte zu wechseln, aber sie hat ihr altes Telefon und die Nummer in der Hoffnung behalten, dass sie eines Tages anrufen und ihr von dem Wohlergehen der Kinder erzählen werden. Ich bin eine der wenigen Personen, die sie noch unter dieser Nummer anruft. Immer wenn ich sie von einer neuen Nummer anrufe, die nicht in ihrem Telefon registriert ist, kann ich die Angst in ihrer Stimme spüren, da sie dieses Telefon nur für den lang ersehnten Anruf der Wunscheltern aufrechterhält.

Der Fall von Nargisa bringt die Grausamkeit und unmenschliche Art und Weise zum Vorschein, wie Wunscheltern und Ärzte mit Leihmüttern umgehen. Ihr emotionales Bedürfnis war den Wünschen der Wunscheltern untergeordnet; sie wurde gezwungen, ihre Muttermilch abzupumpen, obwohl sie die Pumpe äußerst unangenehm fand und auch wenig Interesse an dem zusätzlichen Geld hatte. Ihr dringendes Bedürfnis, zu ihrem Sohn zurückzukehren, wurde ignoriert. Die Wunscheltern betrogen sie, indem sie versprachen, mit ihr in Kontakt zu bleiben. Ihre körperliche Verbindung zu den Kindern wurde in ihrer Beziehung zu den Veränderungen in ihrem Körper zu den Kindern offenbart. Ihre mangelnde Handlungsfähigkeit innerhalb der Klinikumgebung zeigt sich in ihrer Unfähigkeit, sich dem Arzt mitzuteilen und aufgrund von Sprachbarrieren direkt mit den Wunscheltern zu sprechen. Dieser Mangel an Handlungsfähigkeit ist auf die verletzliche Situation der Leihmutter sowie auf die Hierarchie zurückzuführen.

Dimpy

Nach meinem ersten Treffen mit Nargisa setzte ich meine Routine in der Klinik fort. Dr. Harnish rief mich eines Tages in sein Zimmer und fragte mich, ob ich eine Leihmutter treffen möchte, die vor zwei Wochen zusammen mit ihrem neugeborenen Baby in ein Kinderkrankenhaus verlegt worden war und auf die Ankunft der Wunscheltern aus der Türkei wartete. In der Klinik gab es Spannungen wegen dieser türkischen Wunscheltern, da sie nicht in der Lage waren, sie zu kontaktieren. Der Assistent des Arztes sagte mir: „Wir können niemandem außer der Leihmutter für das Wohlergehen des Babys vertrauen.“ Er gab mir die Wegbeschreibung zum Krankenhaus und die Zimmernummer. Das Kinderkrankenhaus war eine kleine Klinik ohne Rezeption. Es gab einen Pfleger auf dem Flur und ich sagte ihm, dass ich von der Aasha-Klinik hierhergeschickt wurde, um eine Dimpy zu treffen. Er zeigte mir ihr Zimmer und als ich eintrat, sah ich Dimpy, ihren Ehemann und eine weitere Betreuerin (eine Nanny) und ein kleines Mädchen im Zimmer. Zu meiner Verblüffung war Dimpy nicht über mich und den Zweck meines Besuchs informiert worden. Ich stellte mich vor, erklärte den Zweck meines Besuchs und ließ die Einverständniserklärung bei ihnen, um ihnen Zeit zu geben, ob sie an meiner Studie teilnehmen möchten. Die Leihmütter wurden nie um ihre Zustimmung gebeten, es war eher ein Befehl, alles zu beantworten, was ich frage, zusammen mit einer Reihe von Anweisungen, was sie mit mir besprechen sollten und was nicht. Ich stellte fest, dass es nicht nur in dieser Klinik, sondern auch in der anderen Klinik in Ahmedabad nach diesem Muster funktionierte. Bald erhielt ich einen Anruf von ihnen, dass sie sich freuen würden, an der Studie teilzunehmen, und sie baten mich, sie am nächsten Tag zu besuchen. In den folgenden Tagen wurde ich ein regelmäßiger Besucher des Krankenhauses. Dimpy hatte es satt, jeden Tag die gleiche Lunchbox zu essen, und ich kaufte etwas anderes für sie zum Essen. Sie und ihr Ehemann (Dhiraj) hatten sich seit der Geburt (für zwei Wochen) um das Baby-Mädchen gekümmert, gestillt, Windeln gewechselt und alle anderen notwendigen Pflegeleistungen für das Kind erbracht. Dimpys Bindung an das Baby war sehr offensichtlich mit ihren liebevollen Küssen und Streicheln, entweder als Reaktion auf verzweifeltes Weinen oder während der Spielzeit. Sie erzählte, dass sie einfach natürlich zu stillen begonnen hatte, da das Baby die ganze Zeit bei ihr war. Das Paar hatte das Kind sogar Amita (auch der Name ihrer jüngeren Tochter) genannt. Ich wurde auch sehr an die kleine Amita gebunden, als ich mehr und mehr Zeit mit ihnen verbrachte. Sie waren sehr zuversichtlich, dass das Paar weiteren Kontakt mit ihnen halten möchte.

Dimpy und Dhiraj arbeiteten in der Landwirtschaft in einer benachbarten ländlichen Gegend. Sie wurde von ihrem Ehemann und ihrer Schwägerin zur Leihmutterschaft überredet und sie stimmten zu, weil sie ein Stück Ackerland für sich selbst kaufen wollten. Dhiraj hatte von seiner Schwester Sarala von der Leihmutterschaft erfahren. Sie war Krankenschwester und wollte durch eine Leihmutterschaft zusätzliches Geld verdienen, da sie in einer von der Kirche zur Verfügung gestellten Wohnung lebte. Sie überredete ihren Bruder Dhiraj, der dann Dimpy überredete, mit ihr zusammen Leihmutter zu werden. Saralas Ehemann war nicht bereit, sie allein ins Leihmutterhaus zu schicken. Dimpy war beim ersten Versuch des Leihmutterschaftsprozesses erfolglos, während Sarala schwanger wurde. Dimpys erste Wunscheltern, sagt sie, waren sehr nette Leute, sie waren Afroamerikaner. Sie bezahlten sie gut und sprachen freundlich mit ihr, als sie sie zum ersten Mal trafen. Sie gaben auch Geschenke für ihre Kinder. Die Klinik erlaubt keinen zweiten Versuch der Leihmutter mit demselben Gametensatz. Dimpys zweiter Versuch war erfolgreich mit einem türkischen Paar. Als sie schwanger wurde, kam Dimpy dann in dasselbe Leihmutterhaus in Nadiad wie Sarala.

Dimpy und Dhiraj begannen langsam, mir von ihren Kindern zu erzählen und wie gut ihr Junge in der Schule war, die Probleme, die sie derzeit hatten, indem sie sie zu Hause bei Verwandten ließen, wie sie von ihnen abhängig waren und warum sie ihrer Familie nichts von der Leihmutterschaft erzählt haben. Sie haben dieses Geheimnis nicht nur wegen der bohrenden Fragen bewahrt, sondern auch, weil sie sie nicht auf den plötzlichen Geldzufluss aufmerksam machen und unnötige Kontrollen in ihr Leben ziehen wollten. Da es sich um eine ländliche Gegend handelt, waren sie auch besorgt darüber, wie die Leute reagieren würden. Sie und Dhiraj sprachen frei mit mir, da dieser

Ort weder ein Leihmutterhaus war noch innerhalb der Klinikumgebung lag. Es war ein Kinderkrankenhaus, ein paar Kilometer von der Klinik entfernt. Sie erzählte mir von einigen der verletzenden Praktiken des Vertrags und der Klinik. Wie bereits erwähnt, wird den Leihmüttern keine Kopie des unterzeichneten Vertrags gegeben, damit sie keine rechtlichen Schritte gegen die Klinik einleiten können, „sowieso, selbst wenn wir eine Kopie des Vertrags bekommen, was macht das schon für einen Unterschied, wir wissen nichts über unsere gesetzlichen Rechte“. Sie erzählte mir, dass selektive Abtreibungen im Uterus auf Veranlassung der Wunscheltern durchgeführt werden, was manchmal zu Abtreibungen aller Föten führt. Sie konnte nicht verstehen, warum sie fünf Embryonen in eine Leihmutter einpflanzen würden, wenn sie die Babys auf nur zwei begrenzen wollen. Obwohl laut Gesetz nur drei Embryonen in den Mutterleib der Vertragsmutter in Indien eingesetzt werden dürfen, werden tatsächlich bis zu fünf eingesetzt, mit einer hohen Wahrscheinlichkeit von Mehrlingsschwangerschaften. Im Falle dieser Mehrlingsschwangerschaften (Drillinge) schlägt der Arzt eine „selektive Reduktion“ von einem oder mehreren Föten vor. Dieses Verfahren kann nicht nur zu einer Fehlgeburt der verbleibenden Föten führen, sondern auch zu Frühgeburt oder Infektion. Die Präferenz der Vertragsmutter wird weder bei der Anzahl der einzusetzenden Embryonen noch bei der Entscheidungsfindung über selektive Abtreibungen berücksichtigt. Obwohl die Erfolgsrate bei der Leihmutterschaft äußerst niedrig ist, erhalten die Vertragsmütter keine Entschädigung, wenn sie eine Fehlgeburt in irgendeinem Stadium der Schwangerschaft erleben. Studien zeigen, dass die allgemeine Schwangerschaftsrate pro Zyklus nach IVF-Leihmutterschaft nur 24 % beträgt, mit einer klinischen Schwangerschaftsrate von 19 % und einer Lebendgeburtenrate von 15,8 %, während die Kliniken in der Regel übertriebene Erfolgsraten auf ihren Websites veröffentlichen (Goldfarb et al. 2000). In ihrem Leihmutterschaftsvertrag müssen Frauen alle Rechte an den medizinischen Eingriffen abtreten.

Dimpy hatte ihre Familie belogen, dass sie in einer Fabrik arbeitete, die es ihr nicht erlauben würde, nach Hause zurückzukehren. Sie wurden jedoch misstrauisch, als sie nicht einmal beim Tod ihrer Mutter zurückkehrte. Sie erzählte mir auch, dass eine normale Geburt bei Leihmutterschaft nicht erlaubt ist, selbst wenn die Leihmütter Schmerzen haben, werden sie sofort für einen Kaiserschnitt in den Operationssaal gebracht. Dimpy kannte die Wunscheltern nicht sehr gut, sie hatte mit ihnen nur mithilfe eines Dolmetschers aus der Klinik telefoniert. Die Wunscheltern waren auch nur einmal in der Klinik gewesen. Das Paar kam aus der Türkei, als Baby Amita 21 Tage alt war. Sie hatten Dimpy einige Geschenke mitgebracht und nachdem sie ihr ausgiebig gedankt hatten, nahmen sie das Baby mit. An diesem Tag war ich nicht anwesend, da ich nach Ahmedabad musste. Als ich zurückkam, war Dimpy vom Kinderkrankenhaus in das Leihmutterheim über der Klinik verlegt worden. Sie musste hier warten, bis sie das Geld erhielt. Dhiraj sagte: „Wir können nicht immer hierherkommen, um das Geld abzuholen, wir wohnen weit weg“. Ein paar Tage später saß ich allein mit ihnen, als eine Krankenschwester mit einer Tasche voller Geld in den Raum kam. Das Paar war gekommen, hatte dem Arzt das Geld gezahlt und war gegangen, ohne sich von Dimpy zu verabschieden. Dhiraj schloss die Tür, öffnete die Tasche aufgeregt und sagte mir: „Ich habe noch nie so viel Geld auf einmal in meinem ganzen Leben gesehen.“ Die gesamte Transaktion war eine Barzahlung. Er begann das Geld zu zählen, er gab mir ein paar Bündel zum Zählen, die Gesamtsumme betrug 300.000 Rs. Es war mehr als in dem Vertrag stand. Dimpy war offensichtlich desinteressiert an dem Geld oder dem Zählen, aber sie war glücklich, dass ihr Mann glücklich war. Bald begannen sie, ihre Taschen zu packen, um in ihr Dorf zurückzukehren; sie würde ihre Kinder (4 und 5 Jahre alt) nach einem Jahr wiedersehen. Sie war glücklich, machte sich aber gleichzeitig Sorgen, was ihre Schwiegereltern zu ihr sagen würden. Sie luden mich zu sich nach Hause ein und baten mich, ein paar Tage später in ihr Dorf zu kommen, damit es keinen Verdacht wegen Dimpys zwölfmonatigem Aufenthaltsort geben würde. Es war Sarala (Dimpys Schwägerin), die mich in Dimpys Dorf brachte, und ihr Sohn kam auch mit.

Sie bekam absolut keine psychologische Unterstützung. Obwohl sie ruhig zu sein schien, wusste ich, da ich sie bis dahin ein wenig kannte, dass sie eine emotionale Krise durchmachte. Sie sagte mir, es sei besser, ruhig zu sein, da sie gesehen hatte, wie eine andere Leihmutter von einer Krankenschwester gescholten wurde,[5] daher zog sie es vor, ihre Gefühle für sich zu behalten. Sie hatte das letzte Jahr nur damit verbracht, dieses Baby in sich wachsen zu lassen, sie hatte auch die Verantwortung übernommen, sich 21 Tage lang um diesen Säugling zu kümmern, und jetzt fühlte sie sich verloren. Sie fühlte sich von ihren beiden Kindern im Dorf entfremdet, mit denen sie im letzten Jahr keinen Kontakt hatte, und Baby Amita, mit dem sie eine Bindung eingegangen war und das ganze Jahr über erwartet hatte, wurde ihr abrupt genommen. Als die Wunscheltern gingen, ohne sie noch einmal zu treffen, wurden ihre Hoffnungen, mit ihnen und Baby Amita in Kontakt zu bleiben, zerschlagen. Dhiraj sagte: „Wir werden ihre (Baby Amita) Erinnerung aus unserem Leben löschen, wir werden ihren Namen ab jetzt nie mehr erwähnen.“ Dies war fast eine Warnung für Dimpy und auch für mich, nie mehr über Baby Amita zu sprechen oder nach ihr zu fragen. An diesem Punkt hörte ich auf, ein teilnehmender Beobachter zu sein. Ich wurde selbst zu einem Teilnehmer in diesem Prozess, weil seine Warnung an uns beide und nicht nur an Dimpy gerichtet war. Obwohl dies eigentlich eine Frage zu meinen Forschungszielen sein sollte, durfte ich Amitas Namen nie wieder erwähnen.

Ein paar Wochen später, als ich auf ihrem Hof war und Fotos von ihm, Dimpy und ihren Kindern machte, und wie üblich nach dem Fotografieren durch die Fotos auf meiner Digitalkamera blätterte, blätterte ich versehentlich zu weit und zeigte eines der aufgenommenen Fotos von Baby Amita und wir beide erstarrten; erstens, weil niemand von

[5] Darüber hinaus ist es in indischen Krankenhäusern, insbesondere in Geburtskliniken, ein sehr häufiges Phänomen, dass Krankenschwestern andere Frauen auffordern, „das Drama zu beenden“, wenn eine schwangere Frau in Panik gerät. Daher sind Leihmütter sich dessen bewusst und Untersuchungen über den institutionellen Zugang zur Geburt zeigen, dass Frauen eine schlechte Behandlung in Krankenhäusern vermeiden wollen und daher lieber zu Hause gebären.

ihren Schwiegereltern von Baby Amita wusste, und zweitens, weil ihr Mann uns gewarnt hatte, sie aus unserer Erinnerung zu löschen, ihren Namen nie wieder zu erwähnen (Abb. 5.1). Wir sahen uns an, ich konnte die Tränen in ihren Augen aufsteigen sehen, sie hielt für ein paar Sekunden inne und seufzte tief, bevor sie sich umdrehte und mit ihrer alltäglichen Hausarbeit weitermachte. Ich hatte versehentlich einen sensiblen Punkt getroffen; sie sollte nur in unserer Erinnerung leben und nie ausgedrückt werden. Da wurde mir klar, dass auch ich eine Bindung zu Baby Amita aufgebaut hatte, da ich sie jeden zweiten Tag besuchte, mit ihr spielte und ihnen half, sich um sie zu kümmern (Abb. 5.2). Ich begleitete Dimpy zur Schule ihrer Kinder, wo sie von der Lehrerin getadelt wurde, weil sie ein Jahr lang nicht für ihre Kinder da gewesen war. Sie wurde gefragt, wo sie ein Jahr lang gewesen war, es gab Gerüchte, dass sie in eine nahegelegene Stadt gegangen war, und sie wurde gefragt, warum sie ihre Kinder nicht besuchen konnte. Dimpy war zuvor Eizellspenderin gewesen und kehrte zu dieser Praxis zurück, um etwas Geld zu verdienen. Sie hatte schwere gesundheitliche Probleme durch die Eizellspende bekommen.

Abb. 5.1 Das Foto, auf das die Autorin versehentlich gescrollt hat

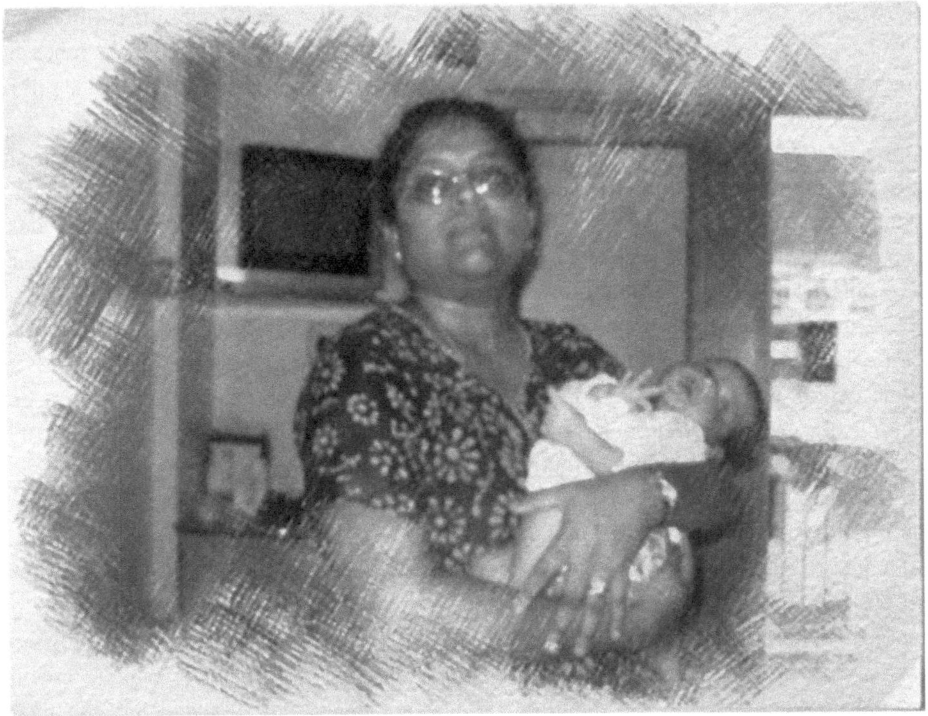

Abb. 5.2 Die Autorin mit Baby Amita

Fazit: Dieser Fall zeigt die Bedeutung der Mutter-Kind-Bindung während der Schwangerschaft und danach auf. In diesem Fall habe auch ich mich in gewissem Maße mit dem Baby verbunden gefühlt, da ich jeden Tag das Kinderkrankenhaus besuchte, um Zeit mit Dimpy zu verbringen. Das Baby hatte begonnen, auf mich als vertrautes Gesicht zu reagieren. Einige Wissenschaftler haben festgestellt, dass Leihmütter keine Bindung zu den Babys aufbauen. Die Ärzte in der Klinik sagen, dass die Mutter-Kind-Bindung eine Illusion ist und nicht existiert. In diesem Fall, da ich auch eine Bindung zu dem Kind aufgebaut hatte, kann ich mit Überzeugung sagen, dass diese Bindung keine Illusion ist. Laut Dr. Nisha erinnern wir sie (die Leihmütter) ständig daran, dass das Baby wie das Paar aussieht, und sagen: „Dies ist das Baby des Paares, und wenn es ein Ausländer ist, kann sie (die Leihmutter) sich nicht mit dem Baby identifizieren, weil es kaukasisch weiß ist und sie Inderin ist. Sie kann sich nicht identifizieren, weil wir nicht die Eizelle der Leihmutter verwenden." Ein solcher Kommentar über eine wahrgenommene Entfremdung der Bindung einer Leihmutter zu dem Kind aufgrund der Hautfarbe anstatt der Realität war genetischer Rassismus. Warum sollte ein Mensch mit brauner Haut nicht eine Bindung zu einem Kind einer anderen Hautfarbe aufbauen oder aufbauen wollen? Sie fügte hinzu: „In meiner Erfahrung haben 99 % nie Probleme gehabt, 1 % erinnern

sich vielleicht ein paar Wochen." Es versteht sich von selbst, dass nicht nur Dimpy, sondern auch ihr Mann und ich, die sich eine Zeit lang um das Kind gekümmert hatten, eine Bindung zu ihr aufgebaut hatten (siehe Foto der Autorin, wie sie Baby Amita hält). Ihre Hautfarbe hatte nichts damit zu tun, wie Dimpy sich ihr gegenüber verhielt.
Dimpy und Sarala waren bereits in die Eizellspende involviert und dadurch waren sie mit der Leihmutterschaft in Kontakt gekommen. Sarala wurde während der Schwangerschaft wiederholt von Dr. Nisha und anderen in der Klinik darauf hingewiesen, dass sie ihre Gebärmutter nur vermiete, indem sie das Baby von anderen bis zum Ende der Schwangerschaft austrage, nur um es am Ende des Prozesses gegen Geld zurückzugeben, und dennoch baute sie eine Bindung zu dem Baby auf, gab ihm einen Namen und wird Amita wahrscheinlich für den Rest ihres Lebens in guter Erinnerung behalten. Den Wunscheltern wurde wiederum von Dr. Nisha gesagt, dass die Leihmütter nichts mit dem Kind zu tun haben wollen, damit sie sich nicht traurig fühlen, wenn sie das Baby mit nach Hause nehmen. Dies drückt die ganze Komplexität dieser Beziehung aus und zeigt, dass die Aufgabe nicht so einfach ist, wie viele liberale Forscher berichten. Dimpy wurde für ihre Reproduktionsaufgabe belohnt, das Kind auszutragen und, für eine kurze Zeit, aufzuziehen. Sie fühlte sich von ihrem Ehemann geschätzt, da sie zur Verbesserung ihres Lebens beigetragen hatte. Sie und ihr Körper wurden von den Ärzten und den Wunscheltern, die ihren Körper zur Erfüllung ihrer finanziellen und sozialen Motive nutzten, stark abgewertet. Sie fühlte sich ausgenutzt, als sie keine Vertragskopie erhielt, obwohl sie und ihr Ehemann sowieso nicht verstehen konnten, was darin stand. Sie war nicht glücklich darüber, neun Monate lang in dem Leihmutterheim fern von ihren Kindern zu leben. Sie äußerte ihre Unzufriedenheit über die Art und Weise, wie ihre Freundinnen im Leihmutterheim behandelt wurden, indem sie gezwungen wurden, selektive Abtreibungen im Uterus und obligatorische Kaiserschnitte durchzuführen, aber sie konnte dies Dr. Nisha nicht mitteilen. Wenn sie ihre Bedenken äußerte, sagte sie, würden sie sie in die Klinik zur selektiven Abtreibung rufen und absichtlich eine Abtreibung an ihr vornehmen. Sie sagte, sie leben in dieser Angst, da die Klinik die vollständige Kontrolle über ihren Körper und die Leihmutterschaft besitzt.

Es war ihr unterdurchschnittlicher sozioökonomischer Status als Frau, der sie in diese Praxis hineinzog, überredet von ihrem Ehemann und seiner Schwester Sarala. Ob sie eine widerstrebende Anwärterin war und ob die Überredung ihres Ehemannes und ihrer Schwägerin stärker war als ihre eigene Meinung, ist unbekannt. Der Ehemann spielte eine starke Rolle bei der Auslöschung des kleinen Mädchens aus ihrem Leben, was im Widerspruch zu dem stand, was sie gewünscht hätte oder was sie mit dem Baby erlebt hatte. Es war keine primäre Sorge für Dr. Nisha und es war auch keine Überlegung für die Wunscheltern. Dr. Nisha mischte sich nicht ein, wie sie das Geld ausgeben würden, aber sie riet dem Ehemann, seine Frau nicht noch einmal zur Leihmutterschaft zu bringen, wohl wissend, dass dieses erste Mal eine Ausbeutung ihres Körpers war. Sie hatten dies nicht aufgrund von bitterer Armut getan und sie kamen auch ohne dieses zusätzliche Geld gut zurecht. Dimpy äußerte ihre Unzufriedenheit gegenüber der Klinik und den geldgierigen Absichten von Dr. Nisha, aber sie teilte nicht die gleiche Unzufriedenheit über ihren Ehemann, weil ich nie allein mit ihr war, er war immer überall mit ihr zusammen.

Sarala

Es war Sarala (Dhirajs Schwester), die mich in Dimpys Dorf brachte. Sarala arbeitete als Krankenschwester zwölf Stunden am Tag und verdiente 900 Rs. pro Monat. Ihr Ehemann arbeitete als Gärtner in einer christlichen Mission und sein Gehalt war instabil. Manchmal zahlten sie ihm alle Rückstände auf einmal und manchmal wurde er nicht bezahlt. Sie erfuhr von der Leihmutterschaft durch einige Freunde. Sie konnte ihren Ehemann nicht davon überzeugen, dass dies eine gute Option für sie wäre. Deshalb überredete sie ihren Bruder Dhiraj und seine Frau Dimpy, mit ihr in das Leihmutterheim zu gehen. Beide Frauen aus dem Haushalt gingen zusammen in die Klinik, durchliefen die erste Freigabe und trafen die jeweiligen Wunscheltern. Sarala wurde beim ersten Versuch schwanger und blieb im Leihmutterheim, während Dimpy erfolglos war und nach Hause zurückkehren musste, um sich ihr erst einige Monate später wieder anzuschließen. Saralas Wunscheltern waren nicht ansässige Inder (NRIs), ursprünglich aus Rajasthan. Sie erhielt 350.000 Rs. für die Leihmutterschaft. Sarala hat drei Kinder, zwei Töchter und einen Sohn. Sie hatte ihre beiden Kinder für neun Monate in einem christlichen Missionsheim gelassen, weil ihr Ehemann nicht in der Lage war, und ihre Schwiegermutter sich weigerte, sich um sie zu kümmern. Sie machte sich Sorgen um ihr Wohlergehen, konnte sie aber nicht treffen, obwohl sie in einem Schlafsaal in der gleichen Stadt wohnte.

Sie beschrieb ihre Erfahrung mit der Leihmutterschaft wie folgt: „Dieser Prozess ist so belastend, dass ich ihn nicht einmal gemacht hätte, wenn mir jemand das Zehnfache der Vergütung gezahlt hätte, wenn ich gut gestellt gewesen wäre, aber ich bin so verzweifelt (nach Geld), dass ich es sogar tun würde, wenn ich nur ein Drittel des Betrags bezahlt bekäme.“ Nach ihrer Leihmutterschaft wurde sie zur Leihmutteragentin und überredete andere Frauen dazu, Leihmütter in der Klinik zu werden, wofür sie 10.000 Rs. erhielt, die ihr direkt von der Leihmutter gezahlt wurden, nachdem sie ihre Zahlung erhalten hatte. Bei einem ungezwungenen Besuch in einem Leihmutterheim mit ihr, um eine andere Leihmutter zu treffen, die sie empfohlen hatte, schimpfte diese Leihmutter über sie: „Du hast mir nie gesagt, dass diese Injektionen so schmerzhaft sind, jetzt habe ich das Gefühl, dass ich nach Hause rennen möchte“, worauf Sarala antwortete: „Bekommst du nicht all das Geld dafür?“

Sie (Sarala) musste während ihrer Leihmutterschaft in einem Schlafsaalheim in Nadiad in der Nähe ihres Hauses bleiben und kam nur zu Festen nach Hause, da sie ein gutes Verhältnis zur Heimleiterin hatte. Ihr Bruder und ihr Ehemann besuchten sie jedes Wochenende und brachten ihr und Dimpy etwas Hausmannskost. Sarala widersetzte sich der Vermittlermacht der Heimleiterin und bemühte sich nach Kräften, das Essen und die Einrichtungen im Heim zu verbessern. Sarala sagte, dass sie das Heim nur dann richtig säuberten, wenn eine Dokumentarfilmcrew mit Kameras kam. Wunscheltern kamen nie in dieses Heim, da es etwa 20 km von der Klinik entfernt lag. Sarala sagte, das Essen in diesem Heim sei minderwertig, obwohl die Wunscheltern 6000 Rs. monatlich pro Leihmutter für diesen Zweck zahlten und dort mindestens zehn Leihmütter untergebracht waren. Auf Nachfrage nach dem Essen würde die Heimleiterin sagen: „Zumindest isst du hier zwei volle Mahlzeiten am Tag und nicht nur das *Baakhri* und grüne Chilis, die du zu Hause isst, also sei zufrieden mit dem, was du bekommst.“ Sarala beschwerte sich bei Dr. Nisha über das Essen, aber es war vergeblich. Sarala bat mich jedoch, Dr. Nisha nie zu verraten, was sie mir erzählt hatte, da sie immer noch als Leihmutteragentin für die Klinik arbeitet. Saralas Ehemann beklagte sich, dass die Wunscheltern sich nicht kümmern und nie versuchen, herauszufinden, was in den Schlafsaalheimen passiert, und dass sie sich mehr um das kümmern sollten, was die Leihmutter isst und in welchem Zustand sie lebt. Eine Wunschmutter (Caroline) sagte mir, dass es nicht ihre Verantwortung sei, sondern die der Klinik, sich um die Leihmütter zu kümmern (siehe Kap. 6). Einige der Bargeld- und anderen Geschenke, die von den Eltern geschickt wurden, wurden auch in der Regel von der Heimleiterin eingesteckt. Sarala sagte, Telefonanrufe von Wunscheltern würden den Leihmüttern nicht weitergegeben, um ihre Beziehung zu kontrollieren. Sarala bekam Zwillinge, einen Jungen und ein Mädchen, und zeigte mir ihre Fotos, beide waren stark untergewichtig (Abb. 5.3).

Abb. 5.3 Kind, geboren durch Leihmutterschaft: stark untergewichtig (Foto aufgenommen von der Autorin am 17. Oktober 2009)

Insgesamt machte Sarala nach der Geburt schlechte Erfahrungen mit den Wunscheltern. Sie kümmerte sich nach der Geburt um die Babys, da sie stillte und die Eltern spät ankamen. Nachdem die Eltern die Babys in ihr Hotel gebracht hatten, verließ auch Sarala das Heim, ohne auf die Bezahlung zu warten. Sie war auch begierig darauf, ihre Kinder und ihren Ehemann zu sehen, die ein Jahr lang ohne sie gewesen waren. Nach einer Woche rief sie die Eltern an und fragte, ob sie die Babys sehen könnte, und sie stimmten zu. Sie baten sie, am Abend in der Klinik zu warten, wo sie die Babys bringen würden. Sie wartete dort geduldig, dass sie kommen würden. Sie rief sie sogar zweimal an und sie versicherten ihr, dass sie die Babys bringen würden, aber sie kamen nie. Sie wartete mit ihrem Sohn und kehrte sehr spät in der Nacht enttäuscht nach Hause zurück. Wie in vielen anderen Fällen riefen die Eltern sie nie an, um sich nach ihr oder nach dem Wohlergehen ihrer Kinder zu erkundigen. Das Verhalten der Wunscheltern änderte sich von Freundlichkeit (während der Schwangerschaft) zu Vernachlässigung (nach der Aufgabe). Dies wurde von allen Leihmüttern beobachtet. Sarala bemerkte: „In gewisser Weise ist es gut, dass wir nicht in Kontakt sind, sonst hätte ich die Kinder zurückverlangt."

Sarala ist eine komplexe Person, die sich als Leihmutter ausgebeutet, verletzt und erniedrigt fühlte und dennoch andere Frauen zur Leihmutterschaft drängte, ohne ihnen die ganze Wahrheit über ihre Erfahrung als Leihmutter zu erzählen. Als ich Sarala von Gargi erzählte, die in Ahmedabad ein Kind zur Welt gebracht hatte, kam sie zusammen mit Arpita, um Gargi im Krankenhaus zu besuchen und Solidarität und Anerkennung für den Mut zu zeigen, Leihmutter zu sein und dann die Kinder abzugeben, ohne ihr Angesicht zu sehen.

Im Allgemeinen durchkämmten Leihmutteragenten die Wohngebiete mit geringem Einkommen auf der Suche nach Frauen, die finanzielle Schwierigkeiten oder familiäre Probleme hatten, und überzeugten sie, Vertragsmütter zu werden. Sie suchten auch nach verzweifelt armen Frauen in Medikamententestzentren, die bereits ihren Körper verkauften. Sie neigen dazu, das Angebot der Leihmutterschaft leichter zu akzeptieren als diejenigen, die sich der Biomärkte nicht bewusst sind. Eine der wichtigsten Informationen, die den Leihmüttern vermittelt wurden, war die Klarheit über die Keuschheit im Leihmutterschaftsprozess. Nach dieser Information, überzeugten die Frauen ihre Ehemänner. Frauen versuchen im Allgemeinen, mindestens eine Freundin oder eine Verwandte zu überzeugen, mit ihnen beim ersten Mal in die Leihmutterheime zu gehen, da sie Angst vor dem Unbekannten haben (Saravanan 2013). Wenn Männer zuerst Informationen über Leihmutterschaften erhielten, haben sie ihre Frauen und andere Frauen in der Familie zu dieser Praxis überredet. Bei meiner Feldforschung bin ich auf keine Frauen gestoßen, die ihre Ehemänner davon überzeugen mussten, den Leihmutterschaftsprozess zu wiederholen. Einige Männer haben sogar ihre Jobs gekündigt und Frauen zu wiederholten Versuchen der Leihmutterschaft gedrängt. Es gibt noch keine durchgeführten Studien, die sich mit der Handlungsfähigkeit der Frauen beschäftigen, nachdem ihre Fortpflanzungsfähigkeit überflüssig geworden ist.

Sumita

Zurück in der Klinik kam Dr. Harnish erneut aus seinem Zimmer und fragte mich, ob ich mich einigen anderen anschließen möchte, die auf dem Weg zum Leihmutterheim in der Stadt waren, um an einer Babyparty teilzunehmen. Die Babyparty war für einen japanischen Mann und seine Leihmutter, die Wunschmutter war nirgends zu sehen. Ich hatte nur das Leihmutterheim innerhalb der Klinik besucht, aber noch nie die Schlafsaalhäuser gesehen, eines in der Stadt und eines mehrere Kilometer entfernt. Ich traf mehrere Leihmütter im Leihmutterheim und auch einige Wunscheltern, aber nur Caroline stimmte zu, an der Studie teilzunehmen und sie versprach mir, mir einige Kontakte von deutschen Eltern zu geben, da sie wusste, dass ich aus Deutschland gekommen war. Von da an begannen meine halbstrukturierten Interviews und Teilnehmerbeobachtungen mit den Wunscheltern (Caroline, Shyamala, John, Mary und Jignesh, siehe nächstes Kapitel).

Im Leihmutterheim wurden Vorbereitungen für eine religiöse Zeremonie im Erdgeschoss getroffen; einige Leihmütter waren im Obergeschoss. Sie durften an dieser Zeremonie nicht teilnehmen, da es ihre ersten drei Monate nach der Implantation waren, in denen sie völlige Bettruhe einhalten mussten. Auf der Veranda saßen zwei Wunscheltern, die sich unterhielten, und es sollte bald eine Dokumentarfilmcrew eintreffen. Innerhalb der Leihmutterheime waren die Betten wie in einem Hostel aufgestellt. Bei meinen folgenden Besuchen im Leihmutterheim wurde mir gesagt, dass es Einschränkungen in ihrer Bewegungsfreiheit nicht nur unmittelbar nach der Embryonenübertragung, sondern auch während der gesamten Schwangerschaft gab. Sie durften die Treppe nicht benutzen.

Das Sitzen im Wartebereich der Klinik war an sich schon eine ethnographische Erfahrung. Es war eine sehr belebte IVF-Klinik in einer kleinen Stadt in Westindien. Wunscheltern aus dem Ausland kamen in klimatisierten Autos an und wurden in einen anderen abgeschiedenen Wartebereich gebracht, ebenfalls mit Klimaanlage und sauberen Toiletten. Jeder musste sein Schuhwerk am Eingang ablegen. Einige Wunscheltern nahmen ihr Schuhwerk aber mit, aus Angst, es könnte verloren gehen. Sie wurden bald in das Arztzimmer gerufen und kehrten innerhalb einer halben Stunde im selben Auto zu ihren Hotels zurück.

Die Leihmutterschaftserfahrungen von Gargi und Ujwala sind zusammen mit den Wunscheltern aufgeführt. Wie ich bereits erwähnte, handelte es sich hierbei um eine Methode der Teilnehmerbeobachtung, bei der ich fast zu einem Teil ihrer Familie wurde, daher ein sehr zeitaufwändiger Prozess. Eines dieser einmaligen halbstrukturierten Interviews, die ich in der Klinik durchführte, war mit Sumita. Ich wurde ihr während einer Wartezeit vorgestellt, um Leihmütter zu treffen; sie saß in einem Raum mit ihrem Ehemann (Raysingh) und Sohn (Tushar). Dies war Sumitas zweite Leihmutterschaft; das erste Mal war es für ein japanisches Paar und „dieses Mal sind es Inder, aber sie sprechen kein Hindi, sie sprechen nur Englisch. Wenn sie Hindi sprechen, kann ich verstehen, aber wenn sie Englisch sprechen, verstehe ich nicht. Die meisten von uns in Gujarat können Hindi sprechen.“ Ich fragte sie, ob sie das Paar mochte, und ihre Antwort war „*Haan, pasand kiya mujhe*“ (ja, sie mochten mich). Das erinnert an eine

Brautauswahltradition in Indien, wenn heiratsfähige Junggesellen von Haus zu Haus gehen und Mädchen für die Ehe nach der sichtbarsten Eigenschaft auswählen, nachdem die erste Auswahl auf der Grundlage von Bildung und Familienhintergrund getroffen wurde. Ich fragte sie erneut: „Haben Sie sie gemocht?", worauf sie antwortete: „Ja, ich mochte sie, sie gaben Tushar Schokolade." Sie konnte sich nicht vorstellen, eine handlungsfähige Person zu sein, die ihre Wunscheltern auswählt. Sie fuhr fort, warum sie ausgewählt wurde: „Bei meiner vorherigen Leihmutterschaft wog das Baby viereinhalb Kilo, deshalb haben diese Leute mich ausgewählt, weil ich dick bin *(moti)*", in der Hoffnung, dass sie wieder ein größeres Baby zur Welt bringen würde. Sie hoffte auf einen Bonus für ihr Übergewicht: „Außerdem bin ich eine *Patel (eine Grundbesitzerkaste),* also werde ich mehr bezahlt bekommen als die anderen." Eine andere Leihmutter, Arpita, wurde abgelehnt, weil sie zu dünn war und die Wunscheltern besorgt waren, ob sie den Eingriff überstehen würde. Dr. Nisha erklärte ihnen, dass Hausmädchen normalerweise sehr dünn sind und außerdem sagte sie ihnen, dass dieser Eingriff für Frauen wie Arpita gedacht ist, die dringend Geld brauchen und sie sollten zustimmen, und schließlich stimmten sie zu.

Wie alle anderen Leihmütter beklagte sich auch Sumita darüber, wie sie alle ihre Kinder zu Hause durch eine normale Geburt zur Welt gebracht hatte: „Keines meiner Kinder wurde im Krankenhaus geboren. Ich habe bis 20 Uhr gearbeitet und gegen 21 Uhr hatte ich mein erstes Kind, bei meinem zweiten Kind hatte ich um 12.15 Uhr Schmerzen und in 30 Minuten war das Kind draußen. Aber hier sagen sie, sie mussten einen Kaiserschnitt machen, weil das Kind groß war." Es gibt einen zunehmenden Trend für Kaiserschnitte (Sectio caesarea) in Indien als medizinische Intervention und eine bewusste Entscheidung von indischen Frauen der oberen Mittelschicht dafür. Im Fall der Leihmutterschaft werden Frauen von den Ärzten zu einem Kaiserschnitt gezwungen. Genau wie alles andere im Leihmutterschaftsprozess wird auch die Geburt medizinisch gemanagt. Laut Julie Bindels Forschung in Anand, Gujarat, bestand ein Wunschelternteil aus Großbritannien, der fünf Kinder durch Leihmutterschaft bekommen hatte, bei allen Geburten auf einen Kaiserschnitt, weil das Paar nicht wollte, dass eines seiner Kinder mit einer Frauenvagina in Kontakt kommt, weil sie das so eklig fanden.

Sumitas Familieneinkommen betrug 3000 Rs. pro Monat, sie verdienten 100 Rs. jeden Tag, indem sie Gemüse auf einem Wagen verkauften. Sie kauften die Ware für 300 Rs. und verkauften sie für 400 Rs. Laut Sumita und Raysingh benötigen sie etwa 10 Lakh, um aus der Armut herauszukommen, sie verdienten 2 Lakh bei der vorherigen Leihmutterschaft und erwarteten 3 Lakh bei dieser Leihmutterschaft sowie einige zusätzliche Boni. Dies bedeutete laut Sumita, dass sie mindestens eine weitere Leihmutterschaft durchlaufen müsste, um ihrem Ziel näher zu sein, und Madam (Dr. Nisha) würde ihnen dabei helfen. Sie kauften ein Haus bei der ersten Leihmutterschaft und bei der zweiten wollten sie etwas Geld sparen. Sumita wollte, dass ihr Sohn Ingenieur wird: „Wir haben unser Leben ruiniert, zumindest wird unserer Kind eine Ausbildung haben." Heutzutage kann man für 1 Lakh Rs. einen Bürojob bekommen. Für die Mädchen müssen die Leute neben der Mitgift ein Sofaset, einen Kühlschrank usw. geben. Sie sagte:

„Deshalb müssen wir das (Leihmutterschaft) tun.“ Ihr Mann sagte: „Als ich in der dritten Klasse war, starben meine Eltern und ich konnte meine Ausbildung nicht fortsetzen, aber meine drei Brüder und meine Schwester wurden reich. Wir sind die einzigen, die sehr arm sind.“ Ihre Schwiegermutter ist von ihr beeindruckt, seit sie bereit war, Leihmutter zu werden. Sumita sagte: „Meine Schwiegermutter sagt, mein armer Sohn, wie kann er jemals so viel Geld in einem Jahr mit seiner jetzigen Arbeit verdienen, also macht meine Schwiegertochter es gut. Sie macht es für meinen Sohn, so denkt meine Schwiegermutter.“ Bezüglich des Stigmas sagte sie: „Alle reden hinter meinem Rücken, sie sollen reden, es ist mir egal. Ich muss an mich selbst denken, nicht an jemand anderen. Meine Eltern sagen, sie haben mich in der Ehe abgegeben. Jetzt ist alles, was ich in meinem Leben mache, zwischen mir, meinem Mann und seinen Familienmitgliedern. Sie haben kein Mitspracherecht. Meine Schwiegereltern luden mich zu sich nach Hause ein, also bin ich glücklich. Wenn sie mich ausgeschlossen hätten, wäre ich sehr enttäuscht gewesen.“

Ich fragte, wie der kleine Junge (ihr Sohn) ohne sie auskam, als sie das erste Mal in das Leihmutterheim ging. „Er war ein Jahr alt, ich stillte ihn zu der Zeit, als ich in das Leihmutterheim zog.“ Sie bat jedoch die Wunscheltern (ein japanisches Paar), ob sie für einige Zeit nach Hause gehen könnte, wegen ihres kleinen Kindes. „Ich überzeugte sie (die Wunscheltern), dass ihrem Kind nichts zustoßen würde. Ich würde jedes Unglück auf mich nehmen, und dann ließen sie mich zu meinem kleinen Baby nach Hause gehen.“ Es folgt den ungeschriebenen Regeln der Kliniken in Indien, dass im Falle von lebensbedrohlichen Situationen dem Baby Priorität eingeräumt wird und nicht der Mutter. Diese Priorisierung der Rechte erhält die Hierarchie im Wert des Lebens zwischen Reich-Arm, Globaler Norden-Süden aufrecht.

Bei der ersten Leihmutterschaft brachte sie ein Mädchen zur Welt, sie stillte das Kind fünf Tage lang, danach entschieden die Wunscheltern, mit dem Baby in ein Hotel zu ziehen, aber sie fuhr 15 Tage fort, Milch mit einer Brustpumpe zu liefern, bis die Wunscheltern mit dem Baby abreisten. Sie riefen sie in den letzten zweieinhalb Jahren einmal an und schickten ihr Fotos, als das Baby ein Jahr alt war. Ich fragte sie, was sie diesmal tun würde, da ihr Kind noch klein war, „wir müssen tun, was immer sie von uns verlangen. Wenn sie mich bitten, im Leihmutterheim zu bleiben, werde ich hierbleiben. Wenn sie mir erlauben, zu meinem Haus zu gehen, werde ich zurückkehren“. An diesem Punkt griff der Ehemann ein, „Es ist besser, wenn sie hierbleibt, ich werde jede Woche mit meinem Sohn kommen, ihm das Gesicht seiner Mutter vom Eingang des Zimmers zeigen und ihn überzeugen, indem ich sage, sieh, deine Mutter schläft dort auf dem Bett. Sie ist krank wie alle anderen Frauen, die im Zimmer schlafen und wenn du zu ihr gehst, wirst du auch krank“. Mit einer Gebärdensprache des Umarmens erzählte sie mir, dass den Leihmüttern nicht erlaubt war, Kinder zu umarmen, sie konnten sie nur aus der Ferne sehen. Ich fragte sie, wie sie es geschafft hatte, mehrere Monate von ihrem kleinen Kind fernzubleiben, worauf sie sagte, „Wenn ich an Bindung denke, kann ich mich nicht auf mein Ziel konzentrieren. Wenn ich ihn mich umarmen lasse, dann wird er sagen, Mama, ich will bei dir bleiben, ich will mit dir essen, ich will mit dir schlafen, was hier nicht erlaubt ist, deshalb halte ich ihn fern." Er (ihr Sohn, der jetzt vier Jahre alt ist) hörte aufmerksam unserer Unterhaltung zu, die im Raum stattfand. Die Leihmutterschaft war für sie eine Pflicht, ein Ziel zur Erfüllung ihrer familiären Anforderungen. Ihr Ehemann sprach auch von ihrem Aufenthalt im Leihmutterheim als eine unumstößliche Bedingung, an die sie und das Kind sich anpassen sollten, obwohl er zu jung war, um es zu verstehen. Sie hatten nur von der Ausbildung ihres Sohnes und ihrem Traum, ihn zum Ingenieur zu machen, gesprochen, während sie für ihre Tochter das Ziel hatten, sie bis zur zwölften Klasse zur Schule zu schicken, damit sie auch bei einer geringfügigen *(chota-mota)* Arbeit unabhängig sein kann. Ich konnte nicht anders und riet ihnen, den Sohn und die Tochter gleichberechtigt zu erziehen. Zu diesem Zeitpunkt betrat Dr. Nisha den Raum, um die Toilette zu benutzen, obwohl sie auch eine Toilette in ihrem Zimmer hat. Sobald die Ärztin den Raum betritt, überschüttet der Ehemann sie mit Lob: „Madam ist sehr liebevoll zu unseren Kindern und zu uns." Dieses Muster, den Arzt mitten im Interview zu loben, falls jemand den Raum betrat oder vorbeiging, war etwas, an das ich mich bis dahin gewöhnt hatte.

Uma

Uma verließ ihren trunksüchtigen Ehemann, weil er gewalttätig gegen sie und ihren Sohn war; er schlug sie, um das wenige Geld, das sie als Hausmädchen verdiente, zu ergreifen und es für Alkohol auszugeben. Sie verließ sein Haus, um bei ihrem Bruder und ihrer Schwägerin zu leben. Auch in ihrem Haus wurde sie als Last angesehen und misshandelt. Sie erfuhr von der Leihmutterschaft durch eine ihrer Freundinnen, die ebenfalls als Hausmädchen arbeitete, und sie nahm sie mit in die Klinik. Sie erklärte den Prozess der Leihmutterschaft, dass die Gene der Wunscheltern verwendet werden, um befruchtete Eier im Labor zu erzeugen, die in ihren Uterus eingesetzt werden, und dass sie das Baby austragen muss, wofür sie 2000 Rs. pro Monat bekam. Bei der Aufgabe des/der geborenen Kind(er) wird ihr der verbleibende Betrag von 212.000 Rs. (nach Abzug von 18.000 Rs. monatlicher Zahlung und 10.000 Rs. Gebühren des Leihmutteragenten) ausgezahlt. Sie würde die erste Rate von 25.000 Rs. nach dem vierten Monat und weitere 25.000 Rs. nach dem achten Monat erhalten. Als sie die Wunscheltern traf, fragten diese: „Würden Sie sich um unser(e) Kind(er) kümmern", worauf sie antwortete: „Ich werde noch mehr Sorgfalt walten lassen als bei meiner eigenen Schwangerschaft." Bezüglich des Leihmutterheims sagte sie: „Mir wurden die Bedingungen für den Aufenthalt im Schlafsaalhaus mitgeteilt, und dass ich nicht nach Hause gehen darf. Ich war darüber unglücklich, aber ich unterschrieb, wo immer sie meine Unterschrift benötigten." Als der Prozess begann, sagte sie: „Die Injektionen waren so schmerzhaft, dass ich aufhören und nach Hause gehen wollte, aber wenn ich an die Zukunft meines Kindes dachte, fühlte ich, dass ich diesen Schmerz ertragen muss." Das Schlafsaalhaus in Nadiad war in einem schlechten Zustand, kein Wasser zum Baden, das Essen war schlecht, und das lag zum Teil daran, dass die Hausmutter 50 % des Geldes, das sie zur Unterhaltung des Hauses bekam, in die eigene Tasche steckte. Wenn man sich über die Situation beschwerte, behandelte die Hausmutter die betreffende Leihmutter schlecht. Uma sagte: „Diese neun Monate *‚takleef'* (Belästigung) sind nichts im Vergleich zu dem Geld, das ich dafür bekomme, und der Zukunft meines Kindes." Während der Zeit im Schlafsaalhaus war sie immer besorgt und weinte, wenn sie an ihr Kind dachte, da sie sich von ihrem Ehemann getrennt hatte. Ihr sechsjähriger Sohn wohnte bei ihrem Bruder und ihrer Schwägerin; sie sagte: „Wenn mein Kind etwas braucht, wie wird er meinen Bruder fragen? Kinder können nur ihre Eltern ohne zu zögern alles fragen, außerdem ist er klein. Wie wird er sich jeden Tag fertig machen, um zur Schule zu gehen?" Sie wurde im neunten Monat in das Schlafsaalhaus über der Klinik verlegt, und bald darauf hatte sie einen Kaiserschnitt.

Sie erlitt eine postpartale Blutung, und trotz mehrerer Versuche konnte diese nicht gestillt werden, so dass sie erneut operiert wurde, um ihre Gebärmutter zu entfernen. Das Kind, welches sie zur Welt brachte, war auch krank und wurde in ein Kinderkrankenhaus eingeliefert. Sie wusste nicht genau, welches Gesundheitsproblem das Kind hatte. Uma wurde bald nach ihrer Genesung in das Kinderkrankenhaus verlegt, um das Kind stillen zu können. Die Wunscheltern kamen aus Großbritannien und hatten kein Interesse daran, den Kontakt zu ihr aufrechtzuerhalten. Die Fragen, die ihr in den Sinn kamen, waren: „Ich habe keinerlei Rechte an dem Kind, das ich neun Monate lang ausgetragen habe, ich muss dieses Kind mit dem vollen Bewusstsein abgeben, dass ich es nie wieder sehen werde und dieses Kind wird nie wissen, dass die Leihmutter, die es zur Welt gebracht hat, fast ihr Leben dabei gegeben hat. Mein Kind wurde durch meinen Uterus geboren und dieses Kind wurde auch durch mich geboren, aber sie werden sich nie begegnen und nie wissen, dass sie Halbbrüder sind." Sie sagte: „Das bin nicht nur ich, sondern sind alle Mütter, die dieses Dilemma durchleben, wenn sie sich von dem Kind trennen müssen." An dem Tag, an dem sie das Kind übergeben musste, wurde sie in das Zimmer des Arztes gerufen, und auch die Wunscheltern kamen dorthin. Sie sagte: „Ich weinte und weinte und ich hatte das Gefühl, als ob ich einen Teil meines Körpers an sie abgebe. Ich fühlte mich, als ob meine Seele meinen Körper verlässt. Aber es war meine Pflicht als Leihmutter, die ich einhalten musste, wenn ich die endgültige Zahlung erhalten wollte. Die Wunscheltern reisten mit dem Kind ab, und ich ging nach der endgültigen Zahlung zum Haus meines Bruders." Ich fragte mich, ob Uma in ihrer informellen Beschäftigung als Hausmädchen geschützt war und ob sie leicht Zugang zu einem Kredit von 240.000 Rs. (3.700 US$) hätte. Sie hätte nicht eine Nahtod-Situation erleben müssen und hätte nicht das psychologische Trauma des Abschieds von einem Kind erleben müssen, das sie genauso als ihr eigenes ansah wie das Kind, das sie zu Hause zurückgelassen hatte; sie wird wahrscheinlich den Rest ihres Lebens mit diesem Schmerz leben.

Shama

In der zweiten IVF-Klinik ohne Leihmutterheim wurde mir Shama vorgestellt. Sie war im fünften Monat schwanger und auch eine Leihmutteragentin. Sie hatte bereits mehrere

Leihmütter in die Klinik gebracht. In dieser Klinik wurde mir auch Gargi vorgestellt. Ich erfuhr, dass es in jedem Raum der Klinik Kameras gab, damit das Klinikpersonal die Leihmütter beobachten konnte. Ich führte beide Interviews innerhalb der Klinik durch, der Unterschied bestand darin, dass Shama ihre Kontaktdaten nicht mit mir teilte, wie vom Arzt empfohlen, aber Gargi fand einen Weg, um ihre Kontaktdaten mit mir teilen zu können (siehe Kap. 6). Ihre Wunscheltern waren aus Indien, konnten aber kein Hindi sprechen, so dass sie nicht mit ihnen kommunizieren konnte. Die Wunschmutter, wie an anderer Stelle erwähnt, war fruchtbar, wollte aber kein Kind haben, da sie Angst vor Schwangerschaft und Geburt hatte. Shama war ziemlich belastet durch diese Tatsache, entschied sich aber, darüber zu lachen. Sie drückte ihre Not aus, indem sie fragte, warum ausgerechnet sie von allen Leihmüttern, die in der Datei aufgeführt waren, ausgewählt werden musste. Sie wusste, dass die Wunscheltern dem Kind nie von der Leihmutterschaft erzählen würden. Sie sagte: „Ich wäre sehr glücklich, wenn sie den Kontakt mit mir aufrechterhalten würden, aber sie sind nicht so." Die Mütter in der Klinik durften das Baby nicht sehen. Shama sagte: „Selbst wenn die Leihmutter im Operationssaal liegt und ihr der Bauch aufgeschnitten wird, werden sie mit dem Kind davonlaufen." Sie sagte, sie werde darum bitten, das Kind zu sehen, da sie zuversichtlich war, das Baby danach abgeben zu können. „Ich werde argumentieren, dass ich das Kind sehen muss und es dann weggeben kann, also zeigt mir das Kind." Sie betonte: „Ich bin die Mutter des Kindes, ich habe das Baby getragen. Sie haben vielleicht das genetische Material gegeben, aber ich habe dem Kind das Blut gegeben." Was auch immer ich konsumiere, das Kind isst auch, ich trage das Baby neun Monate lang, also wird das zumindest irgendeinen Einfluss auf mich haben. Es wird mir schwerfallen, das Kind wegzugeben, aber ich tue das für meine anderen Kinder." Als Leihmutteragentin sollte Shama zusammen mit der Frau, die sie als Leihmutter empfohlen hatet, bei der Geburt anwesend sein, und es war ihre Verantwortung, sicherzustellen, dass die Leihmutter das Baby friedlich abgibt, sonst würde sie ihre Provision nicht bekommen. Sie sagte; „Ich warne sie, bevor sie hierherkommen, um sich als Leihmutter einzuschreiben, sie bezahlen dich dafür, also musst du das Kind abgeben, das Kind gehört ihnen. Wenn du sagst, das kannst du tun, dann komm hierher zur Leihmutterschaft." Sie hat mehrere Frauen erlebt, die das Kind bei der Geburt nicht abgeben wollten. Aber es ist ihre Pflicht als Leihmutteragentin, anwesend zu sein und die Leihmütter zu beraten. Sie sagte, dass das Waschen von Kleidung oder Hausarbeit der Hauptgrund für Fehlgeburten sei und sie warnte die Leihmütter davor, Hausarbeit zu verrichten, und kontrollierte sie jeden zweiten Tag, da dies eine Verantwortung war, die die Klinik ihr als Leihmutteragentin gegeben hatte.

Die Beziehung zwischen Shama und den Wunscheltern endete, als die Wunschmutter ihr mitteilte, dass sie dies nur tat, weil sie Angst vor Schwangerschaft und Geburt hatte. Sie wollte ihre Anrufe nicht entgegennehmen, also bat sie den Arzt, ihre Nummer den Wunscheltern nicht mitzuteilen, und sie wollte auch deren Telefonnummer nicht. Beim ersten Treffen rieten sie ihr, gut zu essen und sich um das Baby zu kümmern. Als ich sie fragte, was wäre, wenn das Kind etwas über sie wissen wollte, sagte sie: „Das ist ihr Problem, nicht meins. Sie sollten es dem Kind sagen, aber ich glaube nicht, dass sie es dem Kind jemals erzählen werden." Sie äußerte sich weiterhin sehr offensichtlich frustriert: „Ich möchte nicht, dass sie sich mir gegenüber verpflichtet fühlen, ich tue ihnen keinen Gefallen. Was sie tun, ist falsch, sie sollten sich nicht für eine Leihmutterschaft entscheiden, wenn sie selbst ein Kind bekommen können. Sie sind reich, sie haben keine Zeit für all das." Aber sie rechtfertigte sich auch damit, dass einige Frauen aus Angst sterben könnten, also sei es besser, wenn sie kein Kind tragen". Sie zeigte aber Mitgefühl mit dem Wunschvater und sagte: „Was kann der Mann tun, wenn die Frau ‚nein' sagt und er ein Kind will?" Ich fragte sie wiederholt auf verschiedene Weisen, ob sie mir ihre Kontaktdaten geben könnte, aber sie sagte mir, ich solle den Arzt fragen, und wenn er zusagt, wird sie sie mir geben. Daher war dies ein einmaliges, tiefgehendes Interview und nicht wie bei den anderen Leihmüttern, deren Schwangerschaft ich verfolgte.

Schlussfolgerung

Leihmütter in Indien haben keine Rechte über das Kind, keine rechtliche oder psychologische Unterstützung. Sie erhalten einen geringeren Anteil der gesamten Leihmutterschaftszahlungen, unterliegen ungerechten Zahlungsmustern, ohne zusätzliche Zahlung für Fehlgeburten, sind nicht mit einer medizinischen oder Lebensversicherung abgesichert, und in einigen Kliniken ist es verpflichtend, dass sie in Leihmutterheimen fernab von ihren Familien bleiben. Es werden ihnen übermäßig viele Embryonen eingesetzt und die gewünschte „selektive Reduktion" im Uterus wird für eine bevorzugte Anzahl von Babys durchgeführt. Dabei wird die Präferenz der Leihmutter aber nicht berücksichtigt, da sie vorher alle Rechte auf medizinische Eingriffe abtreten muss. Einige Kliniken erlauben der Leihmutter nicht, das Kind (die Kinder) zu sehen, während andere Kliniken von der Leihmutter erwarten, dass sie erst eine Bindung zu dem Kind aufbaut und dann abrupt von dem Kind (den Kindern) getrennt wird, ohne einen Plan für eine zukünftige Beziehung zu den Eltern/zum Baby. Den Leihmüttern wird keine Entschädigung gewährt, wenn sie eine Fehlgeburt in irgendeinem Stadium der Schwangerschaft erleiden. Sie werden überfüttert, da die Zahlungen nach dem Gewicht des Kindes erfolgen. Je höher das Gewicht des Kindes, desto besser. Sie werden für diese gute Leistung belohnt, ein schwereres Kind zur Welt zu bringen. Abgesehen von der Klinik stehen die Leihmütter auch bei ihren Familien unter Leistungsdruck.

Nicht nur die Menschenrechtsverletzungen sind unmenschlich, sondern auch die Annahme, dass die Leihmütter bereit wären, alles für Geld zu tun. Als Feministinnen sollten wir anfangen, uns zu fragen, sind wir human, wenn wir die Leihmutterschaft unterstützen? Rutschen wir von einer postfordistischen in eine posthumanistische Ära? Abgesehen von den humanistischen Bedenken ist ein bedeutender Aspekt der Leihmutterschaft, wie sie von Frauen in Indien erlebt wird, ihre Bindung zum Kind und die Betrachtung des Kindes als Teil ihres Körpers oder ihrer Seele. Feministinnen haben behauptet, dass Frauen nicht unbedingt eine Bindung zu ihren Babys aufbauen, und das zu

Recht. Aber wäre es richtig zu sagen, dass die meisten Frauen keine Bindung zu ihren Babys aufbauen? Auch die Möglichkeit oder das Recht auf die Babys, die sie als ihre eigenen betrachten, zu verweigern, ist ein ebenso großes Anliegen. Es gibt auch eine Angst unter Feministinnen, mütterliche Bindung auszudrücken. Es gilt als altmodisches und konservatives Denken, über mütterliche Verkörperung zu sprechen. Youngs Konzept der schwangeren Verkörperung, die verkörperte Erfahrung von Unfruchtbarkeit, schwangerer Person, Beziehung zwischen dem Selbst und dem Embryo-Fötus-kommenden Kind erklärt dieses Phänomen (Young 2005). Wesentlich für Youngs existenziell-phänomenologisches Verständnis des Körpers in der schwangeren Verkörperung ist auch das Verständnis, dass Verkörperung eine Art des „*Seins in der Welt*“ ist, worin Körper von sozialen Normen beeinflusst werden, die sie regieren (Young 2005, 9). Die Verkörperung des Kindes, die von den Leihmüttern als Teil ihrer Seele wahrgenommen wird, hat einen tieferen kulturellen Kontext sozialer Normen. In diesem Kontext das Kind der Leihmutter wegzunehmen, ohne ihr das Gesicht des Kindes zu zeigen, oder von den Leihmüttern zu erwarten, dass sie stillen und dann für immer von dem Kind getrennt werden, ist Kapitalismus in seiner schlimmsten Form. Die kulturelle Antwort darauf kann in der alten indischen Literatur gefunden werden, in der sowohl die soziale Mutter als auch die Leihmutter als sehr bedeutende Personen in der Erziehung des Kindes betrachtet werden. Ich habe auch auf die Erziehung von Krishna und Balarama durch mehrere Mütter bereits in der Einleitung des Buches hingewiesen.

Literatur

Colen, S. 1995. Like a mother to them: Stratified reproduction and West Indian childcare workers and employers in New York. In *Conceiving the new world order: The global politics of reproduction*, ed. F. Ginsburg and R. Rapp, 78–102. Berkeley: University of California Press.

DasGupta, Sayantani, and Shamita Das DasGupta. 2014. *Globalization and transnational surrogacy in India: Outsourcing life*. Lanham: Lexington Books.

Ginsburg, F., and R. Rapp. 1995. *Conceiving the new world order: The global politics of reproduction*. Berkeley: University of California Press.

Goldfarb, James M., Cynthia Austin, Barry Peskin, Hannah Lisbona, Nina Desai, and Ricardo J. de Mola. 2000. Fifteen year's experience with an in-vitro fertilization surrogate gestational pregnancy programme. *Human Reproduction* 15: 1075–1078.

Gupta, J.A. 2006. Towards transnational feminisms some reflections and concerns in relation to the globalization of reproductive technologies. *European Journal of Women's Studies* 13 (1): 23–38.

Gupta, J. 2012. Reproductive biocrossings: Indian egg donors and surrogates in the globalized fertility market. *IJFAB: International Journal of Feminist Approaches to Bioethics* 5: 25–51.

Pande, A. 2010. Commercial surrogacy in India: Manufacturing a perfect mother-worker. *Signs* 35: 969–992.

Pande, A. 2011. Transnational commercial surrogacy in India: Gifts for global sisters? *Reproductive Biomedicine Online* 23 (5): 618–625.

Rapp, Rayna. 2011. Reproductive entanglements: Body, state, and culture in the dys/regulation of child-bearing. *Social Research* 78 (3): 693–718.

Rudrappa, S. 2015. *Discounted life: The price of global surrogacy*. New York: New York University Press.
SAMA, and S. Sharma. 2010. Can we see the baby bump. India: Surfilms.
Saravanan, S. 2013. An ethnomethodological approach to examine exploitation in the context of capacity, trust and experience of commercial surrogacy in India. *Philosophy, Ethics and Humanities in Medicine* 8: 10.
UN General Assembly. 1948. Universal Declaration of Human Rights, 10th December 1948, 217 A (III). http://www.refworld.org/docid/3ae6b3712c.html.
Young, Iris Marion. 2005. On female body experience "throwing like a girl" and other essays. *Feminism & Psychology*. https://doi.org/10.1093/0195161920.003.0001.

6 Postkoloniale Paradox und feministische Solidarität

Zusammenfassung

Postkoloniale Feministinnen kritisieren die Universalisierung von Frauen weltweit, weil sie westliche Standards der Emanzipation auf alle Frauen anwenden und nicht-westliche, farbige Frauen als das „Andere" beschreiben. Dieses postkoloniale Dilemma führte jedoch zu einer postkolonialen Angst, die auf den Pluralismus zurückgriff und Frauen in kleinere Identitätsgruppen fragmentierte. Dieses Kapitel untersucht das postkoloniale Paradox und die Angst in den Erfahrungen von Menschen, die an transnationalen Bewegungen aus der „Ein-Drittel-Welt" beteiligt sind und eine Leihmutterschaft in der „Zwei-Drittel-Welt" in Anspruch nehmen. Dieses Kapitel beschreibt dieses postkoloniale Paradox unter den Wunscheltern, die eine Leihmutterschaft in Gujarat, Indien, in Anspruch genommen haben, anhand von Interviews und Teilnehmerbeobachtungen. Frauen in Indien beteiligen sich an der Leihmutterschaft, um ihre wirtschaftlichen Bedingungen zu verbessern, da ihre Körperteile vergleichsweise einträglicher sind als die der Männer. Eine Wahl zwischen „Armut" oder Leihmutterschaft kann nicht als „Freiheit" bezeichnet werden. Die Wunscheltern hatten die strengeren Leihmutterschaftsregelungen in ihrem Heimatland in Erwartung einer einfacheren Prozedur, geringerer Rechte für Leihmütter (SMs) und mehr Kontrolle über den Leihmutterschaftsprozess in Indien umgangen. Diese Motivationen der Wunscheltern sind von Natur aus ausbeuterisch. Die Erfahrungen der Wunscheltern und die Leihmutterschaftsmärkte zeigen, dass weder die imperialen Nord-Süd-Muster noch die re-orientalischen Süd-Süd-Muster das ganzheitliche Phänomen der Leihmutterschaft in Indien beschreiben können. Die Praktiken der Leihmutterschaft haben auch die klassistischen, sexistischen, rassistischen Elemente und die Verletzung von Frauenkörpern offenbart, die sowohl im Globalen Norden als auch im Globalen Süden üblich sind, und doch scheitern einige Akademiker und Feministinnen daran,

S. Suryanarayanan, *Ein transnationaler feministischer Blick auf die Biomärkte für Leihmutterschaft in Indien*, https://doi.org/10.1007/978-981-97-7944-4_6

diese verbindenden Faktoren zu bemerken. Es besteht daher ein Bedarf für globale Feministinnen, eine Allianz auf der Grundlage eines reproduktiven Gerechtigkeitsrahmens zu bilden, der darauf abzielt, Formen von Ungleichheiten zu reduzieren, die Klasse, Rasse, Geschlecht, Sexualität, Behinderung, Alter und Einwanderungsstatus durchkreuzen, als Kritik an Praktiken, die solche Verwundbarkeit ausnutzen.

Schlüsselwörter

Postkoloniales Paradox · Re-Orientalismus · Neokolonialismus · Andersartigkeit · Reproduktive Versorgungskette · Kultureller Relativismus

Die postkoloniale feministische Kritik, die in den 1980er/1990er-Jahren aus überwiegend westlichen Schriften hervorging, bezog sich auf die Darstellung und Fragen des Standorts. Sie kritisierten die Universalisierung von Frauen weltweit, weil sie westliche Standards der Emanzipation auf alle Frauen anwendeten und nichtwestliche Frauen und Frauen of Colour als das „Andere" beschrieben (Spivak 1988; Said 1978; Mohanty 1986). Ziel dieser Kritik war es, diese universalisierte Sicht auf Frauen zu durchbrechen, Stereotypen abzubauen und die Identität wiederherzustellen, indem die Stimmen und Anliegen aller Frauen mit ihren kontextuellen Erzählungen von Rasse, Geschlecht, Klasse sowie ihrem sozialen, historischen und kulturellen Hintergrund einbezogen wurden. Dieses postkoloniale Dilemma zwischen Universalismus und Relativismus hat jedoch zu einer postkolonialen Angst vor einem Pluralismus geführt, der Frauen in kleinere Identitätsgruppen fragmentiert hat. Verallgemeinerungen zwischen Kulturen wurden zu Verallgemeinerungen innerhalb von Kulturen, die sich mit anderen Formen der „Andersartigkeit" verstrickten und zu einer erhöhten Polarisierung in Bezug auf Rasse, Klasse, Sprache und Religion führten (Narayan 1998). Darüber hinaus verschleiert eine Fokussierung auf hegemoniale Muster zwischen Kulturen die hegemonialen Praktiken innerhalb von Kulturen. Dazu gehören das Patriarchat, Rassismus, Klassismus, das Kastenwesen und Sexismus.

Die Globalisierung hat das Leben von Frauen beeinflusst, indem sie einerseits mehr Arbeitsplätze in Exportverarbeitungszonen geschaffen hat, während sie andererseits traditionelle Formen der „Lokalität", wie die Handwerksindustrie in Indien, ausgelöscht hat. Postkoloniale Feministinnen haben die Frage aufgeworfen, inwiefern verwundbare Gruppen von den Forderungen nach Freiheit, Gleichheit und Rechten im Kontext neoliberaler Wirtschaftswachstumspolitik ausgeschlossen und zum Schweigen gebracht werden (Dhawan 2009). Junge Frauen in Übergangsgesellschaften wie Indien, die in der Exportverarbeitung beschäftigt sind, werden dargestellt durch ihren Frauenkörper und ihre Sexualität. Sie sind passiv, geduldig und diszipliniert und verbringen lange Arbeitsstunden in engen Räumen und unter strenger Überwachung (Ong 1987). Es gibt einen allgemeinen Widerstand gegen die Bildung von Gewerkschaften sowohl in den Leihmuttermärkten als auch in den Bekleidungsfabriken. Frauen im Globalen Süden werden in solche Beschäftigungsverhältnisse mit niedrigem Lohn hineingezogen; sie werden gering geschätzt und erleben ungeschützte Beschäftigung am Ende globaler Warenketten in der Herstellung von Frischwaren und Kleidung. Frauen, die als Zeitarbeiterinnen beschäftigt sind, werden leicht ausgebeutet und durch andere ersetzt, die verzweifelt nach Arbeit suchen, unabhängig von den unsicheren Arbeitsbedingungen. Die neoliberale Politik und die Ausbeutung von Frauenarbeit in exportverarbeitenden Bekleidungsfabriken wurden für ihr Beharren auf dem wirtschaftlichen Trickle-down-Effekt kritisiert. Eine ähnliche und doch noch invasivere Form der Kommodifizierung von Frauenkörpern, die auch eng mit den globalen Ungleichheitsgradienten verbunden ist, ist die kommerzielle Leihmutterschaft in Ländern wie Indien (Hochschild 2011). Während die Kontrolle der Fruchtbarkeit bei armen Frauen in Indien als subtile Form der Zwangsanwendung umgesetzt wird, die wenig Wert auf das Leben der Frauen legt, werden Schwangerschaften in diese Länder des Globalen Südens aus Europa und Amerika ausgelagert. Eine Rechtfertigung für die Leihmutterschaft in Ländern wie Indien ist, dass die Frauen dort wenige Möglichkeiten haben und, dass sie die Arbeit in Bekleidungsfabriken als mühsamer empfinden (Rudrappa 2012). Während diese beiden geschlechtsspezifischen Formen von Verdienstmöglichkeiten Frauen und ihre Körper auf spezifische Weise konstituieren, die kommodifizierend und entwertend ist, und die Kontrolle über das Verhalten von Frauen, Überwachung und Einschränkung beinhalten, ist die Leihmutterschaft zusätzlich eine physisch invasive Praxis.

Mohanty (2003) hat sich für eine transnationale globale Frauenbewegung ausgesprochen, die sowohl den postkolonialen Essentialismus als auch die westliche feministische Hegemonie infrage stellt. Feministinnen warnen vor einer möglichen Komplizenschaft des transnationalen Feminismus mit dem Imperialismus. Diese Allianz ist jedoch eine, die sowohl lokale als auch globale feministische Probleme anerkennt und versucht, sie durch Einflussnahme auf die globale Politik durch ein grenzüberschreitendes zivilgesellschaftliches Netzwerk zu lösen. Dies ist ein grenzüberschreitender Feminismus, der die koloniale Vergangenheit anerkennt und darauf abzielt, lokale Kämpfe und die globale Frauenbewegung zu vereinen. Ein von globalen Feministinnen organisiertes Ereignis war eine Resolution, in der die Vereinten Nationen aufgefordert wurden, die Leihmutterschaft in die CEDAW-Frauenrechtskonvention als Verletzung der Kinder- und Menschenrechte aufzunehmen und ein weltweites Verbot dieser Praxis zu empfehlen (Che Liberta 2017). Die erste transnationale Initiative in diese Richtung war die Pariser Petition, die am 2. Februar 2016 für die universelle Abschaffung der Leihmutterschaft eintrat, gefolgt von der Römischen Petition (CADAC, CLF, CoRP 2016). Ich nahm an den Veranstaltungen in Paris und Rom teil und erlebte ein transnationales Bewusstsein unter Feministinnen mit gegenseitigem Respekt und einer Komplizenschaft im Widerstand gegen extreme Formen der Universalisierung und des Determinismus als Weg nach vorne.

Die Hälfte der Leihmutterschaftssuchenden in meiner Studie kam aus dem Ausland (einschließlich nicht ansässige Inder). Andere Quellen schätzen, dass etwa 60–90 % der

Leihmutterschaften auf ausländische Paare in Indien ausgerichtet waren (Bhalla und Thapiyal 2013; NDTV 2015). *The Hindu* zitierte Ranjana Kamaris Schätzungen des Prozentsatzes der Wunschelternpaare aus dem Ausland auf etwa 50 % (*The Hindu* 2015). Dr. Sudhir Ajja aus Mumbai sagte, dass zwischen 2007 und 2013 90 % der Kunden in seiner Klinik aus dem Ausland kamen, von denen 40 % gleichgeschlechtliche Paare waren (Bhalla und Thapiyal 2013).

In meiner Studie beobachtete ich eine prominente imperialistische Präsenz von Wunscheltern aus dem Ausland, nicht nur in Zahlen, sondern auch in ihrer Macht (in Bezug auf ausländische Währung und deren Kontrolle) auf dem Leihmutterschaftsmarkt in Indien. Die Leihmütter erzählten mir, dass der Markt den fehlenden Dollarzufluss spürt, da die Leihmutterschaft in Indien inzwischen verboten wurde. Für die Ärzte in Indien ist dies ein Geschäft, bei dem Geld verdient wird; Geldwechsel, der ausschließlich durch sie stattfindet, Kaiserschnitte, Muttermilch, Unterhaltskosten für Leihmutterheime, der Bonus, der für Kinderbetreuungsdienste verdient wird, all das brachte Geld in den Markt, und obwohl ungleich, bekam jeder einen Anteil. Frauen in Indien beteiligten sich an der Leihmutterschaft, um ihre wirtschaftlichen Verhältnisse zu verbessern, aufgrund des Drucks, etwas für ihre Familie tun zu können, und weil ihre Körperteile im Vergleich zu Männern einträglicher sind. Wunscheltern entkamen den strengeren Leihmutterschaftsregelungen in ihrem Heimatland, weil sie Verfahrenserleichterungen erwarteten, wegen der geringeren Rechte der Leihmütter und der stärkeren Kontrolle beim Leihmutterschaftsprozess und den Leihmüttern in Indien. Die Ärzte sind an der Ausbeutung der Leihmütter auf Geheiß und in Zusammenarbeit mit den Wunscheltern beteiligt (siehe Kap. 5). Der Staat hat die Leihmütter ausgebeutet, indem er Gesetze erlassen hat, die keinerlei Schutz für die Leihmütter bieten. Dennoch kritisieren einige Ärzte und akademischen Forscher, dass „sobald Sie nach Indien kommen, nennen Sie es Ausbeutung". Darüber hinaus geht es nicht nur darum, dass „reiche unfruchtbare Paare arme, fruchtbare Frauen ausbeuten" würden, sondern auch darum, wer von dieser Technologie ausgeschlossen wird. Es sind die unfruchtbaren, armen Frauen, und die zunehmende Beliebtheit der Filialität hat einen groben Einfluss auf ihr Leben.

Dennoch können weder ein globaler Nord-Süd-Strom (Imperialismus) noch ein Süd-Süd-Strom (Re-Orientalismus) das Phänomen der Leihmutterschaft in Indien vollständig beschreiben. Das Muster der Leihmutterschaftsverträge lässt sich am besten als zwischen den „Nichtbesitzenden/Zwei-Drittel-Welt" und den „Besitzenden/Ein-Drittel-Welt" beschreiben (Esteva und Prakash 1998). Der Vorteil der Ein-Drittel/Zwei-Drittel-Welt gegenüber Begriffen wie Westen/Dritte Welt und Nord/Süd besteht darin, dass sie theoretisch zur Intersektionalität voranschreitet, die verschiedene Formen globaler und lokaler Diskriminierung einschließt, anstatt die eingeschränkten geographischen und ideologischen Binärpaare zu benutzen. Dieses Kapitel untersucht das postkoloniale Dilemma und die Angst, indem es die Erfahrungen von Menschen erforscht, die an transnationalen Bewegungen von Menschen aus der „Ein-Drittel-Welt„ beteiligt sind und die Leihmutterschaft in der „Zwei-Drittel-Welt„ in Anspruch nehmen. Das Kapitel kommt zu dem Schluss, dass die Ethnoscape weit komplexer ist als die vereinfachte

Nord-Süd-Erklärung und dass Leihmutterschaft sowohl innerhalb nationaler Grenzen als auch in transnationalen Verträgen inhärent ausbeuterisch ist. Daher müssen Feministinnen eine globale Allianz auf der Grundlage eines reproduktiven Gerechtigkeitsrahmens bilden. Dieser zielt darauf ab, Formen der Ausbeutung zu reduzieren, die Klasse, Rasse, Geschlecht, Sexualität, Behinderung, Alter und Einwanderungsstatus überschneiden. Patil (2013) weist auf die Bedeutung der Intersektionalität beim Verständnis verschiedener Formen von Ungleichheiten hin, die Kulturen und geographische Regionen überschreiten. Das ist dem Ansatz der reproduktiven Gerechtigkeit ähnlich. Für einen transnationalen Feminismus mit einem reproduktiven Gerechtigkeitsansatz ist ein analytischer Rahmen, der sowohl auf die Mikro- als auch auf die Makropolitik der assistierten Reproduktionstechnologien achtet, notwendig. Im Leihmutterschaftsbasar sind die Wunscheltern daher die anderen Hauptkonsumenten des reproduktiven Biomaterials, das durch kommerzielle Leihmutterschaft in Indien gesucht wurde. Dieses Kapitel ist eine Analyse ihrer Erfahrungen und Vorlieben. In den folgenden Fallstudien erzählen fünf Wunscheltern (zwei Kanadier, zwei Deutsche und ein NRI[1]ursprünglich aus Gujarat) von ihren Erfahrungen. Ich hatte über zwei Jahre hinweg langfristige Interaktionen mit drei dieser Eltern (Caroline, John und Mary) sowie mit Gayatri (die Leihmutter für Jignesh). Das ermöglicht es mir, eine ausführliche Erzählung zu liefern. Alle Zitate in diesem Kapitel stammen aus den Fallstudien, die ich zwischen 2009 und 2012 durchgeführt habe.

Postkoloniales Paradox und Angst

Ich habe vor einiger Zeit in Frankreich ein Papier mit dem Titel „Freiheit für wen: Reproduktive Gerechtigkeit und Leihmutterschaftsvereinbarungen in Indien“ vorgestellt, in dem ich die strukturellen und globalen Ungerechtigkeiten identifiziere, die in den transnationalen kommerziellen Leihmutterschaftspraktiken in Indien inhärent sind (Saravanan 2016). Kurz nach meiner Präsentation gab es unter einigen Teilnehmern ein Gemurmel, dass die Leihmutterschaft in Indien „anders“ ist (sprich: „orientalisch“, typischerweise als chaotisch, ausbeuterisch, diskriminierend und verletzlich beschrieben), während in anderen Ländern, zum Beispiel in Israel (sprich: „westlich“, effizient, rational, reif, organisiert), die Leihmutterschaft streng von der Regierung kontrolliert wird und die Leihmütter emanzipiert sind. Diese Erklärung übersah ein wichtiges Element meiner Präsentation, das mehr Aufmerksamkeit für breitere strukturelle Ungleichheiten innerhalb und zwischen Nationen in der Leihmutterschaftspraxis auf der ganzen Welt forderte. Diese binäre Beschreibung ist genau die postkoloniale feministische Kritik, die in den 1980er/1990er-Jahren aus den überwiegend westlichen Schriften zu Fragen der Repräsentation und des Standorts hervorging. Die Kritik richtete sich gegen die binäre Darstellung der gemeinhin als „Dritte-Welt-Frauen“ bezeichneten „Anderen“ (ignorant, arm,

[1] NRIs: Nicht in Indien ansässige Inder.

ungebildet, traditionell gebunden, auf die Familie ausgerichtet, Opfer), während „westliche Frauen" als gebildet, modern, mit Kontrolle über Körper und Sexualität sowie der Freiheit, ihre eigenen Entscheidungen zu treffen, dargestellt wurden. Diese Kritik war für die Einbeziehung kolonialer Stimmen und die Anerkennung ihrer spezifischen ethnischen, kulturellen und historischen Hintergründe (Tyagi 2014). Die Auferlegung des kulturellen Imperialismus sozialer Minderheiten auf die sozialen Mehrheiten durch universelle Menschenrechte war eine weitere Kritik (Langlois 2009). Das postkoloniale Dilemma zwischen Universalismus und Relativismus führte jedoch zu einer Angst, die zum Pluralismus überging und Frauen in kleinere Identitätsgruppen fragmentierte. Der Fokus verlagerte sich daher auf kulturellen Determinismus und Partikularismus auf der Grundlage kultureller Unterschiede. Wie Mies und Shiva (1993) feststellten, besteht eine der Bedrohungen des ethischen Relativismus in einer Akzeptanz verschiedener Formen ausbeuterischer Praktiken, wie z. B. geschlechtsspezifische Abtreibungen, die Mitgift, die weibliche Genitalverstümmelung und das Kastensystem. Ähnlich verklären einige Schriften die Handlungsfähigkeit von Frauen sogar inmitten ausbeuterischer oder patriarchalischer diskriminierender Praktiken (Rudrappa und Collins 2015; Pande 2010; Malpani 1998; Walley 1997). Postkoloniale Schriften neigen dazu, die Handlungsfähigkeit zu verklären, auch innerhalb breiterer ausbeuterischer Kontexte, indem sie Kulturen verherrlichen, um nicht überkritisch gegenüber dem Anderen zu sein. Solche Schriften wagen es, in die Gefahren der Rechtfertigung aller Formen der Handlungsfähigkeit einzudringen, auch innerhalb schwerer ausbeuterischer Situationen, um subalterne Erfahrungen zu verstärken. Diese Schriften übersehen auch die strukturellen Ungleichheiten und die daraus resultierende Diskriminierung und Ungerechtigkeit, selbst wenn der Kapitalismus als eine der dringenderen Sorgen im Kontext der transnationalen kommerziellen Leihmutterschaft erscheint.

Die extreme Polarisierung hat auch zur Festlegung unterschiedlicher Menschenrechtsstandards für verschiedene Teile der Welt geführt, wie zum Beispiel, dass geschlechtsspezifische Abtreibungen in westlichen Ländern als elterliche Familienausgleichswahl erlaubt sein sollten, während sie in Asien aus diskriminierenden Gründen verboten sein sollten, weil Frauen in diesen Kulturen ausgebeutet werden (Dahl 2007; Robertson 2001). Solche Doppelstandards und heuchlerischen Annahmen untergraben nicht nur die Menschenrechtsverpflichtungen der Gleichheit gegenüber allen Menschen, sondern versäumen es auch, globale Ungleichheiten und die transnationale Bewegung von Menschen, die reproduktive Lebensveränderungen suchen, zu erkennen. Geschlechtsspezifische Abtreibungen sind aus feministischer Sicht sexistisch und eine Form von Femizid, unabhängig von der bevorzugten Geschlechtsorientierung, dem Ort der Praxis oder der Geburtsreihenfolge des Kindes. Bestimmte Praktiken, die offensichtlich Menschenrechtsverletzungen sind und das allgemeine Wachstum und die Entwicklung von Frauen einschränken, müssen daher infrage gestellt werden. Es besteht die Notwendigkeit, zwischen dem Lokalen und dem Globalen, dem extrem polarisierten Ansatz, der die Ausbeutung von Frauen mit kulturellem Determinismus verklärt, einerseits und dem Bemalen aller in der gleichen Schattierung andererseits, auszugleichen. Grewal und Kaplan (1994) schlagen einen effektiven transnationalen Ansatz vor, der von solchen Binärpaaren abweicht und sich auf Verbindungen konzentriert, die jede Ebene der sozialen Existenz beeinflussen.

Mohanty (1986), die zuvor Bedenken gegen die Universalisierung geäußert hatte, betont in jüngerer Zeit stattdessen die Notwendigkeit, eine transnationale feministische Allianz und Solidarität über die Trennungen von Ort, Identität, Klasse, Arbeit und Glauben hinweg zu bilden, und betont erneut die Notwendigkeit der Intersektionalität (Mohanty 2003, 2013). Einer der Gründe für diesen Wandel in der Wahrnehmung, vor dem auch Narayan (1998) gewarnt hat, sind deterministische Ausdrücke, die Frauen in immer verschiedenere Gruppen teilen. Dieses Polarisieren verhindert eine effektive transnationale feministische Allianz. Die Frauen werden in folgende Gruppen eingeteilt: „westliche Frauen", „Dritte-Welt-Frauen", „afrikanische Frauen", „indische Frauen", „muslimische Frauen" und andere. Die Beschreibung der Kulturen, die diesen Gruppen zugeschrieben werden, bleibt grundsätzlich deterministisch. Die andere Sorge ist, dass die Verallgemeinerungen, die im Universalisierungsdiskurs offensichtlich sind, auch auf die universalistischen Annahmen innerhalb von Gruppen übertragen werden, die in Bezug auf kulturellen Determinismus beschrieben werden, wie „Tamilische Frauen", „Punjabi-Frauen", „Maharashtrian-Frauen". Daher hat der Einwand gegen die Universalisierung der eurozentrischen Hegemonie zu einer ebenso hegemonischen Darstellung „besonderer Kulturen" geführt (Narayan 1998). Solche Paradigmen übersehen jede Anerkennung von Ähnlichkeiten und beschränken jeden Versuch, Frauen auf einer gemeinsamen Ebene zusammenzubringen.

Dies erklärt das Perspektivenparadox unter postkolonialen Schriftstellern; einige Forscher halten weiterhin stark an kulturellem Relativismus fest, während andere, die die Polarität des Relativismus und die Muster des Globalen Norden/Süden kritisierten und globale Marktmuster zwischen den Besitzenden und den Nichtbesitzenden beobachteten und einbezogen, ohne dabei völlig den Blick auf den klassischen postkolonialen Imperialismus sowie die Bedeutung des kulturellen Kontexts zu verlieren. Manche Forscher haben kritisiert, dass diese beobachteten Muster einen Neokolonialismus und nicht einen Postkolonialismus bezeichnen (Huggan 1997). Die Kritik war, dass postkoloniale Studien nicht definieren können, welche Teile der Welt betroffen sind und welche von relativistischen Ansätzen besessen sind. Die jüngste Kritik von postkolonialen Schriftstellern lenkt die Aufmerksamkeit auf die Bedeutung der Intersektionalität als Bemühung, die Begrenzung polarisierter Ansichten zu verstehen (Mohanty 2003). Postkoloniale Forscher haben auch erkannt, dass die globale Marktszenerie und ihre Auslagerungsmuster nicht auf Bewegungen zwischen dem Globalen Norden und Globalen Süden beschränkt sind, sondern auch Knotenpunkte von Ungleichheiten innerhalb von Kontinenten und innerhalb von Nationen einschließen (Mohanty 2003; Narayan 1998). Neokolonialismus wird als Kontrolle ehemaliger Kolonisatoren über die ehemaligen Kolonien durch politische und wirtschaftliche Institutionen verstanden (Rao 2000). Neokolonialismus ist ein integraler Bestandteil des postkolonialen Ansatzes und macht diesen nicht überflüssig. Das Problem der Repräsentation und das

Paradox bei postkolonialen Forschern und Theorien bestehen jedoch weiterhin. Obwohl postkoloniale Ansätze eine analytische Methode bieten, sind sie in der Bereitstellung einer Lösung begrenzt. Autoren haben sich auf Neokolonialismus zusammen mit reproduktiver Gerechtigkeit für eine ergebnisorientierte Analyse der grenzüberschreitenden reproduktiven Versorgung bezogen, wie sie am Schluss dieses Kapitels diskutiert wird (Fulfer 2017). Intersektionalität als analytischer Ansatz wird weitgehend von postkolonialen Schriftstellern sowie Forschern angewendet, die den neokolonialen Ansatz verwenden.

Im indischen Leihmutterschaftsbasar sind die Wunscheltern die anderen Hauptkonsumenten des reproduktiven Biomaterials, das von der kommerziellen Leihmutterschaft gebraucht wird. In diesem Kapitel beschreiben die Wunscheltern ihre Erfahrungen und Vorlieben und wird der postkoloniale/neokoloniale Ansatz untersucht. Die folgenden Fallstudien berichten über die Erfahrungen von zwei Wunscheltern aus Kanada (wo Leihmutterschaft legal ist), von zwei Wunscheltern aus Deutschland (wo Leihmutterschaft verboten ist) und einem nicht ansässigen Inder (NRI). Wie bereits in Kap. 5 erwähnt, wurden auch hier Pseudonyme verwendet, um die Vertraulichkeit der Teilnehmer zu wahren.

1. Caroline: Kanada

Ich traf Caroline zum ersten Mal bei einer Babyparty, die in einem der Leihmutterhäuser in einer kleinen Stadt in Gujarat stattfand. Sie stimmte zu, an meiner Studie teilzunehmen und bat mich, sie am nächsten Tag wieder im Hotel zu treffen, in dem sie wohnte. Als ich am nächsten Tag im größten Hotel dieser kleinen Stadt (ein Drei-Sterne-Hotel) ankam, sprach sie am Telefon mit den Beamten der kanadischen Botschaft in Mumbai. Ich wartete in der Cafeteria und sie gesellte sich eine Stunde später zu mir. Sie entschuldigte sich, dass es der Geburtstag ihres Mannes war und sie so lange mit ihm gesprochen hatte. Die Schwester ihres Mannes würde bald aus Kanada anreisen, um ihr zu helfen, die Kinder zurückzubringen. Als wir etwas Tee bestellten, begann sie über das Essen in Indien zu sprechen. „Ich habe das Essen satt, ich kann es kaum erwarten, zurückzukehren. Es ist nicht nur so, dass das Essen scharf ist, sondern es ist so schwer und reich an Ghee, Butter und Gewürzen. Ich habe angefangen, das Essen zu meiden und ich bin auch nicht veg(etarisch), also habe ich Heißhunger, oh Gott! Gestern konnte ich nicht aufhören, von Steak zu träumen. Es reicht nicht aus, dass es Essen und Unterkunft geben sollte. Wenn man älter wird, wird es immer spezifischer, welche Art von Essen und Unterkunft man braucht."

Die Leihmütter hatten mir erzählt, dass sie in den Leihmutterhäusern überfüttert wurden, in der Erwartung, größere Kinder zu bekommen. Ich sprach mit ihr über meine Erfahrung mit zu viel Essen, das in Lunchboxen den Leihmüttern serviert wurde. Ich erzählte ihr, dass ich die gleiche Lunchbox bekam, die die Leihmütter aßen und das Essen war viel zu viel. Der gleiche Tiffin-Anbieter, der Lunchboxen an die drei Leihmutterhäuser lieferte, versorgte auch das Hostel, in dem ich wohnte, mit Essen. Ich sagte zu ihr: „Ich habe sie gebeten, den Tiffin auf ein Viertel zu reduzieren, da ich unmöglich zweimal am Tag so viel essen kann (6 Chapathis, eine Box Reis, Dallinsen Gemüse und Joghurt). Außerdem war das Essen nicht von sehr guter Qualität und so eintönig, dass ich es satt habe, das zu essen, obwohl ich erst seit weniger als einem Monat hier bin." Caroline sagte mir, es sei nicht ihre Aufgabe herauszufinden, was die Leihmutter eigentlich wollte. Sie war der Meinung, dass dies die Pflicht des Arztes sei, da sie ihn dafür bezahlte.

Caroline empfand ihre Ess- und Lebensgewohnheiten als sehr spezifisch und fühlte sich bei Änderungen dieses Musters unwohl. Sie zog es jedoch vor, das Leben der Leihmutter zu stören, indem sie sie von ihren Familienmitgliedern fernhielt, einschließlich einer Trennung von ihren kleinen Kindern, und Änderungen in ihrem Ess- und Lebensstil während der Schwangerschaft vornahm. Sie selbst war hauptberuflich tätig und ihr Mann besaß eine Computerfirma in Kanada. Sie sehnte sich nach einem Kind hatte mehrere Runden IVF durchlaufen und erklärte, dass sie am Rande des Selbstmords stand. Sie adoptierte zuerst ein Mädchen aus einem anderen südostasiatischen Land. Sie war jedoch mit einem Kind nicht zufrieden, da alle ihre Geschwister mehrere Kinder hatten und sie sich ohne viele Kinder unvollständig fühlte, so dass sie daran dachte, für eine Leihmutterschaft nach Indien zu kommen. Ihr Mann war nicht dafür, aber sie überzeugte ihn. Sie hatte die Eizelle ihrer Freundin und die Spermien ihres Mannes für diesen Prozess verwendet. „Mein Mann ist ein Deutscher und ich wollte einen Jungen mit deutschem Phänotyp. Jetzt hat mein Junge diese typischen deutschen Merkmale."

Sie erzählte mir, dass sie diese bestimmte Klinik gewählt hat, weil diese keine Vorauszahlung verlangt, bis das Baby übergeben wird. Caroline war zufrieden, dass sie (die Leihmutter) während der Schwangerschaft nur geringe Ratenzahlungen erhielt. Die Leihmütter in dieser Klinik wurden (25 €) pro Monat und (5500 €) am Ende bezahlt.

„Eines der Dinge, die mich dazu brachten, in diese Klinik zu kommen, war die Art und Weise, wie das Zahlungsschema funktioniert. Während einige der anderen Ärzte viel Geld im Voraus verlangen, nimmt diese Klinik Geld für die IVF-Behandlung und nur eine geringe Zahlung für die Leihmutter, aber man zahlt tatsächlich erst ganz am Ende … es ist ein guter Anreiz für sie (die SM), das Baby zu behalten und nicht viel zu arbeiten, damit sie nicht eine Fehlgeburt hat. Sie (die SM) wird eigentlich nicht sehr gut entschädigt, wenn sie das Baby bis zum Ende trägt."

Die umständliche Papierarbeit, die von einigen anderen Kliniken verlangt wurde, war ein weiterer Grund, warum sie diese bestimmte Klinik bevorzugte: „Die anderen Ärzte verlangen eine sehr detaillierte Anamnese, aber diese Ärztin ist an all dem nicht interessiert. Mit ihr (der Ärztin) ist es eine Sache des Glaubens, des Vertrauens, und obwohl es ein Risiko aus der Perspektive der Wunscheltern ist, ist es das wert." Im Allgemeinen wählte sie Indien, weil die Leihmütter weniger Rechte über das Baby haben, „obwohl es in meinem Land legal ist, ist der Prozess sehr komplex und viel teurer als (in) Indien. Das Gesetz erwartet, dass Leihmütter in Indien alle Rechte an dem Baby sogar vor Beginn der Leihmutterschaft abtreten, was eine große Erleichterung ist". Caroline erzählte mir auch: „Ich bin froh, dass sie (die Leihmutter) während der Schwangerschaft überwacht wurde, ihr Essen und ihr Alltagsleben während der Schwangerschaft wurde betreut."

Die Leihmutter, Ujwala, brachte Zwillinge zur Welt (ein Mädchen und einen Jungen) und während der Passantragsprozess eine Weile dauerte, wollte Caroline, dass die Leihmutter sich um die Babys kümmert. Während Caroline in einem der Hotelzimmer wohnte, blieben Ujwala und die Kinder im angrenzenden Zimmer. Ujwala wurde gebeten, die Kinder direkt zu stillen, während sie im Hotel bei ihnen war; Caroline hatte auch eine weitere Helferin eingestellt, um Ujwala bei den Kindern zu unterstützen. Sie war verärgert, dass die Kinder mehr auf Ujwala als auf ihre eigene Stimme reagierten: „Wenn ich etwas sage, reagieren sie nicht auf mich, aber wenn Ujwala etwas in ihrem hohen Ton sagt, reagieren sie sofort auf sie. Sie scheinen sich bei ihr wohler zu fühlen." Ich beobachtete auch, dass sie kaum in das angrenzende Zimmer ging, in dem Ujwala und die Kinder wohnten, außer um zu sehen, ob sie etwas brauchen oder um sie zu begleiten, wenn die Kinder zur Untersuchung in die Klinik gebracht werden mussten. In diesem Fall war die Interaktion hauptsächlich zwischen Caroline und Ujwala. Der Wunschvater hatte nicht viel mit Ujwala oder ihrem Ehemann interagiert. Auch Caroline hatte wenig mit Ujwalas Ehemann interagiert. Ujwala wusste nicht, wessen Gameten sie in ihrem Bauch getragen hatte. Sie wusste nicht, dass es nicht Caroline, sondern ihre Freundin war, die die Eizellenspenderin war. Während eines Gesprächs sagte sie mir: „Ich habe die Babys ausgetragen, aber sie sind nicht meine, sie gehören (genetisch) zu diesem Paar; das Mädchen sieht aus wie der Vater und der Junge sieht aus wie die Mutter." Ich frage mich, ob das Wissen, dass die Babys, die sie ausgetragen hat, genetisch nicht Carolines waren, Ujwalas Erfahrung verändert hätte. In den nächsten Wochen wurde ich ein regelmäßiger Besucher des Hotels, auch weil Caroline und Shyamala (Wunschmutter 3) versuchten, Nannys zu rekrutieren, die sie von Indien nach Kanada mitnehmen wollten, und ich wurde als ihr Übersetzer in diesen Prozess einbezogen.

Ich begleitete Caroline und die Kinder in der folgenden Woche zur Klinik, da sie einen Termin zur Beschneidung vereinbart hatte. Diesen wollte sie absagen, weil sie sich wegen der Kompetenz des Arztes unsicher war, worauf Dr. Harnish (Dr. Nishas Ehemann) gerne einwilligte dies zu übernehmen, da er es sehr schwierig fand, einen anderen Arzt zu finden.

Während die Krankenschwester die Babys wog, begann Caroline mit Dr. Harnish zu sprechen.

Caroline: „Eine Sache, Ujwala bleibt bei uns und sie wird dort bleiben, bis Lukaz geht, weil wir zwei Zimmer im Hotel haben, dann gehen wir zurück in ein Zimmer. Also, geht sie (Ujwala) zurück in das Leihmutterheim in der Klinik, damit sie weiter stillen kann? Im Moment wohnt sie im Hotel, aber ab Sonntag kann sie zurückkommen."
Harnish: Was möchten Sie tun?
Caroline: Ab Sonntag möchten wir, dass sie ins Krankenhaus zurückkehrt.
Harnish: In Ordnung.

Caroline: Das andere ist, dass sie (Ujwala) seit dem 21. Juli für uns stillt, daher möchten wir ihr etwas zusätzliches Geld geben.
Harnish: Wir haben sie bereits extra für ihre Dienste bezahlt, weil sie Zwillinge hatte und jetzt möchten Sie sie extra für die Hilfe beim Stillen bezahlen?
Caroline: 300 US$ extra. Wir möchten Ihnen dieses Geld geben, damit …
Harnish: Sie könnte dieses Geld hier und da ausgeben. Das sind 15.000 Rs. und ich kann ihr nicht sagen, wo sie dieses Geld ausgeben soll. Wir werden sie fragen, der Zweck war ein Haus und sie sollte es für diesen Zweck verwenden.
Caroline: Ich möchte zusätzlich 1000 US$ auf ihr Konto für ihre Verwendung einzahlen.
Harnish: Jedes Geld, das Sie ihr geben möchten, müssen Sie über uns gehen, es gibt keinen anderen Weg. Was ich vorschlage, ist, dass Sie das Geld auf mein Konto überweisen und ich es auf ihr Konto überweise.
Caroline: Okay, ich habe eine Idee. Wir können sagen, Ujwala, du hast gestillt, also eröffnen wir ein Konto für dich und deinen Sohn mit 1000 US$.
Harnish: Mein Vorschlag ist, damit etwas zu warten. Wenn sie knapp bei Kasse ist, dann machen wir es so, ansonsten warten wir, weil diese Leute das Geld hier und da ausgeben. Wir müssen also sicher sein und das Geld auf die Bank einzahlen.

Die erste Frage wurde zu einem Vorschlag und dann zu einem Befehl, und in der Regel wird das, was die Wunscheltern verlangen, befolgt, weil sie die Käufer sind. Ujwala wohnte im Hotelzimmer mit den Kindern und Caroline wollte, dass sie nicht in ihr Haus zurückkehrt, sondern in das Leihmutterheim und weiter stillt, wobei sie die Pumpe benutzt, womit Dr. Harnish einverstanden war, ohne die Meinung der Leihmutter zu berücksichtigen. Als Käufer haben die Wunscheltern volle Kontrolle über die Leihmutter, ihren Körper, ihre Gebärmutter, ihre Muttermilch und ihre Dienste als Nanny, solange sie bedient werden wollen.

Harnish fragte auch nicht Ujwala, ob sie mehr Geld wollte oder ob ihr Wunsch, ein Haus zu kaufen, durch das Geld erfüllt wurde, das Caroline ihr zahlte. Tatsächlich fehlte Ujwala Geld (ca. 100.000 Rs., etwa 2000 CAD) und sie musste den Leihmutterschaftsprozess wiederholen. Für Harnish war es profitabler, wenn Ujwala für eine weitere Leihmutterschaft zurückkam, als wenn ihr Wunsch in dieser Runde der Leihmutterschaft erfüllt werden würde. Caroline kehrte in dem Glauben nach Kanada zurück, sie habe ihr Bestes getan, um einer armen Familie zu helfen, und Ujwala wiederholte die Leihmutterschaft später, um das Haus zu kaufen, das sie sich wünschte.

Als die Zeit des Abschieds näher rückte, sagte Ujwala: „Ich bin glücklich, diesen Kindern das Leben geschenkt zu haben, aber ich muss sie (die Kinder) als Geschenk (an dieses Paar) weggeben, obwohl mein Herz weh tut (sie zuckt zusammen, als sie das sagt), diese Kinder sind ein Teil meines Lebens, aber der Deal (der Vertrag) wurde von Anfang an gemacht und ich muss ihn einhalten, indem ich sie weggebe“. Eines des Babys beginnt während dieses Gesprächs zu weinen, sie legt es auf ihre Schulter und versucht mit sanften Klapsen, den Säugling zu beruhigen. Caroline, auf die Bindung zwischen der Leihmutter und dem/den Kind(ern) und das Trauma nach der Aufgabe angesprochen, sagte: „Ich bin mir nicht sicher, ob die Leihmütter oder der Arzt in der Klinik selbst jemals den Ausdruck ‚das Baby weggeben' verwenden würden" – völlig ahnungslos, dass Ujwala genau dieses Wort „weggeben" gerade in ihrer Gegenwart verwendet hatte. „Solche Worte werden in der Regel von den Medien und den Menschen, die sie interviewen, eingeführt", fuhr sie fort, „aber von Anfang an versuchen die Ärzte, die Leihmütter so zu beraten, dass die Leihmutter sich bewusst ist, dass die Babys nicht ihre sind, um sie ‚wegzugeben' und dass sie aus Embryonen stammen, die den biologischen Eltern gehören". Die Leihmütter erzählten mir, dass es das ist, was den Wunscheltern immer wieder erzählt wird und was die Ärzte sie glauben lassen.

Nachdem Caroline mit den Babys nach Kanada abgereist war, hatte sich das Mädchen einigermaßen an die Veränderungen gewöhnt, aber der Junge war sehr unruhig: „Es kann sehr schwierig sein, ihn zum Aufhören zu bringen ... wenn das Weinen wirklich eskaliert, wird er apoplektisch." Sie beklagte sich darüber, nicht genug Hilfe zu haben, sie hatte keine Nanny gefunden und kämpfte mehrere Monate mit den Kindern, bis sie eine (eine junge philippinische Frau) fand, die engagiert war und gut mit den Kindern zurechtkam. Radikale Feministinnen und Verhaltenswissenschaftlerinnen haben die Ausbeutung von Frauen of Colour als Nannys zur Entlastung der Haushalts- und Kinderbetreuungslast der weißen Frauen/Elitefrauen beobachtet und kritisiert (Fudge 2011; Hochschild 2000; Raymond 1993). Darüber hinaus wird die Auswirkung dieser Praxis auf die Kinder von den Ärzten und ebenso von den Wunscheltern völlig trivialisiert.

Bezüglich der Auswirkungen der Aufgabe auf die Leihmütter nach mehrmonatiger Bindung und Stillzeit sagte Caroline: „Mir wurde gesagt, dass einige Ärzte empfehlen, dass die Leihmutter nach der Geburt nicht zu viel Zeit mit dem Baby (den Babys) verbringen sollte, um den Trennungsschmerz zu minimieren. Tatsächlich waren unsere Gründe, sie einzuladen, so viel Zeit mit uns zu verbringen, wirklich dazu da, uns bei der Betreuung unserer Babys durch Bereitstellung von Muttermilch und zusätzlicher Babypflege zu helfen. Da sie bereitwillig half, könnten einige unserer Gründe als egoistisch betrachtet werden. Obwohl wir auch daran interessiert waren, sie besser kennenzulernen und eine Beziehung aufzubauen, frage ich mich manchmal, ob wir ihr einen Bärendienst erwiesen haben, da sie unmittelbar nach der Geburt weit weniger interessiert und an die Babys gebunden war."

Nach ihrer Rückkehr nach Kanada versuchte Caroline, den Kontakt zu Ujwala aufrechtzuerhalten, aber es gab Einschränkungen. Eine davon war, dass sie keine gemeinsame Sprache hatten und eine weitere Einschränkung bestand darin, dass Caroline ihre Kontaktdaten nicht mit Ujwala teilen wollte. Ich bin mir nicht sicher, ob dies eine weitere Anweisung war, die ihr von der Klinik gegeben wurde. Caroline kannte Ujwalas Telefonnummer, hatte aber nie versucht, ihr Haus zu besuchen. Als sie von meinem nächsten Besuch in Gujarat erfuhr, sagte sie mir, dass sie mir Fotos der Kinder per E-Mail schicken wird. „Ich werde eine Reihe von Fotos zur Verfügung stellen, damit du sie Ujwala geben kannst. Wir wären sehr dankbar, wenn du sie treffen und die Bilder durchgehen könntest. Hoffentlich findet sie einen Weg, ihre Lieblingsfotos auszudrucken." Es wurde eine solche Angst, so Ujwala, von der Klinik geschürt, indem die Klinik die Leihmütter und ihre Familienmitglieder als „Geldgierige" und „Erpresser" darstellte.

Caroline wollte nichts tun, was in irgendeiner Weise gegen die Regeln der Klinik verstoßen könnte. Eine der Regeln war, dass alle finanziellen Transaktionen zwischen den Wunscheltern und den Leihmüttern über die Klinik abgewickelt werden sollten. Caroline hatte Geld auf ein Treuhandkonto für Ujwalas Sohn eingezahlt, das er nach Erreichen des 18. Lebensjahres abheben konnte. Caroline hatte im Voraus einen Pflegekurs finanziert, in den Ujwala sich kurz nach ihrer Abreise einschrieb. Als teilnehmende Beobachterin war ich in der Klinik, als sie den Wunsch äußerte, Ujwala mehr Geld zu geben, da sie erfuhr, dass ihr Bedarf, ein Haus zu kaufen, nicht erfüllt worden war. Aber der Arzt sagte ihr, sie solle dies nicht tun, da die anderen Leihmütter dann auch mehr Geld verlangen würden; „wir wollen die Leihmütter nicht verderben, verstehen Sie, was ich meine". Für den Arzt würde es bedeuten, eine weitere Leihmutterschaft und mehr Geschäft, wenn Ujwala den Prozess wiederholen würde. Ujwala schloss ihren Pflegekurs ab und wiederholte eine weitere Leihmutterschaft. Sie lebte nur in einem Raum mit ihrem Ehemann und Kind, ohne Toilette oder Badezimmer und wünschte sich, etwas Ähnliches kaufen zu können. Caroline hatte von der Klinik erfahren, dass Ujwala eine weitere Leihmutterschaft machen wollte und sagte mir, dass sie darüber unglücklich war. Sie hatte das Gefühl, dass es ein besonderes Gefühl war, das sie mit ihr teilte. Sie bat mich, Ujwala zu sagen, dass „wir sie vermissen und oft (wahrscheinlich jeden Tag) an sie denken. Bitte sagen Sie ihr, dass sie für immer in unseren Herzen und Gedanken sein wird. Wir wünschten, es gäbe einen einfachen Weg, Kontakt aufzunehmen und sie häufiger zu sehen. Wir haben versucht, sie zu Weihnachten anzurufen, aber wir glauben, dass Subashs[2] Vater das Telefon abgenommen hat. Er erklärte, dass sie nicht zu Hause war." (Abb. 6.1).

So aufrichtig Carolines Motivation auch scheinen mag, sie war von Natur aus ausbeuterisch, denn obwohl Leihmutterschaft in Kanada legal ist, wählte sie Indien für die Leihmutterschaft, weil Frauen dort weniger Rechte über ihren Körper und das Kind (die Kinder) hatten, im Gegensatz zu ihrem Heimatland, wo Frauen durch das Gesetz geschützt waren und daher bessere Entscheidungsrechte hatten. Diese Motivation schließen sich der Vorstellung des Anderen an, indem sie die Verletzlichkeit dieser Frauen ausnutzen. Sie bevorzugte ein Kind (Kinder) mit dem Phänotyp ihres Ehemannes (Deutscher), obwohl sie ein Kind aus Vietnam adoptiert hatte. Mehrere Feministinnen haben dies als patriarchale Hegemonie beschrieben und diese Art von präferentiellen Phänotypen als eine Form von Rassismus stark kritisiert (Rothman 2000; Berkowitz und Snyder 1998; Raymond 1993). Die Terminologie, die sie zur Beschreibung der Frau, die die Kinder zur Welt gebracht hatte, verwendete, war genau die, die der Arzt benutzte, die Leihmutter. Eine weitere Rhetorik, die aus diesem Fall hervorgeht, ist die Bedeutung der Abstammung und genetischen Bindung mit dem Kind, die Vorrang vor der

[2] Subash ist Ujwalas Sohn.

Abb. 6.1 Ujwala zu Hause mit ihrem Ehemann und Sohn. (Foto aufgenommen von der Autorin, 15. November 2009)

Geburtsmutter hat. Die Bezahlung für die Gameten und für das Verfahren bestimmte das Eigentumsrecht der Wunschmütter über das Kind und den Körper der Leihmutter. Dies sind nicht Weiteres als Anzeichen für eine andere Form der Rekolonisierung über das Biomaterial (Körper, Gameten, Embryonen und Kinder).

Wie andere Dimensionen der Staatsbürgerschaft, unterzieht sich auch die „biologische Staatsbürgerschaft" einer Transformation und reterritorialisiert sich entlang nationaler, lokaler und transnationaler Dimensionen im Kontext der transnationalen Leihmutterschaft. „Biologische Staatsbürgerschaft" beschreibt umfassend alle jene Staatsbürgerschaftsprojekte, die ihre Vorstellungen von Bürgern mit Überzeugungen über die biologische Existenz von Menschen verknüpft haben, als Individuen, als Familien und Abstammungslinien, als Gemeinschaften, als Bevölkerung und Rassen und als Spezies (Rose und Novas 2003). Die Bezahlung für die Gameten bestimmte auch ihr Eigentum an dem Kind und dem Körper der Leihmutter. Dies sind Anzeichen für eine andere Form der Rekolonisierung über Biomaterial (Körper, Gameten, Embryonen und Kinder). Dies ist auch eine flexible Form der biologischen Staatsbürgerschaft, weil Menschen den Staat umgehen, indem sie Dienstleistungen in Anspruch nehmen, die in den Herkunftsländern gesetzlich verboten sind. Wie von Whittaker und Leng erwähnt, „war der Zugang zur Gesundheitsversorgung bisher von dem Status als Bürger eines bestimmten Nationalstaates abhängig, nun wird er zunehmend durch den wirtschaftlichen, Verbraucher- oder

Versicherungsstatus, die Mobilität und den biologischen Status vermittelt. Der Gedanke eines Rechts auf Gesundheit als universeller Anspruch wird innerhalb eines globalen Marktes neu formuliert" (Whittaker und Leng 2016: 13). Ein weiterer wichtiger Aspekt in Indien in Bezug auf den Ausschluss von Gesundheitsdienstleistungen ist das Fehlen von Gesundheitsdienstleistungen für lokal ansässige, unfruchtbare Paare im Vergleich zu den Dienstleistungen, die für Reisende bereitgestellt werden.

2. Shyamala: Kanada

Caroline stellte mir Shyamala und Suresh vor, die ebenfalls aus Kanada kamen und Babys durch Leihmutterschaft bekommen hatten und für einen Monat im selben Hotel wohnten. Suresh ist von Beruf Computeringenieur und leitet ein IT-Unternehmen in Kanada und Shyamala ist Hausfrau. Als wir ihr Zimmer betraten, kam Shyamala mit einem Baby auf dem Arm aus dem Raum, sie hatte die Kinder zusammen mit Supriya (der Leihmutter) gebadet und massiert. Sie erklärte: „Wir haben zwei Zimmer, ich halte die Babys bei den Nannys (die Leihmutter und eine zusätzlich angestellte Nanny waren im anderen Zimmer mit den Babys) und ich bin dazwischen (den beiden Zimmern). Ich habe ein Mädchen und einen Jungen." Suresh ist Tamile und Shyamala ist Singhalesin, beide ursprünglich aus Sri Lanka und jetzt in Kanada ansässig. Sie stellte ihre ältere Tochter (Gautami) vor, die auf natürliche Weise von dem Paar geboren wurde. Sie ist „mein Engel, mein großes Baby-Mädchen", sagte sie. Sie war etwa fünf Jahre alt, saß in der Mitte eines großen Bettes und warf uns nur gelegentlich einen Blick zu zwischen ihren Wii-Spielen, während Suresh ein Cricket-Spiel anschaute.

Shyamala begann zu erzählen, warum sie sich für eine Leihmutterschaft entschieden haben und warum in Indien. „Nach meiner ersten Geburt hatten wir eine Reihe von Fruchtbarkeitsproblemen. Zunächst dachten wir, ein Kind, das reicht. Aber dann wollten wir mehr Kinder, hauptsächlich weil wir wollten, dass unsere ältere Tochter Geschwister hat, wenn sie aufwächst. Alle ihre Cousins sind groß und wir wollten, dass sie Geschwister hat, die sie (Gautami) immer wollte. Wir hatten eine Reihe von IVF und all das und wir wurden auch älter. Wir haben viel Geld ausgegeben, um in Kanada schwanger zu werden. Ich wurde ein paar Mal schwanger, aber trotzdem das eigentlich ein sehr gutes Programm ist, klappte es nicht. Wir wollten nicht zu alt werden und noch mehr Zeit verschwenden und einer unserer Freunde schlug Leihmutterschaft vor. Wir hatten vorher nicht darüber nachgedacht. Meine Freundin hatte eine Dokumentation über die Klinik im Fernsehen gesehen und sie empfahl mir, das zu tun, weil sie sehr beeindruckt von der ganzen Sache war und sie wollte, dass ich es ausprobiere."

Shyamala war anfangs zögerlich gegenüber der Leihmutterschaft, aber dann machte sie einige Onlinerecherchen zu dieser Klinik und je mehr sie recherchierte, desto mehr wurde sie hineingezogen. Sie stimmte zu, dass es Möglichkeiten der Ausbeutung gibt. Während sie Kliniken in Indien kontaktierte, hatte sie Zweifel an bestimmten Kliniken, aber diese Klinik kümmert sich ihrer Meinung nach sehr gut um alle Leihmütter, so dass sie das Gefühl hatte, sie sollte nach Indien gehen und es versuchen. Sie sagte: „Ich habe

Zeitungsartikel über diese Klinik gelesen, einige Dokumentarfilme gesehen und die Website der Klinik durchgesehen." Obwohl sie einige Schwierigkeiten erlebt hatte, „war es irgendwie hart, der gesamte Prozess, das Warten auf die Ergebnisse und die Höhen und Tiefen, aber am Ende sind wir mit diesen Babys gesegnet".

„In Kanada wird Leihmutterschaft nicht wirklich gefördert, aber wenn man es außerhalb von Kanada macht, gibt es kein Problem, die Babys mitzunehmen", fügte Suresh hinzu, „sie sind völlig gegen Leihmutterschaft für Geld in Kanada." Shyamala sagte: „Wenn Sie Freunde oder Familienmitglieder haben, die wirklich nett zu Ihnen sind und es kostenlos machen würden, dann können Sie die medizinischen Kosten erstatten." Laut ihnen „kann man ihnen die Lebenshaltungskosten, Wohnen, Schule geben, man kann eine Rechnung bezahlen, aber eine Pauschalsumme ist nicht akzeptabel. Aber wenn es außerhalb der Grenzen passiert und das Kind nachweislich genetisch mit den Wunscheltern verwandt ist, dann wird es als ihr Kind angesehen, das für Kanadier außerhalb des Landes geboren wurde. Wenn kanadische Diplomaten hier Kinder bekommen, wird das gleiche Muster für die Leihmutterschaft verwendet".

Shyamala war sehr zufrieden mit den Leihmüttern. „Die Mütter sind sehr gut. Ich behandle meine Leihmutter (Supriya) wie meine Schwester, sie ist da, ich kann jederzeit die Babys bei ihr lassen und gehen, überhaupt kein Problem. Sie gibt Ananya (dem Baby-Mädchen) Muttermilch, weil sie sehr klein ist. Wir geben beiden Kindern auch Formula-Babynahrung. Dieser Kerl (der Baby-Junge) bekommt einmal am Tag Muttermilch, um sein Immunsystem in Gang zu halten." Sie erwähnte die vorherige Woche, als Supriyas Sohn krank war, „ich bot ihr an, nach Hause zu gehen, im bei ihrem Sohn zu sein und zurückzukommen (wenn es ihm besser geht). Nachdem sie zunächst zugestimmt hatte, dass sie kurz nach Hause gehen und ihren Sohn besuchen würde, entschied sie sich dagegen. Meine Mutter und meine Schwester sind beide zu mir nach Hause gekommen und haben mir gesagt, ich soll mir keine Sorgen machen, sagte sie. Er wird versorgt, ich habe mit ihm am Telefon gesprochen, also gehe ich nicht." Laut Shyamala „will sie (Supriya) die Babys nicht verlassen; sie will sicherstellen, dass die Babys Muttermilch bekommen und sie ist sehr engagiert. Also ist sie wirklich nett, ich habe eine sehr gute Beziehung zu ihr, sie ist sehr süß. Ich denke, die Mehrheit der Leihmütter sind sehr freundlich und nett und engagierte Leihmütter. Ein oder zwei schlechte Elemente. Ja, die haben wir in jeder Gemeinschaft, aber diese Leute sind nett."

Suresh sagte: „Wir haben einen Treuhandfonds für diesen Jungen (Supriyas Sohn) eingerichtet." Shyamala und Suresh wollten immer wissen „warum sie das (Leihmutterschaft) durchmacht", hatten aber während der Schwangerschaft keine Gelegenheit, sie zu fragen. Suresh sagte: „Dieses Mal, als wir sie trafen, fragte meine Frau sie und neun-von zehnmal betonte sie, dass sie ihren Sohn erzogen haben will. Sie will, dass das Leben ihres Sohnes anders ist als ihres. Also werden wir einen Treuhandfonds einrichten, zusätzlich zu den Gebühren für die Leihmutterschaft, so wird es eine Grundlage für dieses Kind geben, eine bessere Zukunft zu haben." Shyamala fügte hinzu: „Während diese Babys bei uns aufwachsen, wollen wir auch eine gute Ausbildung für ihren Sohn. Wir werden in Kontakt bleiben, wir werden Fotos von schicken, wir werden immer mit ihr korrespondieren. Sie wird Teil unserer Familie sein.“ Aber die Sprache würde ein Hindernis sein. Später, als ich Supriya zusammen mit Shyamala besuchte, stellte ich fest, dass sie kaum miteinander sprechen konnten. Es war die andere Nanny aus Nepal, die besser Englisch sprechen konnte und die Rolle einer Übersetzerin spielte. Anscheinend hatte Supriya den Wunsch geäußert, mit den Kindern in Kontakt zu bleiben. Shyamala sagte: „Supriya wird Englisch lernen müssen, denn meine Kinder werden niemals Gujarati oder Hindi sprechen.“ Suresh schlug einen Englisch-Crashkurs vor, den sie machen sollte, wenn sie mit den Kindern sprechen will. „Ich denke, wir sollten sie in einen Englischkurs einschreiben. Sie spricht jetzt ein wenig Englisch, weil sie schon eine Weile bei uns ist (fast einen Monat).“ Suresh sagte: „Unsere ältere Tochter, Gautami, ist dem ganzen Prozess gegenüber auch recht offen.“ Shyamala fügte hinzu: „Sie mag sie (Supriya) auch, neulich hat sie mir gesagt, Mama, ich wünschte, wir könnten Supriya mit nach Kanada nehmen. Auch Supriya sagt mir, wenn es nicht wegen ihres Sohnes wäre, würde sie ihren Mann verlassen und mit mir nach Kanada kommen.“

Es war Mittagszeit und Shyamala sagte: „Sie können sehen, ich werde jetzt in ihr Zimmer gehen und sie kann von der Speisekarte bestellen, was sie möchte. Sie hat es jetzt irgendwie satt, das Menü zu essen, also versuchen wir, etwas Essen von außen zu bekommen. Also ist es so, wann immer sie etwas möchte, kann sie es mir sagen. Das erste Mal, als wir zur kanadischen Botschaft in Mumbai gingen, kam sie mit uns. Das war ihre erste Erfahrung in einem Flugzeug, sie war so aufgeregt, wir kauften ihr dann einige Kleidungsstücke. Sie ist wirklich glücklich. Ihr Sohn wollte einen Fernseher, also gingen wir und kauften einen Fernseher. Sie werden ihn heute (zu ihrem Haus) liefern. Sie rief ihren Mann an und auch ihr Mann ist aufgeregt. Unsere Bindung ist wirklich schön. Es ist eine Win-Win-Situation, oder? Wir haben unsere Babys, sie hat uns unsere Babys gegeben und im Gegenzug hat sie etwas bekommen, das sie in ihrem Leben sonst nicht bekommen würde. Denn sie arbeitet als Pförtnerin in einer Schule, ihr Mann ist Elektriker. Sie kommt aus einem kleinen Dorf. Ihr ganzes Haus ist nicht einmal halb so groß wie dieses Zimmer und sie hat nur die allernötigsten Bedürfnisse. Ich denke, die Mehrheit der Frauen ist so. Also machen dieses Geld und diese Geschenke einen riesigen Unterschied in ihrem Leben. Also gewinnen beide Parteien dabei.“

Suresh fragte mich: „Hatten Sie die Gelegenheit, die „Oprah Winfrey“-Show über Leihmutterschaft zu sehen? Darin haben sie jeden Schritt des Leihmutterschaftsprozesses sehr eloquent mit dem Beispiel eines Paares aus den USA dargestellt.“ Auf meine Frage antworteten sie, sie würden nichts an diesem Prozess ändern wollen und waren ziemlich glücklich, abgesehen von der Angst während des Leihmutterschaftsprozesses. Laut Shyamala ist es nicht gut, Leihmütter zu benutzen und sie dann, wie in einigen anderen Kliniken, auf sich selbst zu stellen. Sie sagte, sie habe von Wunscheltern gehört, die der Leihmutter nicht erlaubten, eine Bindung zum Baby aufzubauen: „Nicht jeder ist gleich, man kann es nicht erwarten, man kann es nicht ändern. In Indien wird viel ausgebeutet, schauen Sie, was sie den Bettlern antun, all diesen armen Menschen. Sie kaufen ihre Nieren, ihre Organe für wenige Rupien.“

Sowohl Shyamala als auch Caroline kamen aus Kanada und verbrachten viel Zeit zusammen im Hotel und hatten eine ähnliche Meinung. Beide bestanden darauf, dass diese spezielle Klinik die beste in Indien sei. Sie fühlten eine intensive Verpflichtung gegenüber der Klinik. Sie waren wahrscheinlich völlig ahnungslos über die Probleme, mit denen die Leihmütter im Leihmutterheim konfrontiert waren, und die Probleme, die ihre Familie und die Kinder der Leihmutter haben können, wenn ihre Mutter ein Jahr lang weg ist. Supriya war hin- und hergerissen zwischen der Verantwortung für ihr krankes Kind zu Hause und den Zwillingen, die sie gerade geboren hatte und die sie stillen musste. Es ist unwahrscheinlich, dass die Leihmütter dies den Wunscheltern mitgeteilt haben, angesichts der impliziten guten Beziehung zwischen den Wunscheltern und der Klinik. Es dauerte mehrere Wochen der Interaktion mit den Leihmüttern, ihnen nach Hause zu folgen, in ihre Komfortzonen, bis sie mir schließlich genug vertrauten, um offen über ihre Probleme mit der Klinik, dem Arzt, den Wunscheltern und den Problemen zu sprechen, die sie im Leihmutterheim hatten. Beide kanadischen Wunschmütter verstanden den Leihmutterschaftsprozess hauptsächlich aus einer individualistischen Perspektive und die Sprache, die sie sprachen, die Terminologie, die sie benutzten, war derjenigen des Arztes sehr ähnlich. Shyamala wechselte zwischen der Bezeichnung von Supriya, ihrer Nanny, der Ersatzmutter, Leihmutter und manchmal sogar ihrer Schwester, aber nie mit ihrem Vornamen. Der Mangel an Kommunikation zwischen den Wunscheltern und den Leihmüttern war ein weiterer Punkt, der in diesem Fall zur Sprache kam. Die Wunscheltern hatten eine drängende Frage an die Leihmutter: „Warum macht sie das?" Erstens stimmen sie zu, dass es für eine Frau nicht einfach ist, ein Baby für jemand anderen zu haben und es wegzugeben. Zweitens mussten sie warten, bis sie geboren hatte, um ihr diese Frage zu stellen, so dass klar ist, dass die Klinik eine Torwächterrolle in der Kommunikation zwischen den Wunscheltern und den Leihmüttern spielt. In der Klinik ist eher eine geschäftliche Umgebung: „Sie wollen ein Kind, ich habe eine Frau, die es für Sie tun kann. Sie bezahlen mich dafür, der Rest ist unsere Verantwortung. Sie müssen sich nicht einmischen oder sich Sorgen machen, was wir mit den Leihmüttern machen." Das war auch bei Caroline der Fall, als sie sagte, es sei nicht ihre Aufgabe, zu wissen, was die Leihmutter will. Shyamalas Beschreibung der Leihmutterschaft als „Win-Win-Situation" waren genau die Worte des Arztes und sie praktizierte dies gewissenhaft mit dem Austausch von materiellen Produkten als Geschenke für die Kinder neben der Gebühr, was auch die strukturellen Ungleichheiten und hegemonialen Beziehungen unterstreicht.

3. John: Deutschland

Es war im März 2010 und ich hatte alles über John und seine Zwillinge in den indischen Zeitungen gelesen. Ein Wunschelternteil gab mir zufällig seine Kontaktdaten mit seiner Zustimmung. Wir sprachen zunächst am Telefon und schließlich begannen wir, regelmäßig zu telefonieren. Dann lud er mich nach Jaipur ein, wo er seit mehr als einem Jahr mit seinen Zwillingen lebte. Ich nahm den Rajdhani Express von Mumbai nach Delhi und war ziemlich nervös, da die Ankunftszeit in Jaipur 2 Uhr morgens war. Ich stieg in Jaipur aus und es war kaum jemand auf dem Bahnhof und ich dachte bei mir: „Ich soll einen deutschen Mann treffen, den ich noch nie zuvor getroffen habe, mitten in der Nacht am Bahnhof von Jaipur! und er ist nirgends zu sehen." Nach einer Weile sah ich einen kurzen und stämmigen Mann, der mit seinem Handy am Ohr den Bahnsteig entlangging, und inzwischen hatte mein Telefon zu klingeln begonnen. Es war John, er fragte mich: „Sind Sie die mit der goldenen Brille, einem grünen Kleid, die in der Nähe der Station Master's Cabin sitzt?", Ich sagte: „Ja" und ich fragte ihn: „Sind Sie der mit dem weißen Hemd, der auf mich zugeht und telefoniert?" und wir beide winkten uns zu. Nach dem Händeschütteln gingen wir zusammen aus dem Bahnhof zu einem nahe gelegenen Hotel, wo er ein Zimmer für mich gebucht hatte. Er bestand darauf, einen Platz in einem Hotel zu buchen, da er mit der Stadt vertrauter war. Als wir im Hotel ankamen, wollte er sicherstellen, dass das Zimmer, das sie mir zur Verfügung gestellt hatten, in Ordnung war. Als er den Standort des Zimmers sah, verlor er die Beherrschung und begann, das Rezeptionspersonal anzuschreien: „Haben Sie den Verstand verloren? Wie können Sie einer Single-Frau ein Zimmer neben der Rezeption geben? Es wird Hotelmitarbeiter geben, die nachts herumlaufen und es ist unsicher für sie." Er stürmte mit meinem Koffer aus dem Hotel und ich folgte ihm hastig mit meiner Handtasche. „Diese Idioten haben keinen Sinn", murmelte er. Zu diesem Zeitpunkt war ich sehr müde und alles, was ich wollte, war, in einem Hotelzimmer zu sein, zu schlafen, sicher weg von diesem wütenden Mann und jedem scheinbar missbrauchenden Hotelmitarbeiter. Ich bin ziemlich unabhängig und bin sicherlich nicht daran gewöhnt, dass ein Mann übermäßig besorgt um meine Sicherheit ist. Nach 500 m ging er in ein anderes Hotel und diesmal war er glücklicherweise zufrieden, da sie mir ein Zimmer im ersten Stock gegeben hatten. Er ging in mein Zimmer, untersuchte es, wünschte mir eine gute Nacht und sagte mir, ich solle frühstücken und morgen um 9 Uhr fertig sein. Ich sah auf meine Uhr und es war 3.30 Uhr morgens. Ich wusste jetzt, dass er eine ziemliche Persönlichkeit hatte und ich auf einen abenteuerlichen Tag zusteuerte.

John, ein deutscher Vater, lebte mit seinen Zwillingen (zwei Jungen unter zwei Jahren) in Jaipur, einer Stadt im westlichen Indien, nachdem er an einer Leihmutterschaft in Gujarat beteiligt gewesen war. Die Praxis der Leihmutterschaft ist in Deutschland illegal, daher wurden die Kinder nicht als deutsche Staatsbürger anerkannt. Er wollte unbedingt Kinder haben und nahm das Risiko auf sich, zu einer Klinik in Gujarat zu kommen, da ihm die Klinik versichert hatte, dass viele solcher Paare es geschafft hatten, Indien (unter Umgehung des Gesetzes) mit gefälschten Pässen und Geburtsurkunden zu verlassen und es ein ziemlich einfaches Verfahren sein würde. Nach der Geburt der Kinder hatte er das Land (Indien) verlassen, um nach Osteuropa zu gehen, mithilfe von illegalen Geburtsurkunden und Pässen für seine Kinder. Er wurde an einer Flughafen-Einwanderungskontrolle befragt. Dann wurde er von der indischen Botschaft nach den Pässen seiner Kinder gefragt und es wurde die deutsche Botschaft kontaktiert. Es wurde den Botschaften bald klar, dass er an einer Praxis beteiligt gewesen war, die von der deutschen Regierung als illegal angesehen wird und hatte illegale Dokumente (Pässe und

Geburtsurkunden) aus Indien erworben. Sie waren illegal, weil der auf den Pässen und der Geburtsurkunde angegebene Elternname nicht dem indischen Gesetz entsprach. Die Klinik hatte es geschafft, ihm Geburtsurkunden mit seinem Namen als Vater und dem Namen der Leihmutter als Mutter der Kinder zu geben, was in keinem der beiden Länder legal ist. Er wurde aufgefordert, zusammen mit den Kindern nach Indien zurückzukehren und ihre Pässe abzugeben. Seitdem war er in einen Rechtsstreit mit der indischen und der deutschen Regierung verwickelt. Nach der indischen Regierung waren die Kinder Deutsche, aber nach der deutschen Regierung waren die Kinder Inder, da sie die Leihmutter als Geburtsmutter betrachteten. Er lebte in einem luxuriösen Serviceapartment zusammen mit den Kindern und seiner Mutter (der Großmutter der Kinder).

Das Telefon in meinem Zimmer klingelte um 8 Uhr morgens, es war John, der mich fragte, ob ich auf und bereit war. Ich frühstückte und die Rezeption rief mich pünktlich um 9 Uhr an, dass ein Besucher auf mich wartete. Ich wusste, wer es war und als ich hinunterging, war ich angenehm überrascht, John mit den Zwillingen zu sehen. Die Kinder hatten teilweise indische Phänotypen, schwarze Haare und braune Augen, wie er mir in unseren früheren Gesprächen mitgeteilt hatte, dass er indische Eizellen und seine Spermien für die Leihmutterschaft verwendet hatte. Er sagte mir: „Ich nehme sie nirgendwohin mit; das war ihr erster Ausflug in den letzten Monaten." Später am Tag stellte ich fest, dass der einzige Ort, an den er seine Kinder brachte, der Terrassengarten innerhalb des Serviceapartment-Gebäudes war. Da Serviceapartments in der Regel nur von Geschäftsreisenden frequentiert werden, wurde dieser Terrassengarten nicht von anderen Kindern besucht. Mit anderen Worten und zu meinem völligen Entsetzen, diese Kinder waren praktisch unter Hausarrest gestellt worden und hatten nicht mit lokalen Kindern oder Menschen interagiert, außer mit dem Vater und der Großmutter. Er hatte eine Abneigung gegen Indien und war nicht bereit, seine Kinder auch nur in einen lokalen Park zu bringen.

Seine Frau arbeitete in einem anderen Land und es gab eine Familienroutine, jeden Tag mit ihr über einen Skype-Konferenzanruf zu sprechen und an diesem Tag wurde ich Teil dieser Routine. Wir gingen alle in Richtung des Serviceapartments und als ich die Wohnung betrat, war die Großmutter der Kinder sehr aufgeregt, mich zu treffen und begann auf Deutsch mit mir zu sprechen. „Wie kommst du in Indien ohne Brot aus, ich bringe das ganze Mehl aus Deutschland mit, aber es hält nicht lange?", sagte sie. Für sie war ich jemand, der aus Deutschland gekommen war und mit dem sie teilen konnte, was von ihrem Land sie vermisste. Er zeigte mir die Konserven, die sie aus Deutschland mitgebracht hatte und die ganze Zeit, die er in Indien war, versuchte er sein Bestes, die Kinder mit Essen aus Deutschland zu füttern. Bald mussten wir zum örtlichen Einwohnermeldeamt gehen, und die Kinder begannen zu weinen, als er anfing, sich fertig zu machen, um die Wohnung zu verlassen. Einer der Zwillinge war sichtlich verstörter und er konnte das Haus nicht verlassen. John erzählte mir auf unserem Weg hinaus, dass *Oma,* (seine Mutter) den anderen Zwilling bevorzugte, der ihrer Meinung nach deutsche Eigenschaften hatte und deutsches Essen mochte, daher klammerte sich dieses Kind an ihn. Die Kinder hatten nicht viel frische Luft, grünes Gras oder den Umgang mit anderen

Kindern ihres Alters erlebt. Sie befanden sich in einer schwierigen Situation, gestrandet mit Vater und Oma.

Bei unserem gemeinsamen Besuch im Einwohnermeldeamt wurde mir langsam klar, dass er darauf aus war, mir das Schlimmste von Indien zu zeigen; das System, die Straßen und die Menschen (vor allem, da ich auch mit Deutschland vertraut war). Wir gingen zum Einwohnermeldeamt, da er sich alle drei Monate registrieren lassen musste und es an der Zeit war, dass er seine Registrierung verlängerte. Sie gaben ihm ein Formular, das er auszufüllen begann und nach einer Weile begann er, wieder genervt zu murmeln, und fing schließlich an, sie anzuschreien: „Wie oft wollen Sie die gleichen Informationen von mir immer und immer wieder. Ich schätze, als nächstes wollen Sie auch wissen, welche Marke Unterwäsche ich trage", sagte er auf Englisch. Alle Köpfe drehten sich zu mir, da ich die einzige Frau im Raum war, und an einem konservativen Ort wie Jaipur war es respektlos, in meiner Gegenwart eine solch persönliche Anspielung zu machen. Er spürte dieses Unbehagen, aber es war ihm egal. Später stritt er sich mit einem Autofahrer, weil er uns mehr als den Meterpreis berechnete und sagte ihm: „Glauben Sie nicht an Karma, Sie werden in Ihrem nächsten Leben als Eidechse wiedergeboren." Sehr deutlich war sein Frustrationslevel auf dem Höhepunkt. Ich fragte ihn auf dem Rückweg, ob er jemals wollen würde, dass er und seine Kinder indische Staatsbürger werden, wenn er zufällig 18 Jahre in Indien leben würde und seine Antwort war ein klares „Nein, niemals". Ironischerweise führte er einen Rechtsstreit mit der indischen Regierung, um die indische Staatsbürgerschaft für seine Kinder zu erlangen. Menschen, die den Staat umgehen, indem sie Dienstleistungen in Anspruch nehmen, die in den Herkunftsländern gesetzlich verboten sind, beanspruchen in der Regel die biologische Staatsbürgerschaft in beiden Ländern.

Im Jahr 2010 wurde den Kindern die Erlaubnis erteilt, Indien zu verlassen, da die deutsche Botschaft ihm eine Art Visum zur Einreise nach Deutschland zusammen mit seinen Kindern gab. Nach seiner Ankunft in Deutschland erzählte er mir: „Wir haben immer noch Schwierigkeiten zu realisieren, dass wir endlich zu Hause sind. Vielleicht ist es immer noch nur ein Traum. Aber die Kinder genießen die verschiedenen Emotionen und die Lebensweise um sie herum. Während der ersten Woche rannten beide jeden Tag nach dem Aufwachen am Morgen zum Fenster, um zu überprüfen, ob all die grünen Bäume und ihr Garten noch da sind. Und sie liebten das deutsche Brot sofort."

Er war insgesamt verärgert über den Arzt in der indischen Klinik, der ihm zunächst versichert hatte, das Land problemlos verlassen zu können. Er sagte: „Sie sind Gauner; sie bestanden darauf, dass ich meine Kinder in ein Waisenhaus schicke, als einzigen legalen Ausweg." Laut ihm hatte die Klinik auch die Leihmutter bedroht, zuzugeben, dass sie zusammen mit John für die Erstellung der illegalen Dokumente verantwortlich war und sie musste eine Weile untertauchen. Im Allgemeinen war er verbittert über das, was er als Ineffektivität und Egoismus der indischen Regierung ansah, die ihm Hindernisse in den Weg legte und dies würde auch die Kinder beeinflussen, die in dieser Phase nur mit ihrem Vater und Oma interagierten. Er hatte einen Hass auf dieses Land (Indien) für das, was er und seine Kinder durchgemacht hatten. „Es sollte nicht vergessen werden (wie) die indische Regierung das Problem gehandhabt hat. Indien genießt die Vorteile von Deviseneinnahmen aus der Leihmutterschaft. Es sind Millionen von Dollar, vielleicht Milliarden. Aber das Verhalten der Regierung ist typisch indisch. Die Regierung gibt ahnungslosen Paaren die Schuld für ihre eigene Inkompetenz und ihre Verantwortungslosigkeit wird auf die Paare abgewälzt. Derzeit sind ein weiteres deutsches Paar und ihr neugeborenes Baby in die Falle geraten. Sie haben ihren größten Fehler gemacht: Sie sind nach Indien gegangen, um eine Familie zu sein!"

Seine Motivation, nach Indien zu reisen in Erwartung einer einfachen Prozedur aufgrund der korrupten Zusicherung der Klinik, deutet auch auf die Vorstellung des Anderen hin. Dies wurde noch deutlicher, als er diese Korruption nicht zu seinem Vorteil nutzen konnte und die indische Regierung ihre Gesetze und Regeln auf ihn anwandte, was sie seiner Meinung nach nicht hätten tun sollen, weil sie Einnahmen erzielen, genau wie die Klinik. Er begann dann, dieses Land aus genau den gleichen Gründen zu verfluchen und zu hassen, die ihn ursprünglich in dieses Land gelockt hatten. Er kümmerte sich wirklich um seine Kinder und blieb zwei Jahre lang mit ihnen in Indien. Genau wie Baby Manji wurde die Großmutter einbezogen (Details zum Fall Baby Manji siehe Kap. 2). Aber er hatte seine Kinder durch eine harte Zeit gebracht, die sie wahrscheinlich für den Rest ihres Lebens beeinflussen würde. Darüber hinaus schützte er die Kinder auch vor dem indischen Essen, der Verschmutzung und den Menschen. Er wollte ganz klar seine wertvollen Kinder aus Indien, hasste aber das Land. Dieser Hass könnte sich auch aufgrund seiner zweijährigen Wartezeit im Land entwickelt haben.

Die deutsche Botschaft stellte schließlich Visa für die Kinder aus, unter der Bedingung, dass eine Adoption stattfinden würde. Die Leihmutter hatte jedoch abgelehnt, die Kinder zur Adoption an das Paar zu geben. Die deutsche Seite der Rechtfertigung für die Ausstellung der Visa für die Kinder war, dass die deutsche öffentliche Ordnung nicht verletzt wurde, da die Kinder im Ausland durch Leihmutterschaft geboren wurden, Leihmutterschaft an sich ist keine Verletzung der Menschenwürde. Das Urteil zieht einen Vergleich zur Adoption, insbesondere wenn die Leihmutter keine genetischen Verbindungen zum Kind hat, und sagt, es sei im besten Interesse des Kindes, dass das Paar die rechtlichen Eltern sind, insbesondere wenn ein Wunschelternteil auch der biologische Vater des Kindes ist. Die Bedeutung der Abstammung ist ein bedeutender und bestimmender Faktor für die biologische Staatsbürgerschaft in dieser Fallstudie, ebenso wie beim vorigen Fall aus Kanada. Länder wie Deutschland, die ihren Bürgern den Zugang zu Fruchtbarkeitsdienstleistungen in Ländern wie Indien ermöglichen, werden nicht nur dafür kritisiert, dass sie ihre Verantwortung für die Bedürfnisse ihrer Bürger abgeben, sondern auch dafür, dass sie bereit sind, die Verletzlichkeit verarmter Bürger in weniger wohlhabenden Ländern auszunutzen. Auch die Zielländer wurden dafür kritisiert, den Handel lediglich als Chance für wirtschaftliches Wachstum zu betrachten und damit die Objektivierung ihrer Bürger zu erlauben. Die moralischen Gründe, aus denen es in Deutschland verboten ist, sollten auch auf alle Teile der Welt angewendet und überall verboten werden. Daher ist das postkoloniale Dilemma doppelter Standards, die deutsche Bürger schützen, während andere Bürger ausgebeutet werden können, in diesem

Fall offensichtlich. Wiederum wird die Auswirkung, die dies auf die Kinder hat, von keinem der Beteiligten berücksichtigt.

4. Mary: Deutschland

Bei meinem Besuch in einer Siedlung mit niedrigem Einkommen in der Nähe der Klinik, um eine Leihmutter zu treffen, sah ich sechs Monate alte Zwillinge (ein Mädchen und einen Jungen), die in einem Haus krabbelten und mir wurde gesagt, dass sie deutsche Kinder waren, die durch Leihmutterschaft geboren wurden. Ich erkundigte mich nach ihren Eltern und erfuhr, dass die Mutter anscheinend nur einmal alle drei Monate nach Indien kam. Später erfuhr ich, dass sie ein Touristenvisum hatte, das alle drei Monate ablief. Das Jungenkind hatte Keuchhusten und dem Mädchen ging es auch nicht gut. Der Junge war fast am Verhungern, weil er nicht viel aß. Dieses Haus war nicht das der Leihmutter, die die Kinder geboren hatte, sondern das einer anderen Leihmutter aus der Klinik, die sich als Kindermädchen um sie kümmerte. Zu diesem Zeitpunkt fragte ich mich: „Was denken sich diese Wunscheltern, wenn sie nach Indien kommen?" Man kann sich nur den Zustand von Säuglingen vorstellen, die alle drei Monate in andere Hände gegeben werden. Ich hatte die Gelegenheit, Mary, die Wunschmutter dieser Kinder, bei ihrem nächsten Besuch in Indien zu treffen. Ihre Kinder wurden 2009 geboren, nachdem John mit illegalen Pässen erwischt worden war und die deutsche Regierung aufmerksamer und bewusster für diese Probleme geworden war. Seit ihrer Ankunft war Mary zusammen mit den Kindern in eine luxuriöse Wohnung gezogen. Als ich die Wohnung betrat, fütterte Mary die Kinder, oder man kann sagen, sie überfütterte sie. Sie hatte all die Babynahrung aus Deutschland mitgebracht. Sie beklagte sich, dass ihre Kinder schwach und krank geworden waren und Jyoti (das Kindermädchen) sich nicht gut um die Kinder gekümmert hatte (Abb. 6.2).

Die Wunschmutter Mary war afrikanischer Herkunft, lebte in Deutschland und war mit einem deutschen Mann verheiratet. Sie hatte aufgrund ihrer Gebärmutterschleimhaut Probleme mit der Fruchtbarkeit und hatte mehrere IVF-Versuche zuerst in Deutschland, dann in Spanien und auch in einer beliebten Klinik in Mumbai unternommen. Der Arzt in Mumbai hatte ihr geraten, keine weitere Zeit und kein weiteres Geld für IVF zu verschwenden und sich für eine Leihmutterschaft zu entscheiden. Er empfahl ihr diese Klinik in Gujarat. Ihr Ehemann hatte Indien seit seiner Samenspende nicht mehr besucht. Ihre Leihmutter wurde beim ersten Versuch schwanger und gebar 2009 ein Mädchen und einen Jungen. Sie kam sechs Wochen nach der Geburt in Indien an, in der Zwischenzeit wurden die Babys drei Wochen lang in einem Inkubator gehalten und danach kümmerte sich die Leihmutter in einem Kinderkrankenhaus um die Babys. Mary informierte mich auch, dass sie den doppelten Preis zahlen musste, da die Gebühr in der Klinik pro Kind und nicht pro Leihmutterschaft berechnet wurde. Sie hatte also insgesamt 30.000 € für den Leihmutterschaftsprozess in Indien ausgegeben. Ihre Beziehung zur Leihmutter endete auch mit einer bitteren Note, und seitdem hatten sie keinen Kontakt mehr. Anfangs wollte sie, dass die Leihmutter die Babys weiter stillt und bei der Pflege hilft, also

Abb. 6.2 Autorin mit deutschen Kindern, die durch Leihmutterschaft in Indien gestrandet sind. (Foto aufgenommen von der Autorin, 23. Februar 2010)

brachte sie das Paar (die Leihmutter und ihren Ehemann) in ihre Wohnung. Aufgrund eines Problems zwischen Mary und dem Ehemann der Leihmutter machte sie eine Zahlung und bat sie zu gehen. Dann fand sie ein anderes Kindermädchen (Jyoti), um sich um die Kinder zu kümmern. Sie war auch mit Jyoti unzufrieden, weil sie das Gefühl hatte, dass sie sich nicht gut um ihre Kinder kümmerte, da sie immer telefonierte. Sie vermutete auch, dass Jyoti als Prostitutierte tätig war. Jyoti hatte ein eigenes Zimmer in der Wohnung und hatte viele Besucher, von denen Mary vermutete, dass dies nicht ihre Freunde oder Verwandten, sondern ihre Kunden waren. Sie sagte mir: „Ich denke, die meisten verheirateten indischen Frauen sind in der Prostitution tätig und tun einfach so, als wären sie ‚gute Ehefrauen'".

Sie gab John die Schuld, sich selbst verraten zu haben und dadurch dazu beigetragen zu haben, dass sie sich verstecken musste, da die deutsche Botschaft wachsamer geworden war. Sie wollte, dass die Klinik illegale Dokumente für sie arrangiert, so wie sie es für John getan hatten, aber sie weigerten sich, ihr zu helfen, seit Johns Fall aufgedeckt wurde. Laut Mary: „Dies ist ein armes Land, alles sollte durch Zahlung von Geld möglich sein; man kann den Leuten den Mund stopfen." Sie bat mich sogar, illegale Wege zu erforschen, um die Kinder aus Indien herauszubringen. Sie freute sich, mir mitteilen zu können, dass „ein deutscher Mann eine Leihmutterschaft mit einem unverheirateten Mädchen in Mumbai in Auftrag gegeben hat. Er kann (der deutschen Regierung) beweisen, dass er nach Indien gekommen ist, eine Affäre mit einem unverheirateten Mädchen in Indien hatte und ein Baby mit ihr hat. Also gibt es solche Schlupflöcher und Hoffnungen für uns". Jetzt gibt es einen anderen Ausweg für die Leihmutterschaft, sagte sie glücklich. Ein ähnlicher Fall war bekannt von einem schwulen Paar in Deutschland, das 2010 ein Kind durch Leihmutterschaft von einer unverheirateten Leihmutter in Kalifornien hatte. Die Kinder erhielten die Staatsbürgerschaft aus den gleichen Gründen, die bereits früher in Johns Fall diskutiert wurden.

Mary versuchte, die Kinder nach Afrika, zu ihrem Herkunftsort, zu schmuggeln. Sie gab der deutschen Regierung die Schuld, egoistisch zu sein und das schwierige Gesetz, das ihre Kinder in Indien festhält. „Meine Kinder leben in Indien. Wo immer Menschen leben, ist es ihr Zuhause. Indien sagt, die Kinder sind keine Inder und dass sie nur in Indien geboren wurden und Deutschland sagt, die Kinder sind Inder, weil sie durch Leihmutterschaft geboren wurden, also aus welchem Land kommen die Kinder dann. Alle anderen Kinder, die zur gleichen Zeit (April 2009) oder später geboren wurden, sind nach Hause gegangen, außer meinen Kindern, die das Unglück hatten, in einem boshaften Land wie Deutschland und einem herzlosen Land wie Indien geboren zu werden."

Ihre Motivation, für eine Leihmutterschaft nach Indien zu ziehen, war ähnlich wie die von John; sie erwartete, dass die Korruption ihr dabei helfen würde, illegal mit den Kindern nach Deutschland auszureisen, und die Zusicherung der Klinik veranlasste sie dazu, dies zu glauben. Sie war äußerst voreingenommen gegenüber Indien, dem indischen System, dem Essen und den indischen Frauen. Wie bei John erwies sich diese Leihmutterschaft jedoch als schwieriger Weg, da sie fast ein Jahr lang in Indien untergetaucht war. In diesem Fall waren die Kinder die Leidtragenden, da sie alle drei Monate die Bezugspersonen wechseln und auch ihren Wohnsitz und ihre Essgewohnheiten ändern mussten. Dieser Fall wirft die Frage auf, ob die Wunscheltern, die aus restriktiven Ländern nach Indien kommen, wirklich ahnungslos gegenüber dieser Realität sind, oder ob sie nur verantwortungslos sind, oder ob es ihre überwältigende Verzweiflung ist, die den gesunden Menschenverstand ausschaltet. Wie Carmel Shalev in einem Dokumentarfilm über ARTs *Future Baby* richtig fragt: „Bedeutet das Recht auf Elternschaft,mit allen Mitteln'?" (Arlamovsky 2016), was möglicherweise auf Kosten der Gesundheit und des Wohlbefindens der Kinder, die in diese Welt geboren werden, hindeuten könnte?

5. Gayatri (Leihmutter)–Jignesh aus den USA (ein nicht ansässiger Inder, ursprünglich aus Gujarati)

Ich müsste diesen Fall eigentlich so erzählen, wie ihn Gayatri (die Leihmutter) erlebt hat, denn durch sie und ihren Ehemann wurde ich kurz Jignesh vorgestellt. Das war in der anderen Klinik, ohne Leihmutterheim. Nachdem ich mehr als einen Monat gewartet hatte, hatte der Arzt mich keiner Leihmutter vorgestellt. Eines Tages erhielt ich plötzlich einen Anruf von der Klinik, dass ich sofort kommen sollte, wenn ich mit einer Leihmutter sprechen möchte. Ich nahm eine Autorikscha und erreichte die Klinik innerhalb von zehn Minuten. Eine Krankenschwester bat mich, ihr in ein Patientenzimmer im zweiten Stock zu folgen und sagte der Frau, die darin saß, sie solle mit mir sprechen und meine Fragen beantworten. Ich stellte mich vor und begann, sie und ihren Partner über ihre Erfahrungen mit der Leihmutterschaft zu befragen. Nach jeder Frage flüsterten die beiden miteinander. Als ich nach ihrer Bezahlung fragte, schockierte mich ihre Antwort, da sie viel geringer war als das, was mir die Klinik mitgeteilt hatte und was andere Wunscheltern mir über die Bezahlung gesagt hatten. Bevor ich mich fassen konnte, betrat eine Krankenschwester den Raum und rief sie zu einer Untersuchung herunter. Wir verließen den Raum und ich war sehr enttäuscht, dass mein Treffen mit ihnen so abrupt endete. Wir waren alle zusammen im Aufzug und der Ehemann kritzelte hastig etwas auf ein Stück Papier und steckte es vorsichtig in meine Hände, ohne dass es jemand bemerkte. Nachdem ich die Klinik verlassen hatte, öffnete ich den Zettel und fand eine Handynummer darauf. Am nächsten Tag sollte ich nach Deutschland abreisen. Als ich in Deutschland ankam, rief ich diese Nummer an und eine Frau nahm den Hörer ab, es war Gayatri. Sie war sehr froh, dass ich angerufen hatte und klang wie eine völlig andere Person als die, die ich in der Klinikumgebung getroffen hatte. Sie war fröhlich, glücklich, laut, mutig und redegewandt. Auf die Frage nach diesem Unterschied erzählte sie mir: „Sheela-ben,[3] es gibt Kameras in jedem Raum in der Klinik und uns (sie und ihr Ehemann) wurde gesagt, dass es eine Frau geben könnte, die uns Fragen stellen könnte, aber wir sollten weder über die Bezahlung sprechen noch Ihnen unsere Kontaktdaten geben. Wir wurden gerufen, sobald Sie Fragen zur Bezahlung stellten. Da der Aufzug der einzige Ort ohne Kamera ist, schrieb mein Mann meine Handynummer auf und steckte sie in Ihre Hände." So begann meine Verbindung mit Gayatri und ihrer Familie, die bis heute andauert. Ich war ein regelmäßiger Besucher in ihrem Haus, solange ich in Ahmedabad war. Der Wunschvater hatte ihnen gesagt, dass sie ihren Wohnsitz verlegen sollten, da er die Umgebung, in der sie lebte, nicht mochte und nicht wollte, dass sie seine Kinder trägt und in einer Siedlung mit niedrigem Einkommen lebt. Sie hatte daher die soziale Unterstützung ihrer Nachbarschaft verloren. Sie hatte ihren Familienmitgliedern nichts von ihrer Beteiligung an der Leihmutterschaft erzählt, so dass ich während dieser Phase der einzige Besucher in ihrem Haus war. Schließlich wurde ich in die Betreuung ihrer kleinen Kinder einbezogen, wenn sie das Krankenhaus besuchen musste. Ich brachte sie mit anderen Leihmüttern in Kontakt, die ich in der ersten Klinik getroffen hatte und die ihr Solidarität anboten.

Jignesh und Trupti (ihre Wunscheltern) stammten ursprünglich aus Gujarat, lebten aber in Amerika. Nach mehreren Versuchen, ein Kind zu bekommen, kamen sie schließlich nach Indien zur Leihmutterschaft. Während Gayatri in Gujarat schwanger war, täuschte Trupti eine Schwangerschaft gegenüber ihren Familienmitgliedern und Freunden sowohl in Indien als auch in den USA vor, indem sie einen Bauchgurt benutzte. Nach dem dritten Monat der Schwangerschaft wurde Gayatri (die Leihmutter) darüber

[3] „Ben" bedeutet Schwester in der Gujarati-Sprache, jede Frau wird mit diesem Präfix angesprochen.

informiert, dass sie Drillinge erwartete. Die Klinik fragte nach ihrer Meinung (für eine mögliche selektive Abtreibung im Uterus) und sie überließ die Entscheidung den Wunscheltern. Am nächsten Tag erhielt sie einen Anruf von Jignesh, dass sie alle drei Babys behalten sollte und beide stimmten zu, unter der Bedingung, dass er ihr ein Extra (50.000 Rs.) für jedes Baby zahlen würde. Während des siebten Monats fand Jignesh heraus, dass die Klinik ihn übermäßig belastete, so dass er Gayatri erneut kontaktierte und sie bat, sich von der Fruchtbarkeitsklinik zu lösen, wofür er ihr das Doppelte des vereinbarten Betrags geben würde und nach einigem Nachdenken stimmte sie auch dieser Bedingung zu. Die Spannung begann, als die Klinik davon erfuhr und sie belästigte, dass sie sofort in die Klinik kommen sollte. Gayatri befürchtete, dass sie einen Kaiserschnitt an ihr durchführen würden, um die Geldtransaktion zu kontrollieren, indem sie die Babys festhielten. „Ich war sehr verwirrt", erzählte sie mir, „ob ich auf Jignesh oder auf die Klinik hören sollte". Einerseits begann das Klinikpersonal sie zu warnen: „Wenn Sie sich von uns lösen und später etwas passiert, sind wir verantwortlich." Während Jignesh sie andererseits beruhigte, indem er sagte: „Wenn Sie mir vertrauen, gebe ich Ihnen das Geld noch vor der Geburt." Er gab ihr den Kontakt einer neuen Klinik, in die sie zur Geburt gehen sollte, und sie stimmte zu.

Am Tag der Geburt kamen Jignesh und Trupti am Morgen aus Amerika an. Sofort nach dem Kaiserschnitt brachten sie die Babys in ein anderes Krankenhaus. Ich wartete zusammen mit Gayatris Ehemann vor dem Operationssaal und Trupti war die erste, die herauskam. Sie ging direkt auf ihren Ehemann zu und flüsterte ihm ins Ohr „eines ist ein Junge". Kurz darauf brachten sie die drei Babys heraus und brachten sie auf eine neonatologische Intensivstation in einem anderen Krankenhaus. Sie passten alle auf ein Teetablett, als sie herausgebracht wurden und schafften es kaum zu weinen; sie piepten eher wie kleine Küken, da sie stark unterentwickelte Babys waren. Fast vier Tage war das Paar nicht zurückgekehrt, um nach Gayatri zu sehen, und es gab auch keine Gespräche über die Bezahlung. Gayatris Ehemann wurde unruhig und begann, Jignesh wegen der Bezahlung zu kontaktieren, worauf er sagte: „Nehmen Sie jetzt 75.000 Rs., das restliche Geld gebe ich Ihnen später." Nach einigen Tagen erhielten sie einen Anruf von ihm, in dem er fragte: „Wie viel mehr Geld soll ich Ihnen zahlen?" Sie waren verwirrt über seine Frage und sagten ihm: „Was auch immer Sie uns am Telefon versprochen haben." Dann begann er, Ausreden gegenüber Gayatri zu machen: „Ich bin ein sehr armer Mann; ich habe jetzt nicht so viel Geld. Jetzt habe ich nur 1.00.000 Rs. Den Rest zahle ich, wenn ich nach Amerika zurückkehre." Sie hatten keine andere Wahl, als zu akzeptieren, was er sagte. Gayatri erzählte mir: „Es war mir sehr peinlich, erstens, weil er ein Mann ist und ich mich unwohl fühlte, Geld für seine Kinder zu verlangen, die ich ausgetragen hatte." Das war das letzte Mal, dass er sie jemals kontaktierte, selbst sieben Jahre später gab es nicht einmal einen Anruf von ihm, die Telefonnummer und Adresse, die er Gayatri und ihrem Ehemann gegeben hatte, existierten nicht, und die indische Mobilfunknummer, die er ihnen gegeben hatte, wurde bald ungültig. Sie war sehr daran interessiert, die Kinder zu sehen, aber sie wurden ihr nicht gezeigt. Sie wurde nicht extra für die Babys oder für den Wechsel der Kliniken bezahlt, sie erhielt letztendlich einen Betrag, der geringer war als der, den sie ursprünglich in der ersten Klinik versprochen hatten. Sie wiederholte den Leihmutterschaftsprozess in einer anderen Klinik, da ihr Bedürfnis, ein Haus zu kaufen, nicht erfüllt worden war. Einige Monate später fügte sie rückblickend hinzu: „Ich habe seine Babys neun Monate lang getragen und er (der Wunschvater) hat nicht einmal ein Glas Wasser in meinem Haus getrunken" (Saravanan und Ranadive 2010).

Dieser Fall bringt die Bedeutung der Ausbeutung durch Menschen, die ebenfalls ursprünglich aus dem Globalen Süden stammen, zum Vorschein. Die im Ausland lebenden Inder (NRIs), die für eine Leihmutterschaft nach Indien zurückkehren, nutzen ebenfalls die Leihmütter aus. Daher geht es in dieser globalisierten Welt nicht nur darum, dass Menschen im Globalen Norden Menschen im Globalen Süden ausbeuten, sondern auch diejenigen aus dem Globalen Süden nehmen ebenfalls Vorteile wahr. Im Fall von Jignesh ging es nicht um die Angst vor dem unbekannten Anderen, sondern es war ein reines Geschäftsabkommen zwischen den Wunscheltern und den Leihmüttern, bei dem darüber verhandelt wurde, wie viele Kinder sie austragen würde/sollte, wie viel sie wollte oder wie viel er bereit war, für jedes zusätzliche Baby zu geben, das in Täuschung endete. Daher agieren diese Kliniken einerseits als Torwächter, andererseits schützen sie jedoch auch Frauen vor solchen Täuschungen. Aber es ist nur eine Wahl zwischen Pest und Cholera.

Die wahrgenommene „Andersartigkeit"

Sowohl die Wunscheltern als auch die Kliniken nutzten das Wissen und das System zu ihrem individuellen Vorteil aus. Andere befanden sich in einem Opfermodus und leugneten jegliche Verantwortung für ihr Handeln. Jignesh nutzte sein Wissen über Indien, um die Leihmutter zu manipulieren und auszubeuten. Jignesh schützte sich selbst vor finanzieller Ausbeutung durch die medizinische Gemeinschaft, aber viele andere aus dem Ausland werden übermäßig belastet. Beide Wunschmütter aus Kanada waren sehr genau in dem, was sie von dem Prozess erwarteten, aber während sie nicht viel Kontrolle über einige Elemente des Leihmutterschaftsprozesses hatten, waren die anderen Probleme, mit denen die Leihmütter konfrontiert waren, entweder für sie verborgen oder sie wussten davon, waren aber nicht besorgt. Trotz der Unterzeichnung der Einverständniserklärung wollte Caroline meine Studienergebnisse kontrollieren und drängte nach ihrer Teilnahme darauf, dass ihre Interviews nur verwendet werden sollten, wenn ich positive Aspekte über die Klinik und die Praxis der Leihmutterschaft in Indien schreiben würde. Dies brachte mich dazu, über die Voreingenommenheit der Teilnahme der beiden kanadischen Wunscheltern nachzudenken. Sie lebten beide auf der gleichen Etage im Hotel, waren gute Freunde geworden und nahmen an der Studie teil, weil sie ihre Stimme zur Unterstützung der Klinik erheben und die Praxis der Leihmutterschaft rechtfertigen wollten, da es in Indien zunehmend Kritik daran gab.

Die kanadischen Wunschmütter stellten ihre eigenen Anforderungen über die Bedenken hinsichtlich der Auswirkungen durch den obligatorischen Aufenthalt in

Leihmutterheimen auf das Leben der Leihmütter und ihrer Kinder. Sie waren Klinik verpflichtet und nicht bereit, etwas zu tun oder zu sagen, das den Ruf der Klinik beeinträchtigen könnte. Caroline ging sogar so weit, mir zu sagen, dass ihr richtiger Name nur verwendet werden könnte, wenn ich die Klinik loben würde, und wenn ich jemals etwas gegen die Klinik schreiben würde, sollte ein Pseudonym verwendet werden. Beide kanadischen Wunscheltern wollten, dass die Leihmütter nach der Geburt in ihrem Dienst engagiert sind; als Kindermädchen und zum Stillen. Im Austausch dafür würde Die Leihmutter zusätzliches Geld, gutes Essen, Kleidung, Reisen und Geschenke bekommen. Dieses Geben und Nehmen definierte ihre Beziehung nach der Geburt. Es waren die Leihmütter, die stärker verpflichtet waren, die Anforderungen der Wunscheltern zu erfüllen, wenn sie eine fortgesetzte Beziehung wollten.

Die beiden deutschen Wunscheltern stimmten zu, an meiner Studie teilzunehmen, weil sie ihre Kritik an der indischen und deutschen Regierung äußern wollten. Beide deutschen Paare hatten eine Abneigung gegen das Andere und waren dennoch in dieses Land gekommen, um das scheinbar beste Geschenk ihres Lebens (die Kinder) zu bekommen. Sie hatten das Gesetz umgangen und beide Nationen betrogen, aber für sie schien das nebensächlich. Sie kamen nach Indien in Erwartung einer chaotischen Situation, in der alles Illegale möglich war, ohne die ganze Wahrheit zu kennen. Gerichtsverfahren können ein mühsames und ärgerliches Verfahren sein, das über lange Zeiträume andauert, was sowohl in Indien als auch in Deutschland der Fall ist. Sie erwarteten jedoch, dass beide Länder sie mit größter Anmut und Respekt behandeln. Die Leidtragenden von alledem waren die Kinder zusammen mit dem Kampf, dem Leiden und dem Hass der Eltern. Lokales Essen war ein Anliegen für alle Wunscheltern. Wunscheltern umgingen eine gesetzlich geregelte Leihmutterschaft im Herkunftsland, um in Indien Nachsicht und Flexibilität zu finden. Sie bevorzugten, dass die Leihmütter während des gesamten Prozesses überwacht werden, um die Einhaltung einer strengen Diät und Lebensweise der Leihmütter, das Stillen von Säuglingen, die Nutzung ihrer Arbeit als Kindermädchen und die Vorliebe für eine abschließende Gesamtzahlung bei Aufgabe des Kindes (der Kinder) zu gewährleisten, was sich in der Funktionsweise der Leihmutterschaftsmärkte und einigen der den Leihmüttern auferlegten Pflichtregeln widerspiegelt. Dies verstärkt weiterhin globale und strukturelle Ungleichheiten und führt zu bestimmten Verletzungen grundlegender Menschenrechte im Prozess der Leihmutterschaft in Indien (siehe Kap. 4).

Hin zur feministischen Solidarität und reproduktiven Gerechtigkeit

Liberale Feministinnen unterstützen die Idee der Fortpflanzungsfreiheit und individuellen Rechte, jeden Vertrag einzugehen, den man wünscht. Auf dieser Grundlage wurde Schadensminderung und Harmonisierung als Lösung vorgestellt, um einerseits Unfruchtbarkeit zu reduzieren und andererseits Ungleichheiten zu verringern. Leihmutterschaft wird als Lösung für Unfruchtbarkeit dargestellt, da diejenigen, die Unfruchtbarkeit erleben, Probleme wie soziale Stigmatisierung, psychische Probleme, körperlichen Stress durch Fruchtbarkeitsbehandlungen und Verletzung der körperlichen Integrität gegenüberstehen. Aber indem man sich für die Leihmutterschaft entscheidet, um dies zu lösen, bekommt eine andere Frau stattdessen die folgenden Probleme: soziale Stigmatisierung, psychische Herausforderungen, Verletzung ihrer körperlichen Integrität und weitere Probleme, bei denen Gesundheit, Freiheit und sogar das Leben der Leihmutter aufs Spiel gesetzt werden. Die Verletzung der Würde, Integrität und wirtschaftlichen Bedürfnisse einer anderen Person kann daher kein verfassungsmäßiges Recht sein. Darüber hinaus verstärken Technologien wie Leihmutterschaft Ungleichheiten, da sie nur für wohlhabende Menschen eine größere reproduktive Wahl bieten, auf Kosten der Gesundheit, Freiheit und des Lebens einiger anderer (meist weniger wohlhabender Frauen), während erhebliche Kontrolle und Macht in die Hände von Zwischenagenturen gelegt wird. Auf einer Konferenz, an der ich einmal teilgenommen hatte, wurde der Kommentar abgegeben, dass Leihmutterschaft in Übergangsgesellschaften nicht mehr Ungleichheiten schafft als bereits vorhanden. Aber indem wir die bereits bestehenden strukturellen Ungleichheiten übersehen, ignorieren wir die Auswirkungen des globalen Kapitalismus auf die Körper und Leben von Frauen und Mädchen in diesen Ländern. Die systematische Bewegung von Menschen aus Elite-Ländern zu Übergangsgesellschaften und der ausgewählte Zugang der unfruchtbaren Wohlhabenden zu reproduktivem Biomaterial unter Nutzung globaler Ungleichheiten und der Verletzlichkeit von Menschen ist ein Zeichen für Kapitalisierung und Globalisierung, die die Körper und Arbeit von Frauen rekolonisiert.

In Anbetracht dessen, dass Leihmutterschaft eine Form von Gewalt gegen Frauen ist und dass derzeit ein klarer Strom von Menschen besteht, die in Indien aufgrund der kontextuellen Verletzlichkeit von Frauen auf Leihmutterschaft zugreifen, ist diese Praxis für den postkolonialen Diskurs von entscheidender Bedeutung. Wie mehrere postkoloniale Theoretiker hervorgehoben haben, gibt es eine Kontinuität im Muster der Rettungsnarrative, sowohl in den Medienberichten als auch in den Erfahrungen der Wunscheltern. Sie betonen, eine bedeutende Rolle bei der Rettung von Frauen aus der Armut zu spielen, während sie sich an Praktiken innerhalb der Leihmutterschaft beteiligen, die der Geschlechtergerechtigkeit entgegenstehen. Wie Wissenschaftler festgestellt haben, gab es eine Kontinuität im Muster dieser Rettungsnarrative. Postkoloniale Schriftsteller haben kritisiert, wie die Situation oder die Position der subalternen Frauen mobilisiert und instrumentalisiert wurde, um imperialistische Praktiken zu rechtfertigen. Es ist wichtig, sich kritisch mit rassistischen euro-amerikanischen Diskursen auseinanderzusetzen, während man gleichzeitig in der Lage sein sollte, Praktiken innerhalb der sozialen Mehrheitsgemeinschaften und gesellschaftlichen Kontexte zu kritisieren, die der Geschlechtergleichheit und Geschlechtergerechtigkeit entgegenstehen.

In ihrer früheren Arbeit konzentrierte sich Mohanty (1986) auf die feministische Unterscheidung Westliche Welt/Dritte Welt, indem sie transkulturelle Gemeinsamkeiten herunterspielte. Aber in ihren neueren Schriften (Mohanty 2003) bezieht sie sich auf die

Ein-Drittel/Zwei-Drittel-Welt und betont die Notwendigkeit einer transnationalen feministischen Solidarität gegenüber dem Kapitalismus. Die Sorge ist, dass der Kapitalismus neue Formen der Rekolonisierung von Frauenkörpern und -arbeit durch bestehende Ungleichheiten annimmt. Kapitalisierung hat Frauenkörper für Gewinne rassisiert und sexualisiert, daher müssen bei einer Analyse der Globalisierung die Kämpfe und Erfahrungen von armen Frauen und Frauen of Colour einbezogen werden. Obwohl die transnationale Bewegung von dem einen Drittel der Welt zur Zwei-Drittel-Welt als Global Movement for Reproductive Life Changes (GMRC) beschrieben werden kann, handelt es sich dabei um Lebensveränderungen, die die Verletzlichkeit von Menschen aus der Zwei-Drittel-Welt ausnutzen. Transnationaler Feminismus ist kein neues Konzept; mehrere Akademiker haben die Bedeutung einer solchen Allianz erkannt (Fernandes 2013; Mohanty 2013; Gupta 2006). Postkoloniale Forscher untersuchen Intersektionalität als einen Ansatz, der geographische Grenzen überschreitet und verschiedene Formen von Ungleichheiten durchkreuzt. Daher besteht die Notwendigkeit, dass multikulturelle, globale und postkoloniale Feministinnen eine Allianz auf der Grundlage eines Rahmens für reproduktive Gerechtigkeit bilden, der darauf abzielt, Ungleichheiten zu reduzieren, indem die Geschichten von reproduktiver Unterdrückung in allen globalen Gemeinschaften anerkannt werden, strukturelle Machtungleichheiten verändert werden, um multiple Unterdrückungen von Rasse, Klasse, Geschlecht, Sexualität, Fähigkeit, Alter und Einwanderungsstatus zu identifizieren und anzugehen. Um Ungleichheiten zu verstehen und anzugehen, besteht die Notwendigkeit, feministische Solidarität über die Teilung von Ort, Identität, Klasse, Arbeit und Glauben hinweg aufzubauen. Mohanty (2003) stellt fest, dass es zwar schwierig ist, eine solche globale feministische Allianz aufzubauen, es aber immer wichtiger geworden ist, dies zu tun. Das Ziel einer solchen Allianz muss es sein, sich Herausforderungen in Kontexten zu stellen, die das allgemeine Wachstum und die Entwicklung von Frauen einschränken. Tong schließt mit den Worten von Aristoteles, dass die feministische Solidarität „Partner in Tugend und Freund in Aktion" sein sollte (Tong 2009: 236).

Literatur

Arlamovsky, Maria. 2016. *Future baby.* NGF: Nikolaus Geyrhalter Filmproduktion.

Berkowitz, Jonathan M., und Jack W. Snyder. 1998. Racism and sexism in medically assisted conception. *Bioethics* 12(1):25–44.

Bhalla, Nita, und Mansi Thapiyal. 2013. Foreigners are flocking to India to rent wombs and grow surrogate babies. *Reuters, Business Insider.* http://www.businessinsider.com/india-surrogate-mother-industry-2013-9?IR=T. Zugegriffen: 15. Aug. 2017.

CADAC, CLF, CoRP. 2016. Assisi of 2 February 2016 for the universal abolition of surrogacy. Coordination of Associations for the right to abortion and contraception, CLF Coordination Lesbienne en France, CoRP—Collectif pour le Respect de la Personne.

Che, Liberta. 2017. Bando universale, atti del convegno alla Camera. *Che Liberta.* http://www.cheliberta.it/2017/03/30/atti-incontro-maternita-al-bivio/#.WNzUzXaBf58.facebook. Zugegriffen: 14. Aug. 2017.

Dahl, E. 2007. The 10 most common objections to sex selection and why they are far from conclusive: A western perspective. *Reproductive BioMedicine Online* 14:158–161.

Dhawan, Nikita. 2009. Postkoloniale Theorie. In *Raumwissenschaften,* Hrsg. S. Günzel, M. Castro Varela, und S. Randeria, 308–323. Frankfurt Main: Suhrkamp.

Esteva, G., und S.P. Madhu. 1998. *Grassroots post-modernism: Remaking the soil of cultures.* London: Zed.

Fernandes, L. 2013. *Transnational feminism in the United States: Knowledge, ethics, and power.* New York: New York University Press.

Fudge, J. 2011. Global care chains, employment agencies, and the conundrum of jurisdiction: Decent work for domestic workers in Canada. *Canadian Journal of Women and the Law* 23:235–264.

Fulfer, Katy. 2017. Cross-border reproductive travel, neocolonialism, and Canadian Policy. *International Journal of Feminist Approaches to Bioethics* 10(1):225–247.

Grewal, Inderpal, und Caren Kaplan. 1994. Introduction: Transnational feminist practices and questions of postmodernity. In *Scattered hegemonies: Postmodernity and transnational feminist practices,* Hrsg. Inderpal Grewal and Caren Kaplan, 1–36. Minneapolis: University of Minnesota Press.

Gupta, J. A. 2006. Towards transnational feminisms some reflections and concerns in relation to the globalization of reproductive technologies. *European Journal of Women's Studies* 13:23–38.

Hochschild, A. R. 2000. The nanny chain. *The American Prospect* 3:32–36.

Hochschild, Arlie. 2011. Emotional life on the market frontier. *The Annual Review of Sociology* 37:21–33.

Huggan, Graham. 1997. The neocolonialism of postcolonialism: A cautionary note. *Links and Letters* 4:19–24.

Langlois, A. 2009. Normative and theoretical foundations of human rights. In *Human rights: Politics and practise,* Hrsg. M. Goodhart. Oxford: Oxford University Press.

Malpani, A. 1998. Preimplantation genetic diagnosis (PGD) of the embryo for preconceptional sex selection: Right or wrong? *Obstetrics and Gynaecology Today* 3:486–490.

Mies, M., und V. Shiva. 1993. *Ecofeminism,* London: Zed.

Mohanty, C. T. 1986. Under western eyes: Feminist scholarship and colonial discourses. *Boundary* 2(12):333–358.

Mohanty, C. T. 2003. „Under western eyes" revisited: Feminist solidarity through anticapitalist struggles. *Signs* 28: 499–535.

Mohanty, C. T. 2013. Transnational feminist crossings: On neoliberalism and radical critique. *Signs* 38:967–991.

Narayan, U. 1998. Essence of culture and a sense of history: A feminist critique of cultural essentialism. *Hypatia* 13:86–106.

NDTV. 2015. Women selling bodies to earn livelihood: Minister Anupriya Patel on surrogacy bill. *NDTV.* http://www.ndtv.com/india-news/women-selling-bodies-to-earn-livelihood-minister-on-surrogacy-bill-1453387. Zugegriffen: 15. Aug. 2017.

Ong, Aihwa. 1987. *Spirits of resistance and capitalist discipline: Factory women in Malaysia.* Albany: SUNY Press.

Pande, A. 2010. Commercial surrogacy in India: Manufacturing a perfect mother-worker. *Signs* 35:969–992.

Patil, V. 2013. From patriarchy to intersectionality: A transnational feminist assessment of how far we've really come. *Signs* 38 (4): 847–867.

Perappadan, Bindu Shajan. 2015. A Setback for surrogacy in India. *The Hindu.* http://www.thehindu.com/opinion/op-ed/a-setback-for-surrogacy-in-india/article7927730.ece. Zugegriffen: 15. Aug. 2017.

Rao, Nagesh. 2000. ‚Neocolonialism' or ‚globalization': Postcolonial theory and the demands of political economy. *Interdisciplinary Literary Studies* 1(2):165–184.

Raymond, J. G. 1993. *Women as wombs: Reproductive technologies and the battle over women's freedom.* San Francisco: Harper.

Robertson, J. A. 2001. Preconception gender selection. *American Journal of Bioethics* 1:2–9.

Rose, N., und C. Novas. 2003. Biological citizenship. In *Blackwell companion to global anthropology,* Hrsg. A. Ong und S. Collier. Oxford: Blackwell.

Rothman, B. K. 2000. *Recreating motherhood.* New Brunswick: Rutgers University Press.

Rudrappa, Sharmila. 2012. India's reproductive assembly line. *Contexts* 11(2):22–27.

Rudrappa, S., und C. Collins. 2015. Altruistic agencies and compassionate consumers: Moral framing of transnational surrogacy. *Gender & Society* 29:937–959.

Said, Edward. 1978. *Orientalism.* New York: Pantheon.

Saravanan, S. 2016. Liberty for whom: Reproductive justice and surrogacy arrangements in India surrogacy: Situating France within the world – Representations, regulations, and experiences, 17–18 Nov, Paris.

Saravanan, S., and R.R. Ranadive. 2010. *Mother anonymous (documentary). India: Frame of Mind Communications Pvt. Ltd., Mumbai and Asia and Europe in a Global Context.* Germany: University of Heidelberg.

Spivak, Gayatri Chakravorty. 1988. Can the Subaltern Speak? In *Marxism and the interpretation of culture,* Hrsg. Cary Nelson, 271–313. Champaign: University of Illinois Press.

Tong, Rosemarie. 2009. *Feminist thought: A more comprehensive introduction,* Philadelphia: Westview Press.

Tyagi, R. 2014. Understanding postcolonial feminism in relation with postcolonial and feminist theories. *International Journal of Language and Linguistics* 1:45–50.

Walley, C. 1997. Searching for „voices": Feminism, anthropology, and the global debate over female genital operations. *Cultural Anthropology* 12:405–438.

Whittaker, A., und C. Leng. 2016. Flexible bio-citizenship and international medical travel: Transnational mobilities for care in Asia. *International Sociology* 31(3):286–304.

Teil III

Feministische Solidarität für humanitär unterstützte Empfängnis

7 Transnationaler Feminismus für reproduktive Gerechtigkeit

Zusammenfassung

Unterstützte Reproduktionstechnologien bieten eine breite Palette von Auswahlmöglichkeiten und Chancen für Menschen, Kinder mit der Genetik ihrer Wahl zu bekommen (entweder ihre eigene Genetik oder die von anderen). Diese Technologien können auch auf Weisen verwendet werden, die für Gemeinschaften mit geringerem Zugang zu Ressourcen und Macht schädlich sind. Ein analytischer Rahmen, der die stratifizierte Reproduktion im Kontext der Leihmutterschaft in Indien verwendet, zeigt, dass einige Individuen reproduktive Ermächtigung auf Kosten der Gesundheit und sogar des Lebens einiger anderer Frauen aufgrund von Ungleichheiten erlangen. Der Rahmen der reproduktiven Rechte ist unzureichend, um diese Schichtung zu verstehen. Wissenschaftler und Aktivisten haben sich intensiv in Debatten und Diskursen durch ihre Schriften über die Handlungsfähigkeit von Frauen und ihre breitere soziale Ermächtigung aus einer Vielzahl von kritischen Perspektiven auseinandergesetzt, insbesondere unter Berücksichtigung der strukturellen Ungleichheiten und sozialen Ungerechtigkeiten auf den kommerziellen Märkten für reproduktive Arbeit, Babys und Körper. In den letzten Jahren haben mehrere Wissenschaftler den Rahmen der reproduktiven Gerechtigkeit als Weg nach vorne zur Verständnis und Bekämpfung solcher sozialen und globalen Ungerechtigkeiten vorgeschlagen (Mohapatra in Ann Health Law 21(1):191–200, 2012; Roberts in Signs 34(4):783–804, 2009; Jesudason und Kimport in Front J Women Stud 34(3):213–225, 2013; Luna und Luker in Ann Rev Law Soc Sci 9:327–352, 2013; Gupta in IJFAB Int J Fem Approaches Bioeth 5:25–51, 2012; Galpern, Präsentation für SisterSong's „Let's Talk About Sex" Konferenz, Chicago, IL, 2007; Bailey in Hypatia 26:715–741, 2011; Fixmer-Oraiz in J Women Stud 34(3):126–163, 2013; West in Yale Law J 1394–1432, 2009; Gaard in Eth Environ 15(2):103–129, 2010; Donchin in Bioethics 24(7):323–332, 2010;

S. Suryanarayanan, *Ein transnationaler feministischer Blick auf die Biomärkte für Leihmutterschaft in Indien,* https://doi.org/10.1007/978-981-97-7944-4_7

Callahan und Roberts in Faculty Scholarship, Paper 1155, 1996; Dickenson in Bioethics 15(3):205–217, 2001). Aufbauend auf dieser Forschung untersuche ich einen möglichen strategischen Weg, um dies voranzutreiben, indem ich den Rahmen der reproduktiven Gerechtigkeit auf eine transnationale feministische Solidarität anwende, die die Intersektionalität von struktureller sozialer Unterdrückung erkennt, die durch historische Systeme der postkolonialen und neokolonialen Herrschaft wirken.

Schlüsselwörter

Transnationaler Feminismus · Reproduktive Gerechtigkeit · Schnittstellenfunktionalität

Der globale Leihmutterschaftsbasar verstärkt rassistische, behindertenfeindliche, sexistische, nationalistische und kastenbasierte Vorurteile, die durch Praktiken der Genetisierung, Entfremdung und Kommodifizierung, unterstützt durch uneingeschränkten Zugang zu allen möglichen ART-Dienstleistungen und durch unzureichende oder ineffektive Gesetze, normalisiert und naturalisiert werden. Der Leihmutterschaftsmarkt, der auf der Nachfrage und dem Angebot von kostenlosen oder billigen und unkomplizierten Gebärmüttern basiert, kann daher keine Lösung für Unfruchtbarkeit oder für die tiefgreifenden sozioökonomischen Ungleichheiten sein. Diese Technologien bieten wohlhabenden Menschen eine größere reproduktive Auswahl auf Kosten der Gesundheit, Freiheit und des Lebens anderer. Reproduktive Gerechtigkeit zielt darauf ab, Ungleichheiten zu verringern und nicht die Verletzlichkeit eines anderen als Lösung für Unfruchtbarkeit zu nutzen. Alle Wissenschaftler, die empirische Forschungen zur Leihmutterschaft in Indien durchgeführt haben, stimmen der ausbeuterischen und voreingenommenen Komponente der Branche zu (Pande 2014; Vora 2009; SAMA 2012; Saravanan 2010; Deomampo 2013; Rudrappa 2015). Alle, die Forschungen zur Leihmutterschaft durchgeführt haben und sogar diejenigen, die dies nicht getan haben, haben eine Möglichkeit der Ausbeutung in dieser Branche zugegeben. In den Kap. 4, 5 und 6 haben wir das Ausmaß dieser Ausbeutung gesehen, die auf strukturellen, pronatalistischen, patriarchalischen, rassischen und behindertenfeindlichen Ungleichheiten beruht und in Ländern wie Indien auftreten kann. Es wurde auch beobachtet, dass die durch Ungleichheiten beim Zugang zu materiellen und sozialen Ressourcen beeinflussten Hierarchien von Klasse, Rasse, Ethnie, Geschlecht und Ort zu unterschiedlichen Erfahrungen und Werten und Belohnungen im Leihmutterschaftsprozess in Indien führen. Die Einbeziehung der Stimmen, Perspektiven und Erfahrungen von Leihmüttern in die Diskussion offenbart auch weitgehend eine Situation der vollständigen Kontrolle und Dominanz über die Körper der Frauen durch die Ärzte, die den Wünschen der Käufer während des Leihmutterschaftsprozesses folgen. Die geringe Handlungsfähigkeit der Frauen ist in diesem breiteren Kontext der Dominanz und Ausbeutung begrenzt. Wie von Sunder Rajan (2000) gewarnt, handelt es sich dabei um Formen von Handlungsfähigkeit, die dazu dienen, die Patriarchie, die Dominanz, aufrechtzuerhalten. Frauen als Leihmütter werden mit einem Bonus für ihr gutes (gehorsames, passives) Verhalten in dieser objektiven Situation der Entmachtung belohnt. Sie wurden tatsächlich innerhalb dieser hierarchischen sozialen Anordnung entschädigt, um am unteren Ende der Struktur zu bleiben und diese Hierarchie aufrechtzuerhalten. Offensichtlich haben die Ärzte als dominante Akteure im Kontext der Leihmutterschaft in Indien eine gut definierte kollektive Identität; sie haben sogar eine von Profitmachern dominierte Bewegung organisiert, um gegen den neuen Gesetzentwurf in Indien zu protestieren, der die kommerzielle Leihmutterschaft in Indien verbieten soll. Es gab keine solche Bewegung, die dazu ermutigt wurde, der Dominanz der Ärzte etwas entgegenzusetzen, als die Praxis zusammen mit ihren Menschenrechtsverletzungen und extremen Formen von ethischen Fehlverhalten noch andauerte, da die Praxis in Indien erlaubt, aber nicht reguliert war. Daher haben Ärzte und andere Profitmacher mehr zu gewinnen und weniger zu verlieren, wenn sie Proteste und Widerstand organisieren, als die Leihmütter. Jeder organisierte Widerstand von Frauen würde eine Vertreibung aus der Kette der Hegemonie bedeuten, zusammen mit der Möglichkeit von Gewinnen wie Entschädigungen, und daher gibt es keine Förderung von Gewerkschaften oder Leihmutterschaftsorganisationen. Wie April L. Cherry bemerkt hat, führt die Globalisierung im Inland zu Ungleichheit oder zu einer Zunahme der bestehenden Ungleichheit. Die Reduzierung von Handelsbarrieren und Investitionen schafft eine größere Kluft auf der Ebene der Chancen, die denen geboten wird, die in der Lage sind, transnationale Grenzen zu überwinden, und denen, die dies nicht können (Cherry 2014: 267).

Pande (2014) schlägt in der Schlussfolgerung ihres Buches vor, dass ein idealer Beginn der transnationalen feministischen Bewegung mit einer Gemeinschaft von Frauen mit gemeinsamen Interessen gebildet werden sollte, die mit der Definition von Leihmutterschaft als „Gebärmutterarbeit", reproduktive Arbeit, ähnlich wie Sexarbeit, Pflegearbeit und andere intime Formen von Arbeit, beginnt. Diese Definition ist unzureichend und unvollständig, wie in meinen Studienergebnissen beobachtet; der Ausdruck *„achha kaam"* wird als „Arbeit" missverstanden. Leihmutterschaft war ein drastischer Schritt, den Frauen aufgrund von Armut unternehmen mussten. „Arbeit" in dieser Form war die letzte Möglichkeit, Geld zu verdienen, und wurde als nur eine von vielen anderen Möglichkeiten definiert, durch die Frauen Ausbeutung erlebten. Pande (2014) schlägt einen Weg vor zu einer transnationalen feministischen Bewegung mit einer Gemeinschaft gemeinsamer Interessen, die im Falle der Leihmutterschaft erfahrene Leihmütter sind. Sie erklärt: „Die meisten erfahrenen Leihmütter stimmen zu, dass eine offene Verhandlung wünschenswert ist" zwischen den Leihmüttern und ihren Kunden (Pande 2014: 182). Meine Vorstellung von erfahrenen Leihmüttern ist, dass sie diejenigen sind, sie mehrmals Leihmutterschaft erlebt haben und erfahrene Leihmütter auf dem Biomarkt sind und höchstwahrscheinlich Leihmutteragentinnen, die andere Frauen zur Leihmutterschaft zwingen, um Geld zu verdienen. Tatsächlich würden sie sich freuen, dass Frauen weiterhin ausgebeutet und gezwungen werden, da sie von dieser Industrie profitieren. Scheper-Hughes' Fragen sind in dieser Situation treffend: „Wessen Stimmen werden zum Schweigen gebracht? Welche nicht anerkannten Opfer werden gebracht? Was verbirgt sich hinter der Rhetorik von Geschenken, Altruismus, Knappheit und Bedürfnissen?" (Scheper-Hughes 2000: 192).

Ich habe verschiedene Leihmütter am Telefon gefragt, wie sie auf das Verbot der Leihmutterschaft reagieren, einige sind erleichtert, dass sie nicht ihre Loyalität zu ihrer Familie beweisen müssen, indem sie an dieser *„magaj mari"* (unnötigen mühsamen Arbeit) teilnehmen, andere sind auch enttäuscht, dass sie es nicht wiederholen können, um ihr Familienziel zu erreichen. Die erfahrenen Leihmütter, die Leihmutteragentinnen waren und durch dieses Geschäft Geld verdienten, sind am meisten enttäuscht. Das sind einige der gehörten Stimmen, aber es gibt auch ungehörte Stimmen; Frauen (erstmalige Leihmütter), die von Familienmitgliedern zur Leihmutterschaft gezwungen werden. Fragen Sie Frauen, die zur Leihmutterschaft gezwungen wurden, oder vergewaltigt wurden und gezwungen wurden, Kinder zu haben, die auf dem Markt verkauft werden, ob sie wollen, dass die Leihmutterschaft in Indien legalisiert wird. Frauen werden auch oft für Unfruchtbarkeit verantwortlich gemacht, leiden unter Ausgrenzung und werden verschiedenen Menschenrechtsverletzungen ausgesetzt. Fragen Sie unfruchtbare Frauen in Indien, die von ihren Ehemännern missbraucht oder verlassen wurden, weil sie keine Leihmutter werden können, nach ihrer Meinung zur Leihmutterschaft. Diese Frauen werden von Familienmitgliedern als „Abfall" betrachtet und verworfen. Wir sollten erstmalige Leihmütter befragen, die aufhören wollen, weil sie den Schmerz der Injektionen nicht ertragen können, aber es vorziehen, den Schmerz zu ertragen, anstatt ihre Familienmitglieder zu enttäuschen und die finanzielle Erwartungen haben und ihren Körper als Mittel zur Überwindung der Armut betrachten. Die Familie entscheidet, wie viel Geld für ihre finanzielle Sicherheit benötigt wird, und dieser Betrag bestimmt, wie oft die Frau an der Leihmutterschaft beteiligt ist. Selbst wenn eine Leihmutter zögert und aufgrund der unerträglichen Schmerzen der Injektionen oder der psychischen Belastung, die sie erlebt, aufhören will, kann sie sich in diesem Stadium nicht zurückziehen, weil alle Hoffnungen ihrer Familie auf ihren Schultern liegen. Nach einer Leihmutterschaft wird sie wieder dazu gezwungen, da das Ziel auch auf Kosten ihres Lebens erreicht werden muss. Sie ist durch den Vertrag gebunden und wird von der Familie unter Druck gesetzt und setzt die Schwangerschaft trotz der Schmerzen fort, daher beschreibt sie die Erfahrung als *„majboori"*, „Ich leide, damit meine Familie glücklich ist", „Ich hätte diesen großen Schritt nicht unternommen, wenn es nicht aus Armut gewesen wäre". Das sind Stimmen, die Frauen mit mir geteilt haben, nach mehreren Monaten der Interaktion. Das ist nicht die Meinung, die man üblicherweise in den Medien oder in Fernseh-Diskussionsrunden hört, in denen Leihmütter mit verhüllten Gesichtern zusammen mit hochrangigen Ärzten, Journalisten und mächtigen Persönlichkeiten sitzen, die sie vor dem Interview anweisen, was sie sagen müssen.

Indem wir eine Gemeinschaft von erfahrenen Leihmüttern bilden, geben wir bereits einer der mächtigeren Stimmen innerhalb des Leihmutterschaftsbasars eine Stimme. Können wir ein Kollektiv von Zuhältern bilden, um Vorschläge zu äußern, ob Prostitution legalisiert werden sollte? In Indien sind schätzungsweise 1,2 Millionen Sexarbeiterinnen Kinder (unter 18 Jahren) und etwa 40 minderjährige Mädchen werden täglich zur Prostitution gezwungen. Mit einem Anstieg des Fleischhandels um 8% ist Indien an die Spitze als größter Händler für Kinderprostitution gerückt. Wenn wir die am stärksten marginalisierten Prostituierten fragen müssen, sollten wir die Frauen/Mädchen nach ihrer Meinung zur Liberalität der Prostitution befragen, die gehandelt werden und zur Prostitution gezwungen, vergewaltigt und missbraucht werden. Es ist die große Mehrheit in dieser Praxis. Wir müssen dem Großteil der Prostituierten, die verletzt wurden, eine Stimme geben und nicht den Zuhältern, die am Profit in diesem Geschäft beteiligt sind. Laut Pande (2014) wollen die sogenannten Leihmutterschafts-„Veteranen" auch eine Gehaltserhöhung und sehnen sich nach mehr Kontakt mit den Wunscheltern, was sie, wie sie hinzufügt, „sehr zögerlich fordern". Diese Rhetorik selbst stellt die Leihmütter in eine untergeordnete Position. Warum sollten sie sich nach einer fortgesetzten Beziehung oder aus diesem Grund mit den Kindern, die sie austragen, sehnen, dies sollte rechtmäßig ihre Option sein? Bei meinen Studienergebnissen wollten die Leihmütter eine Beziehung zu den Wunscheltern für eine fortgesetzte finanzielle und emotionale Unterstützung und um das Wohlergehen des Kindes zu kennen. Daher habe ich eine transnationale feministische Allianz vorgeschlagen, die gegenseitige Unterstützung für Stimmen gegen geschlechtsspezifische Unterdrückung in verschiedenen Kontexten als Weg nach vorne bietet.

Transnationaler Feminismus

Der transnationale Feminismus hat seit dem späten neunzehnten Jahrhundert Aktionen über Grenzen hinweg unternommen und in jüngster Zeit hat er auf die Globalisierung und Kapitalisierung reagiert, die das Leben von Frauen beeinflusst hat. In den 1970er- und 1980er-Jahren riefen Frauen eine globale Schwesternschaftsbewegung ins Leben, die sich auf die Universalisierung konzentrierte, die von farbigen Frauen und Frauen aus den Entwicklungsländern als westlicher hegemonischer Feminismus kritisiert wurde (Weedon 1999; Grewal und Kaplan 1994; Frankenberg 1993; Mohanty 1986). Dies führte gleichzeitig auch zur Anerkennung ähnlicher Hegemonien innerhalb kultureller Polarisierung auf der Grundlage kultureller Kontexte (Okin 1998; Mies und Shiva 1993). Die Rhetorik änderte sich von Westliche Welt/Dritte Welt über den Globalen Norden/Globalen Süden zur Ein-Drittel/Zwei-Drittel-Welt sowie zu neutralisierten sozialen Minderheiten/Mehrheiten (Mohanty 1986; Langlois 2009). Daher hat der transnationale Feminismus starke Verbindungen hauptsächlich mit postkolonialen feministischen Schriften und Bewegungen. Ein anderer verwendeter Begriff ist der multikulturelle Feminismus, der sich auf kulturellen Determinismus konzentriert, während Transnationalismus sich auf nationale Grenzen konzentriert. Seit den 1980er-Jahren haben Frauen über diese Ungleichheiten nachgedacht, die einige Frauen gegenüber anderen bevorzugen. In jüngster Zeit basieren diese transnationalen Verbindungen auf der Anerkennung von Ähnlichkeiten in Diskriminierungen wie sexuellen Dienstleistungsindustrien, frauenbasierten Fabriken, mit einem Engagement für gemeinsame Kämpfe

(Mackie 2001). Wie jedoch beobachtet werden kann, bleibt die Rhetorik weiterhin auf Farbe, Nation, Region und Kultur fokussiert. Ist es möglich, dass der Feminismus einige dieser Identitäten ablegt und sich auf das Menschsein konzentriert? Die spezifischen Formen der Organisation einer Allianz und die Praxis für feministisches Engagement in Richtung dieser Allianz sind im Prozess der Entwicklung. Ein Vorschlag wäre eine transnationale feministische Allianz mit einem globalen Ansatz für reproduktive Gerechtigkeit.

Reproduktive Gerechtigkeit

Befürworter für reproduktive Gesundheit, Rechte und Gerechtigkeit sind sich zunehmend der Sicherheits- und sozialen Risiken bewusst, die von ARTs und anderen menschlichen Biotechnologien ausgehen. Über langfristige Risiken einiger assistierter Reproduktionspraktiken gibt es wenige Studien. Insbesondere in den USA hat sich das ART-Feld fast ausschließlich im kommerziellen Sektor entwickelt und ist notorisch ungeregelt. Weitere soziale, ethische und praktische Bedenken beinhalten Zahlungen, die wirtschaftlich gefährdete Frauen dazu ermutigen, Eizellen zu liefern oder Leihmütter zu werden, soziale Geschlechtswahl zu betreiben und unangemessene Formen der pränatalen und Embryonen-Screenings durchzuführen. Darüber hinaus wird in der derzeit geführten Debatte über die menschliche Genbearbeitung für die Fortpflanzung die Sprache der „Wahl„ manchmal missbraucht, um zu behaupten, dass die Schaffung eines Kindes mit bestimmten Merkmalen dasselbe ist wie das Recht zu entscheiden, ob eine Schwangerschaft fortgesetzt oder abgebrochen wird. Befürworter der reproduktiven Gerechtigkeit, Gesundheit und Rechte müssen einen großen Anteil an Fragen der menschlichen Biotechnologie haben, weil ARTs die menschliche Fortpflanzung und Schwangerschaft neu definieren und Auswirkungen auf den Körper, die Gesundheit und das Wohlbefinden von Frauen haben.

Der Rahmen der reproduktiven Gerechtigkeit beinhaltet die Freiheit und Fähigkeit der Frau, ihren Sexualpartner zu wählen. Durch Praktiken wie die arrangierte Ehen in jungen Jahren werden solche Entscheidungen aber beeinträchtigt (Hampton 2010; Ghimire et al. 2006). Er beinhaltet die Freiheit von unterdrückenden Praktiken wie Sati, Witwenreinigung, sexuellem Übergriff, Frauenhandel für erzwungene Prostitution und Verbot von Homosexualität. Dieser Rahmen zielt darauf ab, die Geschichten von reproduktiver Unterdrückung in allen Gemeinschaften zu erkennen, mehrfache Unterdrückungen aufgrund von Rasse, Klasse, Geschlecht, Sexualität, Fähigkeit, Alter und Einwanderungsstatus zu identifizieren und anzugehen, um Veränderungen in den strukturellen Machtungleichheiten herbeizuführen und politische Solidarität zwischen Frauen über Klasse, Rasse, Ethnie, Sexualität und nationale Grenzen hinweg zu entwickeln. Transnationaler Feminismus als Konzept ist nicht neu und mehrere Wissenschaftler haben ihn als Weg nach vorne vorgeschlagen, um eine globale feministische Solidarität aufzubauen; jedoch sind spezifische Rahmenbedingungen für den Aufbau einer solchen Allianz innerhalb dieses Diskurses nicht entstanden. Ich schlage vor, dass eine Allianz, die auf dem Rahmen der reproduktiven Gerechtigkeit basiert, der von den Asian Communities for Reproductive Justice (ACRJ) 2005 zusammen mit dem SisterSong Collective entwickelt wurde, Ungleichheiten und Ungerechtigkeiten, die in Leihmutterschaftspraktiken beobachtet werden, zu erkennen und anzugehen. „Reproduktive Gerechtigkeit" zielt daher darauf ab, Ungleichheiten zu verringern und nicht die Verletzlichkeit eines Menschen als Lösung für Unfruchtbarkeit zu nutzen und könnte ein Weg zur Bestimmung globaler Menschenrechte und zur Beseitigung von Diskriminierung gegen Frauen sein. Allerdings tendiert dieser Rahmen dazu, im Kontext der kommerziellen Leihmutterschaft zu schwächeln. Der Rahmen der reproduktiven Gerechtigkeit zielt darauf ab, sicherzustellen, dass die genetischen Technologien allen Frauen, ihren Familien und Gemeinschaften zugutekommen und daher wird versäumt, den am stärksten marginalisierten eine Stimme zu geben. Selbst wenn die Marginalisierten eine Stimme bekommen, sind es in der Regel die mächtigeren Stimmen, die gehört werden und nicht die extrem unterdrückten. Wenn wir das Beispiel der geschlechtsselektiven Abtreibungen nehmen, werden die meisten Frauen, die extrem mit Geschlechtervorurteilen in der Gesellschaft konfrontiert sind, tatsächlich Abtreibungen für Mädchen unterstützen, um ihren individuellen sozioökonomischen Status zu verbessern. Wenn wir geschlechtsselektive Abtreibungen in Indien auf der Grundlage solcher Stimmen rechtfertigen, die ihre sehr untergeordnete Position als Frauen in der Gesellschaft wiederholen, ist es vergeblich. Können wir jemals Mädchen, die abgetrieben werden, fragen, ob sie glücklich sind, nicht geboren zu werden, weil die Gesellschaft denkt, dass Frauen untergeordnete Bürgerinnen und eine sozioökonomische Belastung sind? Besonders wenn, zusammen mit Praktiken wie geschlechtsselektiven Abtreibungen, auch die kommerzielle Leihmutterschaft „dem globalen Register von austauschbaren weiblichen Körpern beitritt, die bereits eine bevorzugte Stätte der Selbstvermarktung sind" (Sangari 2015: 72).

Die Stimmen von Frauen, die sich selbst quälen, um Achtung zu erlangen, die sie unabhängig davon verdienen, sollten nicht als repräsentativ für die Freiheit der Frauen oder die reproduktive Gerechtigkeit angesehen werden. Kommerzielle Leihmutterschaft ist eine Praxis, die die verzweifelten finanziellen Bedürfnisse von Frauen ausnutzt, um die reproduktiven Wünsche der Elite zu befriedigen, daher handelt es sich um eine selektive klassenbasierte psychophysische Verletzung und Gewalt gegen Frauen. Die Leihmütter in Indien wurden von der Regierung durch ungerechte Gesetze diskriminiert, Kliniken, die gute medizinische Praktiken verletzen, Wunscheltern mit ihren reproduktiven Zielen, Agenten mit Gewinnmotiven und auch von ihren Familienmitgliedern, die schnell Geld verdienen wollen, indem sie die Körper von Frauen für ihren Nutzen verwenden. Ich stelle speziell die reproduktiven Rechte der Wunscheltern infrage, die, indem sie sich für eine Leihmutterschaft entscheiden, eine andere Frau sozialen Stigmen und psychologischen Herausforderungen aussetzen, ihre körperliche Integrität verletzen und noch mehr, die Gesundheit, das Wohlbefinden, die Freiheit und sogar das Leben der Leihmutter aufs Spiel setzen. Laut Dickenson (2001), obwohl es Vorteile der Leihmutterschaft und erhöhte reproduktive Wahlmöglichkeiten für eine Minderheit geben mag, kann dies nicht über die Notwendigkeit gestellt werden, die Ausbeutung einiger der weltweit am stärksten gefährdeten Frauen zu verhindern. Rothman (1992) sagt, dass die Frau, der ein Embryo implantiert wird, auf einen Körperteil reduziert wird, ist respektlos gegenüber menschlichen Beziehungen und zerstörerisch für die Menschlichkeit. Betrachten wir den Weg der Menschenrechte zur Beseitigung von Praktiken wie Leihmutterschaft als Diskriminierung gegen Frauen, die auch in Renate Kleins jüngstem Buch über Leihmutterschaft stark betont wird, insbesondere angesichts des Ausmaßes potenzieller Schäden und ethischer Dilemmata, die in der Praxis inhärent sind (Klein 2017).

Leihmutterschaft: Eine Menschenrechtsverletzung

Die sexuelle und reproduktive Gesundheit von Frauen steht in Beziehung zu mehreren Menschenrechten, einschließlich dem Recht auf Leben, dem Recht auf Freiheit von Folter, dem Recht auf Gesundheit, dem Recht auf Privatsphäre, dem Recht auf Bildung und dem Verbot von Diskriminierung. Der Ausschuss für wirtschaftliche, soziale und kulturelle Rechte und der Ausschuss zur Beseitigung von Diskriminierung gegen Frauen (CEDAW) haben beide deutlich gemacht, dass das Recht der Frauen auf Gesundheit ihre sexuelle und reproduktive Gesundheit einschließt. Dies bedeutet, dass die Staaten Verpflichtungen haben, Rechte im Zusammenhang mit der sexuellen und reproduktiven Gesundheit von Frauen zu respektieren, zu schützen und zu erfüllen. Die Rom-Petition (2017) hat vorgeschlagen, die Leihmutterschaft in CEDAW aufzunehmen, indem sie auf die Kontrolle über die reproduktiven Rechte der Leihmütter und alle Aspekte ihres Lebens während der Schwangerschaft hinweist, einschließlich Bedrohungen für ihre physische und psychische Gesundheit, deren Hauptzweck die Erfüllung der reproduktiven Wünsche einer anderen Person ist. Diese Petition wurde durch ein internationales Treffen in Rom entwickelt, das am 23. März 2017 stattfand. Danach wurde eine Anfrage an die Vereinten Nationen gerichtet, um die Konvention zur Beseitigung aller Formen von Diskriminierung gegen Frauen (CEDAW) und von Kinder- und Menschenrechten anzusprechen, um ein Verfahren zu schaffen, das darauf abzielt, ein Verbot der Praxis der Leihmutterschaft als unvereinbar mit der Achtung der Menschenrechte und der Würde der Frauen zu empfehlen.

Leihmutterschaft schafft bewusst einen Zustand der Verlassenheit, indem sie die Rechte des Kindes, seine Herkunft zu kennen, und die Rechte der Leihmutter über das Kind, über sein Wohlergehen Bescheid zu wissen und eine langfristige Beziehung aufrechtzuerhalten, verweigert. Es gab Kinder, die darunter gelitten haben, ihre persönliche Geschichte nicht zu kennen (Europäischer Gerichtshof für Menschenrechte 2017; http://www.echr.coe.int/Documents/FS_Childrens_ENG.pdf). Das Zahlungsmuster in Indien richtet sich nach dem Kind und nicht nach den reproduktiven Dienstleistungen der Vertragsmutter (Saravanan 2013). Einige Kliniken zahlen die Vertragsmütter nach dem Gewicht des geborenen Kindes und setzen sie unter Druck, mehr zu essen. Die Mediziner berechnen einen Aufpreis für die Geburt jedes zusätzlichen Kindes (im Falle von Zwillingen), ein kleiner Teil davon wird auch der Vertragsmutter als Bonus gezahlt. Die meisten Babys, die geboren wurden, insbesondere bei Mehrlingsschwangerschaften, waren Frühgeborene und stark untergewichtig, daher wurden sie sofort auf die neonatologische Intensivstation gebracht. Es ist nicht bekannt, wie viele dieser Kinder überleben. Es gibt Fälle von behinderten Kindern, die durch Leihmutterschaft geboren wurden und in Waisenhäusern oder auf den Straßen in Indien gelassen wurden. Einige Kinder wurden in Indien ohne Identifikation (Pass) zurückgelassen, da ihre Wunscheltern illegal an Leihmutterschaft beteiligt waren. Diese Kinder wurden von Fremden betreut, während ihre Eltern zwischen zwei Ländern pendelten, da sie Indien nur mit einem Touristenvisum besuchen konnten (Saravanan 2013).

Die Rom-Petition (2017) spezifiziert die verschiedenen Kinderrechte, die durch Leihmutterschaft verletzt werden. Die Praxis verstößt gegen die Konvention über die Rechte des Kindes gemäß Artikel 7 § 1, über das Recht des Kindes, seine Eltern zu kennen und von ihnen versorgt zu werden; Artikel 9 § 1, der sicherstellt, dass ein Kind nicht gegen seinen Willen von seinen Eltern getrennt wird; und Artikel 35, der die Entführung, den Verkauf oder den Handel mit Kindern zu jedem Zweck oder in jeder Form verhindert; die Konvention über die Rechte des Kindes über den Verkauf von Kindern, Kinderprostitution und Kinderpornographie (gemäß Artikel 2 a), der den Verkauf von Kindern als „jede Handlung oder Transaktion definiert, bei der ein Kind von einer Person oder Gruppe von Personen gegen Entgelt oder eine andere Gegenleistung an eine andere Person übertragen wird"; Artikel 3, der sicherstellt, dass Kinder vor Verkäufen und unzulässig induziertem Einverständnis, als Vermittler, für die Adoption eines Kindes in Verletzung geltender internationaler Rechtsinstrumente zur Adoption vollständig durch das nationale Straf- oder Strafgesetz geschützt sind; das Protokoll zur Verhütung, Bekämpfung und Bestrafung des Menschenhandels, insbesondere von Frauen und Kindern, das die Konvention der Vereinten Nationen gegen die grenzüberschreitende organisierte Kriminalität ergänzt (gemäß Artikel 3 a), der Menschenhandel als „die Anwerbung, Beförderung, Überführung, Beherbergung oder Aufnahme von Personen definiert, durch Mittel der Bedrohung oder Anwendung von Gewalt oder anderen Formen der Nötigung, der Entführung, des Betrugs, der Täuschung, des Missbrauchs von Macht oder einer Position der Verletzlichkeit oder der Gewährung oder Annahme von Zahlungen oder Vorteilen zur Erzielung des Einverständnisses einer Person, die Kontrolle über eine andere Person hat, zum Zwecke der Ausbeutung"; zur Konvention über den Schutz von Kindern und die Zusammenarbeit bei internationalen Adoptionen (gemäß Artikel 4, über die Notwendigkeit, sicherzustellen, dass das Einverständnis der Mutter, wo erforderlich, erst nach der Geburt des Kindes gegeben wurde und dass das Einverständnis nicht durch Zahlung oder Entschädigung jeglicher Art induziert wurde, im allgemeinen Geist der Konvention); die Konvention des Europarats über die Adoption von Kindern (gemäß Artikel 5, über die Notwendigkeit, sicherzustellen, dass das Einverständnis einer Mutter zur Adoption ihres Kindes gültig ist, wenn es zu einem solchen Zeitpunkt nach der Geburt des Kindes gegeben wird); die Konvention des Europarats zur Bekämpfung des

Menschenhandels; die Konvention des Europarats über Menschenrechte und Biomedizin (Artikel 21); und die Petition über die Grundrechte der Europäischen Union, die es verbietet, „den menschlichen Körper und seine Teile als solche zu einer Quelle finanziellen Gewinns zu machen" (Die Rom-Petition 2017). Die Rom-Petition forderte ein Verfahren zur Anerkennung des Neugeborenen, das mit den Regeln über die Rechte des Kindes, insbesondere mit Artikel 7 § 1 der Konvention über die Rechte des Kindes, die das Recht des Kindes anerkennt, seine Mutter zu kennen und, soweit möglich, von ihr versorgt zu werden, übereinstimmt. Daher verletzt die Leihmutterschaft unter Berücksichtigung der Kinderrechte nicht nur die Menschenrechte der Körper der Frauen, sondern auch der Kinder.

Leihmütter in Indien haben die Trennung vom Kind als Trennung von der Seele bezeichnet, daher macht dieses Verfahren den Körper und die Seele der Leihmutter für die Produktion eines Babys verfügbar, das nur bei der Geburt weggegeben wird. Leihmütter waren auch besorgt über die Kinder, die durch Leihmutterschaft geboren wurden und die sie nie treffen und für den Rest ihres Lebens nicht kennenlernen werden. Auch wenn diese Praxis einen gemeinsamen komplexen Kinderwunsch darstellt, handelt es sich um eine geschichtete Form der reproduktiven Arbeit, die das Austragen und Aufziehen von Kindern trennt und soziale Ungleichheiten verstärkt, indem sie Menschen benutzt, die bereits historisch diskriminiert wurden. Frauen in Indien können ihre „Handlungsfähigkeit" weitgehend ausdrücken, bis sie sich entscheiden, Leihmütter zu werden. Aber innerhalb des Leihmutterschaftsprozesses gibt es genügend Beweise dafür, dass ihr Geist, Körper und Verhalten vollständig unter der Kontrolle der Klinik stehen. In Dr. Nayana Patels Klinik werden Frauen in Leihmutterheimen untergebracht und während des gesamten Leihmutterschaftsprozesses stark kontrolliert und eingeschränkt (siehe Kap. 4). Ihre Ernährung wird kontrolliert (sie werden überfüttert, Babys werden nach ihrem Geburtsgewicht bepreist) und Frauen werden ermutigt, religiöse Texte in der Klinik zu lesen (SAMA und Sharma 2010). Frauen, die schwerer sind, werden bevorzugt für die Leihmutterschaft; ihr Einverständnis wird nicht hinsichtlich ihrer bevorzugten Art der Aufgabe, Vergütung eingeholt; das Kind kennt möglicherweise die Umstände seiner Geburt nicht, da den Leihmüttern keine Beteiligung nach der Geburt erlaubt ist; die meisten Babys werden weggenommen, während die Leihmutter noch durch die Anästhesie sediert ist; von einigen wird erwartet, zu stillen und eine Nanny für das/die Kind(er) zu sein, bis sie abrupt getrennt werden; sie sind nicht krankenversichert; es gibt keine Lebensversicherung; und sie erhalten nur einen geringen Betrag im Falle einer Fehlgeburt. Darüber hinaus macht der soziale Kontext der weit verbreiteten Geschlechterdiskriminierung und Misshandlung in Indien sie noch anfälliger für Ausbeutung. Es versteht sich von selbst, dass diese Umstände aufdringlich sind, reproduktive Rechte und grundlegende Rechte über den eigenen Körper verweigern, die Freiheit der Bewegung und die Wahl, frei zu leben, wie sie es wünschen (essen, lesen, fernsehen, spazieren gehen), einschränken und daher Menschenrechte verletzen. Aufdringliche Technologien, die lediglich dazu dienen, die Rechte der Wunscheltern zu priorisieren, sind eine Verletzung ethischer medizinischer Praktiken.

Leihmutterschaft ist nicht an sich eine Technik, sondern eine Praxis, die Technologie innerhalb der bereits bestehenden Hierarchien und hegemonialen Systeme ausnutzt. Die Technologien, die früher am eigenen Körper verwendet wurden, werden nun am Körper einer anderen Person verwendet und verletzen ihre Freiheit, Würde und Integrität. Zum Beispiel werden in Indien Leihmütter aus bereits gefährdeten ärmeren Gemeinschaften rekrutiert. In den Vereinigten Staaten sind Leihmütter, obwohl sie nicht aus ärmeren Gemeinschaften rekrutiert werden, um Risiken zu minimieren, in der Regel Frauen aus der unteren Mittelschicht. Auch in Großbritannien, wo altruistische Leihmutterschaft erlaubt ist, gibt es eine unbestreitbare Einkommensdiskrepanz zwischen den Wunscheltern und den Leihmüttern. Leihmutterschaft verstößt gegen die UN-Sklavereikonvention gemäß Artikel 1, der Sklaverei als „den Status oder Zustand einer Person definiert, über die alle oder einige der mit dem Eigentumsrecht verbundenen Befugnisse ausgeübt werden", da sie den Erwerb eines Eigentumsrechts über eine Person und über den Körper der Frau beinhaltet, um in den Besitz des Kindes zu gelangen, das sie austrägt. Es gibt Ähnlichkeiten in der Praxis der Leihmutterschaft, die strukturelle Ungleichheiten auf der ganzen Welt ausnutzt, und es gibt Möglichkeiten, die feministischen Gedanken zu verbinden, um Solidarität zu zeigen und Praktiken wie die Leihmutterschaft als Option zur Kindererzeugung zu beenden.

Obwohl das Ergebnis dieses Marktes als Win-Win-Situation gerechtfertigt wird, richtet diese postfordistische Industrie hauptsächlich internationale Netzwerke in Ländern ein, die Wunscheltern senden, für die sie große Gewinne erzielen, und auf deren Grundlage Leihmütter aus Ländern rekrutiert werden, in denen sie mit einem geringeren Anteil zufrieden sind, damit Zwischenhändler den maximalen Gewinn erzielen können. Frauen aufgrund ihrer wirtschaftlichen und/oder sozialen Fragilität auszunutzen, um sie dazu zu drängen, ihre reproduktiven Fähigkeiten im Dienste der Reichen gegen Geld einzusetzen, ist nichts anderes als Babygeschäft. Artikel 3 der CEDAW besagt, dass der Genuss von Menschenrechten und Grundfreiheiten auf der Grundlage der Gleichheit mit Männern und die Ausbeutung von Frauen aufgrund ihrer reproduktiven Fähigkeiten zutiefst diskriminierend und diesem Ziel zuwiderläuft. Ein Rückgang der Adoptionen seit der Einführung der Technologie sollte auch für alle von Bedeutung sein.

Viele Wunscheltern missachten das Gesetz in ihrem Land oder gehen, selbst wenn es legalisiert ist, ins Ausland, weil es dort weniger Rechte gibt. Das wirft Fragen zur Menschlichkeit solcher Bürger auf, die die Rechte von Frauen in ungeregelten Ländern für ihre individuellen reproduktiven Vorteile verletzen. Die Rom-Petition (2017), schlägt ein Verbot der Leihmutterschaft auf internationaler Ebene vor, ähnlich wie bei der weiblichen Genitalverstümmelung als Menschenrechtsverletzung. Einzelpersonen sind daran beteiligt, die Gesetze im Herkunftsland zu missachten, um Praktiken zu übernehmen, die Menschenrechte verletzen, indem sie die unzureichenden Vorschriften in den Zielländern missbrauchen. Die Rom-Petition fordert eine Regelung, um zu verhindern, dass Menschen von einem Land, in dem Leihmutterschaft illegal ist, in ein anderes Land ziehen, in dem sie erlaubt ist.

Laut ACRJ (2005) ist reproduktive Gerechtigkeit „das vollständige physische, mentale, spirituelle, politische, wirtschaftliche und soziale Wohlbefinden von Frauen und Mädchen, und wird erreicht, wenn Frauen und Mädchen die wirtschaftliche, soziale und politische Macht und die Ressourcen haben, um gesunde Entscheidungen über unseren Körper, Sexualität und Fortpflanzung für uns selbst, unsere Familien und unsere Gemeinschaften in allen Bereichen unseres Lebens zu treffen". Reproduktive Unterdrückung ist „die Regulierung der Fortpflanzung und Ausbeutung der Körper und Arbeit von Frauen sowohl als ein Werkzeug als auch ein Ergebnis von Unterdrückungssystemen aufgrund von Rasse, Klasse, Geschlecht, Sexualität, Fähigkeit, Alter und Einwanderungsstatus" (ACRJ 2005: 1). Leihmutterschaft ist eine Praxis, die den Körper von Frauen als Werkzeug benutzt und diese Frauen sind strukturell unterdrückt aufgrund von Klasse, Rasse und Geschlecht. Diese Definition lässt eine Unklarheit darüber, was „gesunde Entscheidungen" bedeutet. Es gibt keine Erwähnung von Leihmutterschaft in dem gesamten Bericht außer einer indirekten Referenz zur Globalisierung, die Frauen einschließt, die in Bekleidungs- und anderen Fabriken arbeiten, was sich auch auf Frauen beziehen kann, die ihr Leben und ihre Gesundheit riskieren, um Babys für andere gegen Bezahlung auszutragen. Der Rahmen der reproduktiven Gerechtigkeit konzentriert sich auf die Kontrolle und Ausbeutung der Körper, Sexualität und Fortpflanzung von Frauen, was eine effektive Strategie zur Kontrolle von Frauen und Gemeinschaften, insbesondere den Farbigen, gewesen ist. Obwohl der Rahmen der reproduktiven Gerechtigkeit darauf abzielt, Formen der Unterdrückung zu erkennen und die strukturelle Macht und Ungleichheiten zu ändern sowie einige Strategien definiert, kann diese Definition nicht auf die komplexen Formen von Ungleichheiten in der Praxis der Leihmutterschaft angewendet werden. Die in dem ACRJ-Bericht von 2005 über reproduktive Gerechtigkeit vorgeschlagenen Strategien konzentrieren sich auf die einwanderungsbasierte Politik in Kanada. Daher können reproduktive Gerechtigkeitsstrategien im Kontext der Leihmutterschaft nur aus diesem Bericht abgeleitet werden. Die Rom-Petition kommt dem am nächsten, Strategiewege zur globalen assistierten Empfängnis zu zeichnen, die am relevantesten für die reproduktive Gerechtigkeit sind. Das nächste Kapitel versucht einen Weg vorwärts zu einer humanitären assistierten Empfängnis, die die menschliche Würde und Integrität respektiert.

Ich schließe dieses Kapitel mit zwei humanitären Fragen ab, die ich im nächsten Kapitel weiter diskutieren werde:

1. Wenn wir die Veränderung von Genomen als unerwünscht und als Verletzung des menschlichen Wertes betrachten, wie können wir als Menschen überhaupt die Normalisierung des Auswählens von Gameten, das Wählen von Leihmüttern und das Bezahlen für Babys auf der Grundlage von klassistischen, rassistischen, ableistischen und anderen sozialen Vorurteilen in Betracht ziehen?
2. Wie können wir Leihmutterschaft normalisieren, eine Praxis, die ein Eingriff in das reproduktive Wesen einer anderen Frau ist und die ihre Gesundheit, ihr Wohlbefinden und ihr Leben als „jede andere Arbeit" gefährden kann?

Literatur

ACRJ. 2005. *A new vision for advancing our movement for reproductive health, reproductive rights and reproductive justice.* Oakland, CA: Asian Communities for Reproductive Justice.

Bailey, Alison. 2011. Reconceiving surrogacy: Toward a reproductive justice account of Indian surrogacy. *Hypatia* 26:715–741.

Callahan, Joan C., und Dorothy E. Roberts. 1996. *A feminist social justice approach to reproduction-assisting technologies: A case study on the limits of liberal theory.* Faculty Scholarship. Paper 1155.

Cherry, April L. 2014. The rise of the reproductive brothel in the global economy: Some thoughts on reproductive tourism, autonomy, and justice. *17 U. Pa. J.L. & Soc. Change* 257:269–271.

Deomampo, Daisy. 2013. Transnational surrogacy in India: Interrogating power and women's agency. *Frontiers* 34(3):167–188.

Dickenson, Donna. 2001. Property and womens alienation from their own reproductive labour. *Bioethics* 15(3):205–217.

Donchin, A. 2010. Reproductive tourism and the quest for global gender justice. *Bioethics* 24(7):323–332.

European Court of Human Rights. 2017. *Strasbourg.* http://www.echr.coe.int/Pages/home.aspx?p=home.

Fixmer-Oraiz, Natalie. 2013. Speaking of solidarity: Transnational gestational surrogacy and the rhetorics of reproductive (in)justice. *Frontiers: A Journal of Women Studies* 34(3):126–163.

Frankenberg, Ruth. 1993. *White women, race matters: The social construction of whiteness,* 304. University of Minnesota Press.

Gaard, Greta. 2010. Reproductive technology, or reproductive justice?: An ecofeminist, environmental justice perspective on the rhetoric of choice. *Ethics & the Environment* 15(2):103–129.

Galpern, Emily, Mia Mingus, und Cara Page. 2007. Surviving ourselves: Unpacking reproductive justice, genetic technologies and eugenics. In *Presentation for SisterSong's „let's talk about sex" conference,* Chicago, IL, June 1, 2007.

Ghimire, D.J., W.G. Axinn, S.T. Yabiku and A. Thoirnton. 2006. Social change, premarital nonfamily experience, and spouse choice in an arranged marriage society. *American Journal of Sociology* 111:1181–1218.

Grewal, I., and C. Kaplan. 1994. *Scattered hegemonies: Post-modernity and transnational Feminists Practices.* Minneapolis: University of Minnesota Press.

Gupta, J. 2012. Reproductive biocrossings: Indian egg donors and surrogates in the globalized fertility market. *IJFAB: International Journal of Feminist Approaches to Bioethics* 5:25–51.

Hampton, Tracy. 2010. Child marriage threatens girl's health. *JAMA, The Journal of the American Medical Association* 304(5): 509–510.

Jesudason, Sujatha, und Katrina Kimport. 2013. Decentering the individual and centering community: Using a reproductive justice methodology to examine the uses of reprogenetics. *Frontiers: A Journal of Women Studies* 34(3):213–225.

Klein, Renate. 2017. *Surrogacy: A human rights violation.* Melbourne: Spinifex Press.

Langlois, A. 2009. Normative and theoretical foundations of human rights. In: Human rights: Politics and practise, Hrsg. by M. Goodhart. pp. 11–25. Oxford: Oxford University Press.

Luna, Zakiya, und Kristin Luker. 2013. Reproductive justice. *Annual Review of Law and Social Science* 9:327–352.

Mackie, Vera. 2001. The language of globalization, transnationality and feminism. *International Feminist Journal of Politics* 3:180–206.

Mies, M., and V. Shiva. 1993. *Ecofeminism.* London: Zed.

Mohanty, C. T. 1986. Under western eyes: Feminist scholarship and colonial discourses. *Boundary* 2(12):333–358.

Mohanty, C. T. 2003. „Under western eyes" revisited: Feminist solidarity through anticapitalist struggles. *Signs* 28:499–535.

Mohapatra, Seema. 2012. Achieving reproductive justice in the international surrogacy market. *Annals of Health Law* 21(1): 191–200.

Okin, Susan Moller. 1998. Feminism, women's human rights, and cultural differences. *Hypatia* 13:32–52.

Pande, A. 2014. *Wombs in labor: Transnational commercial surrogacy in India,* 252 p. New York: Columbia University Press.

Roberts, Dorothy E. 2009. Race, gender, and genetic technologies: A new reproductive dystopia? *Signs* 34(4):783–804.

Rothman, Barbara Katz. 1992. Reproductive technologies and surrogacy: A feminist perspective. *Creighton Law Review* 25:1599–1616.

Rudrappa, S. 2015. *Discounted life: The price of global surrogacy.* New York: New York University Press.

SAMA und S. Sharma. 2010. *Can we see the baby bump.* India: Surfilms.

SAMA. 2012. *Birthing a market: A study on commercial surrogacy.* New Delhi: SAMA-Resource Group for Women and Health.

Sangari, Kumkum. 2015. *Solid liquid: A (trans)national reproductive formation.* Tulika Books: New Delhi.

Saravanan, S. 2010. Transnational surrogacy and objectification of gestational mothers. *Economic and Political Weekly* 45:26–29.

Saravanan, S. 2013. An ethnomethodological approach to examine exploitation in the context of capacity, trust and experience of commercial surrogacy in India. *Philosophy, Ethics and Humanities in Medicine* 8:10.

Scheper-Hughes, N. 2000. The global traffic in human organs. *Current Anthropology* 41(2):191–224.

Sunder Rajan, Rajeswari. 2000. Introduction: Feminism and the politics of resistance. *Indian Journal of Gender Studies* 7:153–165.

The Rome Petition. 2017. 2nd NGO European meeting on the abolition of surrogacy. In *27th February. European Women's Lobby:* piazza di Monte Citorio, Rome.

Vora, Kalindi. 2009. Indian transnational surrogacy and the commodification of vital energy. In special issue, Re-tooling subjectivities: Exploring the possible through feminist science studies. *Subjectivities* 28(1): 266–278.

Weedon, Chris. 1999. *Feminism, theory and the politics of difference.* Oxford: Blackwell.

West, Robin. 2009. From choice to reproductive justice: De-constitutionalizing abortion rights. *The Yale Law Journal* 118:1394–1432.

8 Hin zu humanitär unterstützter Empfängnis

Zusammenfassung

Roberts (Signs 34:783–804, 2009) stellt fest, dass reproduktive Freiheit nicht nur die individuelle Wahl der Frau darüber umfassen sollte, wie und wann sie ein Kind haben und ihre Schwangerschaft beenden möchte, sondern auch soziale Gerechtigkeit einschließen sollte. Der Begriff der Freiheit erlaubt es einer Person, sich für die Fortpflanzung zu entscheiden, ohne anderen Schaden zuzufügen, und er beinhaltet auch die freie Wahl bei der Abtreibung (Bolton in United States Reports 179, 1973). Die gleiche Logik, wenn sie auf die Leihmutterschaft angewendet wird, beinhaltet eine inhärente Beeinträchtigung des reproduktiven Rechts einer anderen Person auf Abtreibung und Elternschaft, die ihre Gesundheit und ihr Wohlbefinden beeinflusst. Dennoch haben Liberale bei der Leihmutterschaft Beweise dafür gefordert, dass die Praxis individuelle reproduktive Rechte entwertet. Mehrere Wissenschaftler haben darauf hingewiesen, dass individuelle reproduktive Rechte mit der Verantwortung gegenüber einer gerechten und humanen Gesellschaft einhergehen. Ein Weg nach vorne besteht darin, die Grenzen der humanitären Reproduktion auf der Grundlage sozialer Gerechtigkeit zu untersuchen. Unter Berücksichtigung der Intersektionalität besteht das Ziel bei der Untersuchung der Grenzen humanitärer Reproduktion darin, die humanen Verpflichtungen und Grenzen zu identifizieren, die bei der Durchsetzung des individuellen Reproduktionswunsches nach Kindern durch Leihmutterschaft überschritten werden könnten. Ich werde die beiden Fragen diskutieren, die ich im vorherigen Kapitel aufgeworfen habe; als Menschen, können wir die Auswahl von Gameten und Leihmüttern, die soziale Vorurteile verfestigen, normalisieren und können wir Leihmutterschaft als eine Arbeit wie jede andere normalisieren? Ich beginne mit der Definition von humanitären Grenzen.

S. Suryanarayanan, *Ein transnationaler feministischer Blick auf die Biomärkte für Leihmutterschaft in Indien*, https://doi.org/10.1007/978-981-97-7944-4_8

Schlüsselwörter

Menschenrechte · Schnittstellen · Genetisierung · Leihmutterschaft als Arbeit · Humanitäre Vorstellung

Ich definiere die humanitären Grenzen der Reproduktion als reproduktive Rechte, die auf den eigenen Körper anwendbar sind und ihre Grenzen, wenn sie auf den Körper einer anderen Person angewendet werden. Ich sollte die volle Kontrolle über meinen eigenen reproduktiven Körper haben, aber das sollte nicht das rechtmäßige Kontrollrecht über die reproduktiven Funktionen und Rechte einer anderen Person einschließen. Jede Form individueller Reproduktionswünsche, die in die Reproduktionsarbeit einer anderen Person eingreifen, wie die Gewinnung genetischer Substanzen, das Austragen oder Aufziehen, kann nicht als reproduktives Recht definiert werden und überschreitet die humanitären Grenzen. Das Ziel bei der Untersuchung humanitärer Grenzen besteht darin, die humanen Verantwortlichkeiten zu identifizieren, die bei der Geltendmachung der Reproduktionswünsche überschritten werden könnten. Individuelle reproduktive Rechte gehen einher mit der Verantwortlichkeit gegenüber einer gerechten und humanen Gesellschaft. Petchesky (1995) wiederholt das Missverständnis, dass Frauen ihren eigenen Körper besitzen, der ihn zu einer Reproduktionsfabrik macht, indem er ihn objektiviert und ihm grundlegende Würde verweigert: „das individuelle Recht der Frau über ihren eigenen Körper" als „ein unbewusstes Spiegeln der kapitalistisch-patriarchalischen Ideologie … basierend auf der Logik des bürgerlichen Individualismus und dem inneren Drang nach Privateigentum" (Farida Akhter, zitiert in Petchesky 1995).

Ausgehend von dieser individualisierten Fehleinschätzung des weiblichen Körpers möchte ich erläutern, was ich unter humanitären Grenzen verstehe, und dabei versuchen zu bestimmen, welche reproduktiven Rechte der Einzelne am Körper anderer Menschen nicht hat. Unfruchtbarkeit ist bekannt dafür, dass sie Menschen soziale Stigmatisierung, psychische Probleme, körperlichen Stress durch Fruchtbarkeitsbehandlung und Verletzung der körperlichen Integrität aussetzt. Wenn sich die künftigen Eltern jedoch für eine Leihmutterschaft entscheiden, um sich den Wunsch nach einem Kind zu erfüllen, neigen sie dazu, eine andere Frau denselben Problemen auszusetzen; soziale Stigmatisierung, psychische Herausforderungen, Verletzung ihrer körperlichen Integrität und noch mehr, indem sie die Gesundheit, Freiheit und sogar das Leben der Leihmutter aufs Spiel setzen. Daher überschreitet die Leihmutterschaftsvereinbarung eindeutig die „humanitäre" Grenze der Ideologien, für die Feminismus und reproduktive Gerechtigkeit selbst stehen, nämlich „Fortpflanzung für sich selbst, aber ohne anderen Schaden zuzufügen".

Leihmutterschaft und Intersektionalität

Als Verletzung grundlegender Menschenrechte und aus der Perspektive der Kinderrechte behaupte ich im Einklang mit der Römischen Charta, deren Unterzeichnerin ich auch bin, dass Leihmutterschaft weltweit verboten werden sollte. Für jede Frau ist das

Experimentieren mit In-vitro-Fertilisations-Verfahren am eigenen Körper eine Frage der Entscheidung, auch wenn es invasiv und schädlich für ihren Körper und ihr Selbst ist; diese Rechte müssen auf die Person beschränkt werden, die reproduktive Eingriffe am eigenen Körper vornimmt. Wenn sich dieses Recht auf Fortpflanzung auf die Kontrolle über den Körper einer anderen Person erstreckt, ist es ein Eingriff in den Körper einer anderen Person, um Kinder zu bekommen. Wenn „ich" (Wunschelternteil) „ihren" (der Leihmutter) Körper, ihre Gebärmutter, ihren Geist, ihre möglichen Gefühle gegenüber dem Kind und dem Leben und dem entstehenden Kind kontrollieren kann, dann ist die Logik „mein Körper und mein Eigenes" hinfällig. Die Praxis der Leihmutterschaft beinhaltet eine Kontrolle über den Körper eines anderen Menschen, um die eigenen reproduktiven Wünsche zu erfüllen, und dieses Verfahren verletzt die menschliche Würde und die reproduktiven Rechte einer anderen Person. Die Reproduktionsarbeit, ein Kind auszutragen, soll einer Einzelperson (in der Regel einer Frau) bestimmte grundlegende Menschenrechte geben, aber der Prozess der Leihmutterschaft schränkt diese speziellen Rechte der Leihmutter von Grund auf ein und verletzt sie. Es beschränkt die Abtreibungsrechte einer anderen Frau, es beschränkt die Freiheit einer anderen Person, die Elternschaft in vollem Umfang zu erleben, es beschränkt das Recht der Frau auf das Kind, und darüber hinaus setzt es eine andere Person den physischen und psychischen Schmerzen des In-vitro-Fertilisations-Verfahrens, dem Austragen eines Kindes, der Geburt und der Nachgeburt aus. Der Prozess der Leihmutterschaft verletzt diese Rechte, und wie bereits erwähnt, ist es wahrscheinlich, dass er eine andere Frau (die Leihmutter) sozialer Stigmatisierung, psychischen Herausforderungen, Verletzung ihrer körperlichen Integrität aussetzt und auch die Gesundheit, Freiheit, Unabhängigkeit und sogar das Leben der Leihmutter aufs Spiel setzt. Daher kann Leihmutterschaft nicht als sozial gerechtfertigte Praxis angesehen werden, und sie überschreitet die humanitären Grenzen der reproduktiven Rechte.

Intersektionalität berücksichtigt weitere komplexe Aspekte, die im Prozess der Leihmutterschaft eine Rolle spielen. Co-Elternschaft und liberale reproduktive Rechte, wie von Teman spezifiziert, können die menschliche Würde nur wahren, wenn solche Verträge zwischen zwei Gleichgestellten stattfinden (Teman 2010). Es ist jedoch bekannt, dass Leihmutterschaftsverträge zwischen Gleichgestellten in der Leihmutterschaft fast nicht existieren, selbst in Fällen von altruistischer Leihmutterschaft. Intersektionalität ist ein struktureller Ansatz, der untersucht, wie verschiedene soziale Unterschiede und Identitäten (wie Rasse/Ethnizität, Geschlecht, Klasse, Sexualität, Alter, Behinderung/Fähigkeit, Migrationsstatus und Religion) gleichzeitig zusammenwirken. Dies sollte auch Formen systematischer Unterdrückung, Kolonialismus und auch das Kastenwesen in Indien einschließen. Die Modelle der Intersektionalität, die aus der feministischen Forschung hervorgehen, verdeutlichen, dass die Geschlechterrollen bei der Reproduktion eng mit Rasse, Nationalität oder Klasse verknüpft sind. Diese Wissenschaft konzentriert sich auf die Erfahrungen der am stärksten marginalisierten Bevölkerungsgruppen im Vergleich und Kontrast zu denen, die am meisten privilegiert sind. Die Intersektionalitätstheorie erinnert uns daran, dass Menschen je nach ihrem sozialen Standort unterschiedlich stark benachteiligt oder privilegiert werden (Dhamoon und Hankivsky 2011).

Sie informiert über die vielfältigen Wege, auf denen Unterdrückungssysteme zusammenwirken, um ausgrenzende Wirkungen zu erzeugen. Sie bezieht sich auf Formen der Beziehung zwischen sozialen Strukturen, die sich zu sozialen Kategorien verbinden, denen bestimmte Erfahrungen und Ausdrucksformen eigen sind. (Cho et al. 2013). Wenn man über In-vitro-Fertilisations-Technologien spricht, scheint es auf den ersten Blick so, als würden sie die Geschlechtergleichheit fördern, indem sie die Wahlmöglichkeiten der Frauen erweitern. Durch die Einbeziehung der Klassenzugehörigkeit in die Analyse ergibt sich jedoch ein anderes Muster von unterschiedlichen Entscheidungen. Darüber hinaus werden durch die Berücksichtigung von Ethnie, Ethnizität und Migrationsstatus verschiedene Formen der Beherrschung und Diskriminierung deutlich.

Die Frauenrechtskonvention CEDAW muss daher das Recht auf Abtreibung und das Recht auf Elternschaft für alle Frauen einschließen, unabhängig davon, ob es sich um eine genetische oder eine schwangerschaftsbedingte Verbindung handelt. Rassismus, Klassismus, Ableismus und Patriarchat müssen durch offenen Widerstand beendet werden, und nicht durch verdeckte Laborpraktiken mit anonymen Spendern oder Elternschaft durch Leihmütter, Laissez-faire-Gametenwahl, Geschlechtswahl, Embryonenwahl, Präimplantationsdiagnostik (PID) und Technologien, die die genetischen Komponenten der Embryonen manipulieren. Dies ist ein einseitiger Laissez-faire-Markt, der sich an die Menschen richtet, die Eltern werden wollen, und indirekt eine Verstärkung aller ungerechtfertigten sozialen Vorurteile unterstützt, gegen die der Feminismus seit Jahrzehnten Widerstand leistet. Wissenschaft und Technologie haben in allen Lebensbereichen wunderbare Veränderungen bewirkt. Aber die meisten assistierten Reproduktionstechnologien (ARTs) basieren auf Unehrlichkeit, Lügen und Geheimhaltung. Anonyme Gameten werden gesucht, damit die Eltern ihrem zukünftigen Kind nicht die Wahrheit über seine Geburt mitteilen müssen. Wohlhabende Menschen reisen von Ort zu Ort, um in unregulierten Ländern mit hoher Armut eine Leihmutterschaft in Anspruch zu nehmen. Sie tun dies, um einfach mit ihren Babys ausreisen zu können und Frauen zu finden, die nicht durch Gesetze geschützt und bereit sind, alles für Geld zu tun.

Leihmutterschaft sollte unter allen Umständen verboten sein, denn auch wenn eine Frau keinen Teil ihres Körpers oder ihrer biologischen Substanz spendet, bringt sie ein anderes menschliches Wesen zur Welt und gibt es dann weg. Es geht nicht nur um die Leihmutter, die eine Entscheidung über ihren eigenen Körper trifft, sondern sie bringt eine andere Person in diese Welt und verzichtet auf ihre Rechte gegenüber diesem Kind, dessen Meinung nicht berücksichtigt wurde. Zudem reicht es nicht aus, Überstimulation oder maternale Mortalität für den Tod einer Frau während der Leihmutterschaft oder Eizellspende verantwortlich zu machen, da dieser Prozess zur Erfüllung der Reproduktionswünsche einer anderen Person initiiert wurde. Diese lebensgefährdende Praxis sollte aus humanitären Gründen nicht erlaubt sein.

Individuelle elterliche Wünsche und Fortpflanzungsentscheidungen werden durch den symbolischen Körper bestimmt, durch die soziale Position, die Gruppenzugehörigkeit, den sozialen Status und die Lebensaussichten. Diese Wünsche werden auch durch die Erfahrungen des Körpers, des Selbst und des Geistes bestimmt. Mediziner in

Indien neigen jedoch dazu, dies mit Faktoren wie der Hautfarbe in Verbindung zu bringen, indem sie sagen, dass Leihmütter keine Bindung zu einem Kind mit einer anderen Hautfarbe eingehen können und wollen. Ein Marathi-Film aus dem Jahr 2011, *Mala Aai Vhhaychay,* was „Ich möchte Mutter sein" bedeutet, ist die Geschichte einer Leihmutter, die einen Leihmutterschaftsvertrag eingeht, um ihre häusliche Wirtschaftslage zu verbessern (Porey 2011). Sie weigert sich, das Kind abzutreiben, nachdem festgestellt wurde, dass das Kind mit Behinderungen geboren werden könnte. Die Wunschmutter verlässt das Baby und verlässt Indien. Diese Geschichte über eine indische Mutter, die eine Bindung zu einem weißhäutigen Kind aufbaut, ist von einer wahren Geschichte inspiriert und zeigt die Komplexität der Leihmutterschaft. Ein feministischer Ansatz für soziale Gerechtigkeit versteht die Schäden, die durch reproduktionsunterstützende Technologien verursacht werden, die durch kontextualisierte und sozial konstruierte gesellschaftliche Positionen (Unfruchtbarkeit, Elternschaft, Mutterschaft) verursacht werden (Callahan und Roberts 1996). Der Schaden, den bestimmte Technologien dem symbolischen Körper zufügen, zeigt sich in untergeordneten Gruppen und ungerechten sozialen Strukturen.

In einer Zeit, in der Feministinnen Praktiken wie geschlechtsselektive Abtreibungen und weibliche Genitalverstümmelung in Asien und Afrika unterstützen, werden solche Denkprozesse bereits unmenschlich. Es ist fast so, als würde man sagen, dass Gewalt gegen Frauen und Kindesmissbrauch akzeptabel ist, weil sie in einigen Teilen der Welt gesellschaftlich sanktioniert sind. Wenn Forscher sagen, dass selektive Abtreibung in Asien sexistisch ist, während sie in Amerika als die Familie ausgleichend gilt, nähern sich die Gedanken gefährlich nahe der rassistischen Heuchelei. Weibliche Genitalverstümmelung ist in den meisten entwickelten Ländern verboten, aber wenn die Entwicklungsländer versuchen, diese Praxis zu verbieten, wird dies als Aufdrängen externer Einflüsse gesehen. Ähnlich verhält es sich, wenn Feminist*innen argumentieren, dass es gerechtfertigt sei, dass eine arme Frau, die dringend Geld benötigt, ein Kind für eine andere Person austrägt und dass sie durch diesen Prozess emanzipiert werde, indem sie keine Bindung zu dem Kind aufbaue. Solche Gedanken sind unmenschlich. Die meisten entwickelten Länder verbieten Leihmutterschaft, aber wenn Entwicklungsländer dasselbe tun, wird behauptet, dass die jeweilige Regierung die verfassungsmäßigen Rechte der einzelnen Leihmütter, zusätzliches Geld zu verdienen, um ihre Familien aus der Armut zu holen, einschränkt. Länder, die kommerzielle Leihmutterschaft innerhalb ihrer Grenzen verbieten, erlauben dennoch, dass Menschen hingehen und arme Bürger anderer Länder ausbeuten und die Kinder in ihr Land zurückbringen. Nach dem Erdbeben in Nepal schickte die israelische Regierung ein Flugzeug, um die israelischen Babys zurückzubringen, und ließ die Leihmütter in der Katastrophenzone zurück.

Man könnte meinen, dass Feministinnen solchen Gedanken nicht zustimmen würden, aber in jüngster Zeit spiegeln einige feministische Diskurse diese Gefühllosigkeit gegenüber Mitmenschen im Allgemeinen und Frauen im Besonderen wider. Was in diesem Kapitel folgt, ist ein Versuch, die „humanitären" Grenzen dieser feministischen Ideologien anhand eines Falles von Leihmutterschaftsvereinbarung in Indien und ihrer globalen

Relevanz für reproduktive Gerechtigkeit zu identifizieren. Alle Arten von **Phrasen** werden verwendet, auch von Akademikern, um die Leihmutter vom Baby in ihrem Bauch zu trennen, „Leihmutter", „Gebärmütter", und ihr Fortpflanzungsorgan wird als „Vakuum", „Behälter" bezeichnet. In den Köpfen derjenigen, die diesen Biomarkt nutzen, sind diese Frauen Maschinen, bis das Baby geboren ist; wenn es künstliche Gebärmütter in dieser Welt gäbe, würden menschliche Körper die Babys nicht austragen. Also fühlen sich die Frauen wie Maschinen; vielleicht tun einige das, wenn sie das Baby austragen, aber wenn das Baby geboren ist, sind sie echte Menschen, und viele Frauen binden sich fast sofort an die Babys. Dies wird deutlich an der Reaktion der Frauen: Einige, die wissen, dass sie das Baby nie wieder sehen werden, legen ihre Hand auf den Kopf des Babys, um das Kind mit Tränen in den Augen zu segnen, diejenigen, die sich um die Babys bei der Geburt kümmern, küssen, kuscheln, stillen die Babys nur, um sich dann ohne weiteren Kontakt zu trennen, während andere, die das Gesicht des Kindes nie zu Gesicht bekommen, ein lebenslanges Verlangen haben, die Babys zu sehen, die sie geboren haben. Eine Leihmutter erzählte mir, dass ihr einziger Wunsch sei, dass ihr jedes Jahr Fotos ihrer Zwillinge geschickt werden, damit sie sehen kann, wie sie wachsen. Ist das ähnlich einer Person, die in einer Taschenfabrik arbeitet, die sich danach sehnt, die Tasche(n), die sie produziert hat, Jahre nachdem sie sie produziert hat, anzusehen und ob die Person, die sie besitzt, sich um diese Tasche kümmert oder nicht? Ist diese gesamte Praxis unmenschlich oder werden wir in dieser Welt der technologischen Entwicklungen selektiv mechanisch, in der einige Leben, Emotionen und Meinungen hoch geschätzt werden, während andere trivialisiert werden? Forscher behalten den Überblick über ihre Veröffentlichungen, jedes Stück, das wir schreiben, ist unser Baby, eine Idee, die wir gezeugt haben, wir möchten Feedback erhalten und sehen, wie unsere Konzepte wachsen oder kritisiert werden. Was wäre, wenn wir nach der Veröffentlichung keinen Zugang mehr zu unserer Forschung hätten und einen solchen Vertrag mit unseren Verlegern unterzeichnen müssten?

Auf einer Konferenz, die als akademisches Treffen gedacht war, um alle Standpunkte zu diskutieren, stellte ich fest, dass die meisten Redner die Leihmutterschaft unterstützten. Nach meinem Vortrag wurde mir eine Frage gestellt: „Es sieht so aus, als hätten Sie nur eine Frau interviewt, denn was Sie präsentieren, scheint sehr dramatisch zu sein?". Eine weitere Frage betraf die Essgewohnheiten der Leihmütter in Leihmutterheimen in Indien, und als ich anfing zu antworten, wie die Endzahlung auf dem Gewicht des Babys basiert, wurde ich unterbrochen, und mir wurde gesagt, dass meine Zeit abgelaufen sei. In dieser Workshop-Umgebung in Paris, wo alles in Bezug auf Individualisierung diskutiert wurde, schien ich die Einzige zu sein, die die ruhigen Gewässer aufwühlte, indem ich über mütterliche Emotionen, Armut und Ausbeutung sprach. Die Teilnehmer des Treffens waren unzufrieden mit mir, weil ich den Schmutz aufgewirbelt hatte, der sich unten abgesetzt hatte. Ebenso erhalten Frauen, die Nahtoderfahrungen machen oder sogar an der Eizellspende oder dem Leihmutterschaftsverfahren irgendwo auf der Welt sterben, die geringste Aufmerksamkeit von den Medien. In jedem zweiten Haushalt in Indien wird Kinderarbeit eingesetzt, um bei den Hausarbeiten zu helfen, in jedem zweiten Restaurant arbeiten Kinder über die übliche Arbeitszeit hinaus, ohne die Möglichkeit, ein Gleichgewicht zwischen Schule und Arbeit herzustellen. Wenn Kinder auf den Märkten eingesetzt werden können, warum dann nicht erwachsene Frauen, die bereitwillige Teilnehmerinnen sind und sich selbst als Sündenböcke anbieten? Dennoch sagt Dr. Nayana Patel *„As soon as you come to India, you talk about exploitation"* (The VJMovement 2009). Das andere Argument, das die Leihmutterschaft unterstützt, ist, dass die Leihmutterschaft eine Arbeit genau wie jede andere ist (Pande 2014; Rudrappa 2015). Ich argumentiere, dass Leihmutterschaft weder eine Technologie noch eine Arbeit ist, es ist eine Praxis, die in den Körper der Frau eindringt durch Technologie, die in Klassen- und Geschlechterungleichheiten eingebettet ist, unter Verwendung historischer Ausbeutungsmethoden.

Leihmutterschaft als Arbeit

In dieser Normalisierung der Ausbeutung ist eines der Argumente, die die Leihmutterschaft unterstützen, dass Menschen das Recht haben sollten, ihre eigene Beschäftigung zu wählen, indem sie die Leihmutterschaft mit Arbeiten wie denen in Bekleidungsfabriken, als Prostituierte oder Hausmädchen gleichsetzen (Pande 2014; Rudrappa 2015). Autoren, die dies annehmen, haben die Leihmutterschaft in Indien mit Arbeitern in Bekleidungsfabriken verglichen, um zu rechtfertigen, dass die Arbeit als Leihmutter besser ist als in Bekleidungsfabriken. Die gleichen Wissenschaftler stimmen auch zu, dass die Arbeitsbedingungen in Bekleidungsfabriken eine offensichtliche Menschenrechtsverletzung der Arbeitnehmer sind. Indem sie die Arbeit als Leihmutter als bessere Option als die Arbeit in Bekleidungsfabriken rechtfertigen, normalisieren die Wissenschaftler die Arbeitsbedingungen in Bekleidungsfabriken und fügen die Leihmutterschaft dieser Arbeit hinzu.

Unabhängig davon, ob es sich um Neokolonialismus oder Postkolonialismus handelt, sind solche als informelle Beschäftigung kategorisierten Arbeiten ausbeuterisch und darüber hinaus speziell auf Frauen ausgerichtete Arbeiten. Von diesen ist die Prostitution sexuell aufdringlich und die Leihmutterschaft ist ein Eingriff in das reproduktive Selbst der Frauen. Dies sind Praktiken, die die Kontrolle der Armen durch die Reichen stärken. Der Fokus sollte darauf gerichtet werden, verbesserte Arbeitsbedingungen für Arbeiterinnen in Bekleidungsfabriken und Hausmädchen und ähnliche Formen von Frauenarbeit anzubieten, damit Frauen nicht ihre Reproduktionskapazität verkaufen müssen. Das Argument der Leihmutterschaft als Arbeit betont, dass Frauen für ihre Reproduktionsarbeit bezahlt werden. Meine Studien und mehrere andere Studien haben festgestellt, dass die Bezahlung hauptsächlich für das Kind erfolgt, genau gesagt für die Übergabe des Kindes. Einige Wissenschaftler behaupten, dass die Leihmutterheime gut für Leihmütter seien und ihnen Handlungsfähigkeit und Freundschaften böten (Pande 2014; Rudrappa 2015). Diese Annahmen werden auch von anderen übernommen, die sagen, dass Frauen mit gesundem Essen, medizinischer Unterstützung, Computerkursen, Englischunterricht und anderen Formen von Berufskursen versorgt werden (Sifris 2015). Als ich die besagte Klinik besuchte, gab es keine Anzeichen für solche Kurse, und der Arzt sagte mir, dass die Leihmütter nicht interessiert gewesen seien, also hätten sie sie eingestellt. Es ist eine faule Ausrede, da die Leihmütter in den Heimen ständig wechseln, rein und raus, und so auch ihre Bedürfnisse. Wie auch immer, das ist nebensächlich und bietet keine Rechtfertigung dafür, dass Frauen gegen ihren Willen in Schlafsälen festgehalten werden. Es ist vielmehr der Gedankengang, dass diese Frauen ungesundes Essen essen und gefährliche Körper haben, die während ihrer Schwangerschaft ständig überwacht werden müssen, der problematisch ist. Ich argumentiere, dass die obligatorische Inhaftierung von Frauen und die Art der Regeln, die in diesen Schlafsälen auferlegt werden, eine Verletzung der Menschenrechte sind und unter keinen Umständen erlaubt sein sollten. Frauen, die darum bettelten, nach Hause gehen zu dürfen, durften dies in meiner Studie nicht tun. Die Leihmutterschaft ist eine entfremdete Form der Arbeit, und kontextuell haben Frauen in Indien Bezug genommen auf die Abgabe des Kindes als Verzicht auf einen Teil ihrer Seele, was im Gegensatz zu dem steht, was normalerweise in den Medien oder von vielen Wissenschaftlern in Indien berichtet wird. Die Leihmütter erleben diese Verkörperung, obwohl sie ständig von dem Klinikpersonal daran erinnert werden, dass das Kind den Wunscheltern gehört und sie nur ihre Gebärmütter vermieten, und dass sie für ihren Dienst wie jede andere Arbeit bezahlt werden. Die Wunscheltern akzeptieren unkritisch alles, was ihnen von den Ärzten als Realität dargestellt wird. Sie behaupten, dass das Kind ihnen gehöre, weil die Schwangerschaft ihre Absicht gewesen sei. Zu diesem Zweck hätten sie die Gameten gekauft/bereitgestellt und für die Schwangerschaft bezahlt.

Es wird argumentiert, dass die Leihmutterschaft eine „Win-Win-Situation" ist, was auch der beliebte Dialog von Dr. Nayana Patel ist, der auch von mehreren Wissenschaftlern übernommen wurde (Rowley 2013). Wenn ich dieses Win-Win-Argument mit meinen Forschungsergebnissen überprüfe, stelle ich fest, dass die Wunscheltern möglicherweise invasive Technologien erleben und ein gewünschtes Kind erhalten, indem sie einen Geldpreis zahlen. Die Leihmütter hingegen erhalten eine finanzielle Vergütung, die ihrer Familie erheblich hilft, müssen jedoch extreme körperliche Eingriffe, Entfremdung von ihren eigenen Kindern und Familienmitgliedern, psychische Schmerzen und für die meisten von ihnen den Verlust eines Teils ihrer Seele in Kauf nehmen. Einige Leihmütter gewinnen Respekt von ihrem Ehemann und der erweiterten Familie, während andere aufgrund ihrer Beteiligung an der Leihmutterschaft familiäre und soziale Ausgrenzung erfahren. Diesen Respekt hätte sie sich verdienen können, wenn sie von Anfang an gleichberechtigt behandelt worden wäre und ausreichend gebildet worden wäre, um ein respektables Einkommen zu erzielen. Meine Studie zeigt, dass Frauen zwar respektiert werden, aber als Leihmütter hauptsächlich wie Gebärmaschinen behandelt werden. Von den meisten Frauen wird erwartet, dass sie die Leihmutterschaft wiederholen, um das familiäre finanzielle Ziel zu erfüllen. Dies kann ein Betrag sein, der benötigt wird, um die Familie aus der Armut herauszuholen oder die Bildung zu finanzieren, auch um gesundheitliche Bedürfnisse, eine Mitgift, den Kauf eines Hauses oder Stücks Land zu bezahlen oder um frühere Schulden zu begleichen. Dabei durchlaufen einige Leihmütter Nahtoderfahrungen, einige müssen ihre Gebärmutter aufgeben oder werden ernsthaft krank, da ihre reproduktive Gesundheit von Anfang an mangelhaft ist. Abschließend möchte ich das Argument der genetischen Normalisierung von Reproduktionstechnologien anführen, die ebenfalls humanitäre Grenzen überschreiten.

Genetische Normalisierung durch Leihmutterschaftspraktiken

Menschenrechte helfen dabei, den Respekt für den individuellen Wert und das Gemeinwohl angesichts mächtiger Biotechnologien zu gewährleisten. Daher hängen auch Ansprüche auf universelle Menschenrechte von der formellen Anerkennung der Menschlichkeit ab. Viele Länder und internationale Erklärungen haben Menschenrechte als Rahmen verwendet, um Politiken in Bezug auf menschliche Biotechnologien zu etablieren. Beispielsweise lehnen die Konvention des Europarats über Menschenrechte und Biomedizin und die Allgemeine Erklärung der UNESCO über das menschliche Genom und Menschenrechte biotechnologische Anwendungen ab, die das Genom zukünftiger Generationen verändern. Dies bringt mich zu der anderen Frage, die ich am Ende meines vorherigen Kapitels gestellt habe; wenn wir gegen genetisch veränderte Menschen sind, können wir dann die Auswahl von Gameten, die Auswahl von Leihmüttern und die Bezahlung von Babys auf der Grundlage von Klassen-, Rasse- und ableistischen Merkmalen, die soziale Vorurteile verstärken, normalisieren? Die Gentechnik ist bereits angekommen, da Wissenschaftler in den USA Berichten zufolge die Gene menschlicher Embryos mit CRISPR (Clustered Regularly Interspaced Short Palindromic Repeats) bearbeitet haben (NDTV 2017). Der Artikel stellt fest, dass diese Technologie möglicherweise Tür und Tor für Designerbabys öffnen könnte, aber wir haben Technologien unterstützt, die subtil zu dem Konzept der Designerbabys hinführen. Die Liberalen könnten argumentieren, wenn wir Gameten auswählen und aussuchen können, warum dann nicht die Gene modifizieren, um den individuellen Nutzen und die Wünsche der Wunscheltern zu erfüllen. Ein Wunschvater sagte in der Dokumentation *Future Baby:* „Da die Gentechnik verfügbar ist, würden Eltern gerne ein oder zwei Eigenschaften hinzufügen", was eher nach Zutaten in einem Kochrezept klang als nach einem Kind. Er fügte hinzu: „Wenn ich ein perfekt wunderbares, gesundes Baby haben kann, warum sollte ich dann ein Risiko eingehen?" (Arlamovsky 2016). In diesem Zeitalter der rasant fortschreitenden wissenschaftlichen Revolution müssen wir als Menschen einen Schritt zurücktreten und unsere vergangenen Fehler überdenken und darüber nachdenken, welche Art von Welt wir als Erbe den zukünftigen Generationen hinterlassen wollen. Wenn wir unsere zukünftigen Kinder nach ihrer Rasse und ihren Fähigkeiten beurteilen, die die Überlegenheit einiger Rassen und Fähigkeiten betonen, hinterlassen wir ein Erbe, das die Logik findet, Krieg gegeneinander zu führen, um die Überlegenheit einer Gruppe von Menschen über andere aufrechtzuerhalten.

In diesem Buch haben wir Beispiele für die Auswahl von Gameten gesehen, die individuelle Entscheidungen sein mögen, die liberal erscheinen, aber einige unwiderrufliche soziale Auswirkungen haben. Mit genetischer Normalisierung meine ich, dass der genetischen Komponente wie Phänotyp und Fähigkeit Vorrang eingeräumt wird. Diejenigen, die eine IVF-Behandlung in Anspruch nehmen, stoßen sehr ungezwungen auf eine Reihe von Marktauswahlmöglichkeiten für Gametenspender und Leihmütter. Ein Wunschelternteil in den USA sagte: „Unser Spender ist ein brasilianisches Model" (Arlamovsky 2016). Wir haben allmählich begonnen, solche Kommentare zu normalisieren und zu verinnerlichen, und sehen darin nichts Seltsames mehr. Die Eizellspenderin desselben Paares sagt: „Ich möchte den Gedanken auslöschen, dass meine Eizellspende zu einem Kind geführt hat, ich mache mir Sorgen, was ist, wenn das Kind die biologische Mutter kennen möchte. Ich mache das nur aus wirtschaftlichen Gründen". Phänotypische Auswahlmöglichkeiten nähren rassistische Verwandtschaftsgefühle. „In der neuen Dystopie verstärken genetische Selektionstechnologien, die Rasse als biologische Kategorie einbeziehen, Klassenunterschiede zwischen elitären Menschen verschiedener Hautfarben, die sich das volle Spektrum an Hightech-Verfahren leisten können, und den Massen, die am meisten unter neoliberalen Politiken leiden, die durch diese sehr biologischen Erklärungen rassischer Ungleichheiten gestärkt werden" (Roberts 2009).

Während bei der Leihmutterschaft die genetischen Verbindungen gegenüber der Gebärrolle priorisiert werden, wird bei der anonymen Gametenspende der Käufer gegenüber dem Verkäufer bevorzugt. Mehrere Eizellspenderinnen haben Schuldgefühle oder Bedenken hinsichtlich des Kindes geäußert, das durch ihre Spende geboren werden würde. Liberale neigen dazu, Anonymität im Prozess der Leihmutterschaft und Gametenspende zu unterstützen und die Fortpflanzungsrechte der Wunscheltern zu priorisieren. Aber in praktischer Hinsicht sind mehrere andere Menschen und Eltern an einem solchen Prozess beteiligt, ein Gametenspender wird immer noch als biologischer Elternteil bezeichnet, die Leihmutter ist die Geburtsmutter, die eine bedeutende Rolle bei der Geburt des Kindes für den Wunschelternteil spielt, daher kann ihre Rolle nicht anonymisiert werden, sowohl aus der Sicht der Eltern als auch des Kindes. Zu der Frage der Anonymität äußerte ein Arzt in einem Dokumentarfilm die Meinung, dass wir in eine Phase eintreten, in der Informationen über die Eltern nicht benötigt werden, wenn zwei Männer und zwei Frauen Kinder erziehen. Er fragte: „Braucht ein Kind einen Vater und eine Mutter, oder sogar Eltern?" (Arlamovsky 2016). Ein anderes Mädchen, das in demselben Dokumentarfilm in Israel für eine alleinerziehende Mutter durch Spendersamen geboren wurde, äußerte enttäuscht: „Der schwierigste Teil ist, meinen Vater nicht kennen zu können. Es ist unfair, dass ich meinen biologischen Vater oder meine Halbbrüder und -schwestern nie kennen werde. Ich kann meine Halbbrüder nicht treffen, selbst wenn wir wollten, könnten wir es nicht. Alles, was ich über meinen Vater weiß, ist seine Haarfarbe und Größe, kein Name, kein Bild". Sie schloss mit den Worten: „Ich denke, das ist egoistisch, ich denke, es sollte eine Wahlmöglichkeit für Kinder geben", und das zu Recht (Arlamovsky 2016). Wenn wir uns an Kap. 5 und 6 erinnern können, hatten fast alle Leihmütter, mit denen ich in Indien gesprochen habe, die gleiche Sorge, sie hatten Angst, dass ihre Kinder Halbgeschwister irgendwo auf der Welt hätten, die sie nie treffen können. Die Mutter dieses Kindes sagte, dass „es viel Unwissenheit über all dies gibt, da die Menschen (die Komplexität) nicht verstehen und viele Mütter keine Nicht-Anonymität wollen, weil sie Angst haben, dass dieses Kind weggehen könnte" (Arlamovsky 2016). Die Mutter, die über diese Situation verwirrt war, sagte: „Ich dachte, wenn ich das Kind genug liebe, wäre das genug". Aus der Perspektive der Kinderrechte behaupte ich, dass anonyme Gametenspenden nicht erlaubt sein sollten. Es gibt zwei Gründe, warum Menschen, die Eltern werden wollen, anonyme Spender wünschen. Zum einen wollen sie den Spender vor ihrem Kind geheim halten, weil sie Angst haben, das Kind zu verlieren, zum anderen wollen sie ihre Unfruchtbarkeit vor der Gesellschaft verbergen. Beide Motive priorisieren nicht das Interesse des Kindes.

Darüber hinaus beinhaltet die Liberalisierung und Normalisierung dieser Technologie Prozesse wie die Auswahl von und Entscheidung für Gameten, die genau die Barrieren von Rasse und Ethnizität verfestigen, die wir eigentlich beseitigen wollen. Auswahlkriterien für Gameten initiieren eine Kette von sozialer Ungerechtigkeit durch Gametenmärkte und verstärken gesellschaftliche Vorurteile. Ich will nicht sagen, dass ein Individuum, das einen Gametenspender auswählt, an sich rassistisch ist, aber durch die Durchführung eines solchen Auswahlprozesses setzt diese Person automatisch eine ganze Reihe von Marktprozessen hinter dem Computer in Gang. Ein Klick auf die Auswahl am Computer basierend auf gewünschten Kriterien verursacht Marktveränderungen. Es beeinflusst die Auswahlkriterien der Spender und macht einige Spender aufgrund ihrer Hautfarbe, Fähigkeit und vieler anderer Phänotypen, die möglicherweise mit einem höheren Biowert versehen sind, bioverfügbarer als andere. Einige könnten argumentieren, dass es akzeptabel ist, dass Individuen Gameten auf der Grundlage ihrer eigenen Phänotypen auswählen, da es gesellschaftlich akzeptabel für das Kind und die Eltern ist, wenn diese Kinder aufziehen, die ihnen ähnlich sehen. Ich frage, wer bestimmt diese soziale Akzeptanz; wenn immer mehr Menschen mit einer bestimmten Hautfarbe Kinder mit gemischter Hautfarbe hätten, würde dies zur Norm werden, und dann würde die soziale Akzeptanz transformiert werden. Der Beitrag des Menschen sollte nicht durch seine genetische Komponente, seine Hautfarbe, seinen Phänotyp oder seine Fähigkeit bestimmt werden. Der Mangel an Gameten ist ein Vorwand, es gibt einen Überschuss an Biomaterial, das in Laboren auf der ganzen Welt gelagert wird. In dem Dokumentarfilm *„Future Baby"* sagte ein Unternehmen, das Gameten lagert, dass sie Gameten seit Jahren gelagert haben, weil sie keine entsorgen dürfen. Dabei wüssten sie, dass die meisten der von ihnen gelagerten Gameten von Menschen stammen, die bereits gestorben sind (Arlamovsky 2016).

Robertson zentriert seine Debatte auf das Verlangen des Menschen, seine Generation fortzuführen oder eine genetische Verbindung mit einem Kind zu haben. Dies ist ein Prozess der sozialen Normalisierung der Genetisierung, der Menschen nach ihrer Fähigkeit bewertet, ihre Nachkommenschaft fortzuführen. Dabei wird die gestationale Verbindung zwischen der Leihmutter und dem Kind abgewertet. Ebenso werden alle Kinder abgewertet, die nicht genetisch mit ihren Eltern verbunden sind, sowie deren Eltern-Kind-Beziehung. Die genetische Definition von Elternschaft entwertet mehrere andere Menschen und verursacht daher inhärenten Schaden für andere Mitmenschen. Ich könnte als unlogisch angesehen werden, wenn ich „humanitäre assistierte Empfängnis" als Weg nach vorne vorschlage, und mit zunehmend normalisierten sozial voreingenommenen individuellen Entscheidungen könnte mein Vorschlag abstrakt klingen. Allerdings können solche individualistischen Entscheidungen glauben machen, dass wir uns modernisieren, aber tatsächlich gehen wir rückwärts. Wir sympathisieren mit den Rechten von Homosexuellen und normalisieren gleichzeitig die Ausbeutung armer Frauen, die aufgrund ihrer Verwundbarkeit Kinder für die Reichen gebären müssen. Feministinnen haben Abtreibungen aufgrund des Geschlechts und weibliche Genitalverstümmelungen mit kulturellem Determinismus unterstützt. Eine solche Sympathie ist eindeutig selektiv entlang gut etablierter globaler Hierarchien, die die Überlegenheit von reichen, weißen, patriarchalischen und fähigen Menschen verstärken. Wir bewegen uns auf eine Realität zu, die nicht weit von Margaret Atwoods Fiktion *The Handmaid's Tale* entfernt ist. Auf den ersten Blick liberal, aber tatsächlich gehen wir rückwärts.

Literatur

Arlamovsky, Maria. 2016. *Future baby.* NGF: Nikolaus Geyrhalter Filmproduktion.

Bolton, Doe V. 1973.410. United States Reports 179.

Callahan, Joan C., und Dorothy E. Roberts. 1996. A feminist social justice approach to reproduction-assisting technologies: A case study on the limits of liberal theory. *Faculty Scholarship,* Paper 1155

Cho, Sumi, Kimberlé Williams Crenshaw, und Leslie McCall. 2013. Toward a field of intersectionality studies: Theory, applications, and praxis. *Signs* 38(4):785–810.

Dhamoon, R. K., und O. Hankivsky. 2011. Why the theory and practice of intersectionality matter to health research and policy. In *Health inequities in Canada: Intersectional frameworks and practices,* Hrsg. O. Hankivsky, 16e50. Vancouver: University of British Columbia Press.

NDTV. 2017. First genetically modified human embryos in the US may open gates to 'designer babies'. 27 July, New Delhi Television: New Delhi.

Pande, A. 2014. *Wombs in labor: Transnational commercial surrogacy in India.* New York: Columbia University Press.

Petchesky, R. 1995. The body as property: A feminist re-vision. In *Conceiving the new world order: The global politics of reproduction,* Hrsg. F. Ginsburg und R. Rapp. Los Angeles. pp. 387–406, CA: University of California Press.

Porey, Samruoddhi. 2011. Mala AaiVhhaychay.

Roberts, Dorothy E. 2009. Race, gender, and genetic technologies: A new reproductive dystopia? *Signs* 34(4):783–804.

Rowley, Tom. 2013. The British babies made in India. Telegraph, 21st September 2013. https://www.telegraph.co.uk/women/womens-health/10324970/The-British-babies-made-in-India.html#:~:text=They%20are%20among%20an%20increasing,woman%20to%20have%20their%20children.Zugegriffen: 25 Jan. 2025.

Rudrappa, S. 2015. *Discounted life: The price of global surrogacy.* New York: New York University Press.

Sifris, Ronli. 2015. Commercial surrogacy and the human right to autonomy. *Journal of Law and Medicine* 23:365–377.

Teman, Elly. 2010. *Birthing a mother: The surrogate body and the pregnant self.* Berkeley: University of California Press.

The VJMovement. 2009. Rent-a-womb: Outsourcing surrogacy in India. *YouTube.* https://www.youtube.com/watch?v=GBHs6OI6xIs&t=1s. Zugegriffen: 14. Aug. 2017.

Kolibri 360 GmbH
Ferdinand-Jühlke-Straße 7
99095 Erfurt, Deutschland
produktsicherheit@kolibri360.de